用 Python 進行強化學習的開發實作

Deep Learning 4

斎藤 康毅　著

吳嘉芳　譯

前言

深度學習出現至今，已過了一段時間，現在深度學習已經運用在各種領域，並獲得了顯著的成果，到目前為止，成功案例不勝枚舉。其中，在深度強化學習領域，也創造出令人驚訝的成果，例如以下的案例。

- 電玩遊戲的技巧勝過真人

- 打敗世界圍棋冠軍

- 打敗電競界的世界冠軍

這些成功案例是結合強化學習與深度學習的成果。近年來，現實世界（除了遊戲的虛擬世界之外）也有不少成功案例。例如在機器人操作、半導體晶片設計等產業界也提出重大成果。

最近，許多研究人員認為，強化學習是實現「通用人工智慧」的關鍵技術（至少是趨近該目標的技術）。通用人工智慧是指和人類一樣，可以靈活處理各種問題的智慧，以用一個系統解決多種問題為目標。強化學習與深度學習將是實現通用人工智慧的重要技術。

強化學習與深度學習蘊藏著極大的潛力。這本書是「Deep Learning」系列的第四本書，以強化學習為主題，從基礎開始掌握強化學習，完整說明深度學習的最先進技術。只要你具備 Python 與數學方面的基本知識，就可以開始閱讀這本書，不需要前幾本書的知識。

本書的概念

結合強化學習與深度學習的領域稱作「深度強化學習（Deep Reinforcement Learning）」。深度強化學習是非常熱門的領域，近年來幾乎每天都會發表新的演算法或應用程式，代表深度強化學習領域正在快速發展。然而，強化學習的基本概念與技術從過去到現在卻沒有太多變化，最先進的演算法也是以過去的某個概念為基礎。因此，花時間打好強化學習的基礎，才是瞭解現代深度強化學習的捷徑。

例如，知名的深度強化學習演算法 DQN（Deep Q-Network 的縮寫）（DQN 因為玩「Atari 2600」電玩遊戲贏過真人而聞名）。DQN 是以過去就有的強化學習理論「Q 學習」為基礎。以公式表示 Q 學習的理論，其實只有短短幾行。可是，即使記住這些公式，也不代表可以理解強化學習的本質（而且死背也很枯燥）。本書將從強化學習的基礎開始說明，以「連貫性」的結構，介紹重要的概念與技術。累積知識並融會貫通，才能瞭解強化學習的本質。在學習的過程中，也能自然而然理解 Q 學習的公式。

這本書的特色是「從零開始學習」，不依賴外部黑箱函式庫，從零開始建置強化學習的演算法。本書將盡量簡化程式碼，清楚呈現強化學習中的重要概念。此外，使用強化學習處理的問題將分成不同階段，逐漸提高難度，涵蓋各式各樣的問題。相信你應該可以從中體驗到強化學習的難度與樂趣。

整體流程

本書大致分成兩個部分。前半部分（第 1 章～第 6 章）將學習強化學習的基礎，這裡不會出現深度學習，先一步一步學習在強化學習中，培養出來的重要概念與技術。後半部分（第 7 章～第 10 章）將說明在強化學習問題運用深度學習的方法，並分析最新的深度強化學習演算法。

深度學習出現在本書的第 7 章，要學到該章，需要花一點時間。可是，只要學會強化學習的基礎，要運用深度學習這項工具就沒有那麼困難了。相對來說，沒有從強化學習的基礎開始學習，直接進入深度強化學習，只能學到皮毛。

以下簡單說明每一章的流程。第 1 章是吃角子老虎機問題，從多個選項中，逐一找出最適合的選項來解決問題。吃角子老虎機問題是強化學習中最簡單的問題，非常適合初學者。第 2 章以「馬可夫決策過程」的框架定義一般的強化學習問題。第 3 章將說明在馬可夫決策過程中，導出找到最佳解答的關鍵技術「貝爾曼方程式」。接著要學習解開

貝爾曼方程式的各種方法，包括動態規劃法（第 4 章）、蒙地卡羅法（第 5 章）、TD 法（第 6 章）。學會這些方法之後，就能深入瞭解強化學習的基礎，接下來的內容也會變得比較簡單。

第 7 章要學習深度學習，還有在強化學習的演算法運用深度學習的方法。第 8 章將建置 DQN，同時介紹擴充 DQN 的手法。第 9 章要說明的是有別於 DQN 的「策略梯度法」演算法（策略梯度法是演算法的總稱，實際上是建置 REINFORCE 與 Actor-Critic 演算法）。最後第 10 章是介紹現代深度強化學習的演算法，具體而言將說明 A3C、DDPG、TRPO、Rainbow 等演算法。此外，還要介紹深度強化學習的案例研究，探討深度強化學習的未來性與問題。

必備軟體

本書使用的 Python 版本及外部函式庫如下所示。

- Python 3.X 版
- NumPy
- Matplotlib
- DeZero（或 PyTorch）
- OpenAI Gym

本書使用 DeZero 當作深度學習的框架。DeZero 是「Deep Learning」系列第三本書建立的框架。DeZero 框架非常簡單，可以立刻瞭解用法。第 7 章將說明如何使用 DeZero。雖然本書以 DeZero 來說明，但是你也可以運用其他框架（PyTorch 或 TensorFlow 等）來閱讀本書。

> DeZero 與 PyTorch 的 API 有許多共通點，因此 DeZero 的程式碼可以輕易移植到 PyTorch。本書的 GitHub 儲存庫（請參考以下說明）也有提供 PyTorch 版的程式碼。

OpenAI Gym 是強化學習的模擬環境，第 8 章將說明其安裝方法與用法。

檔案結構

透過以下 GitHub 儲存庫，可以取得本書使用的程式碼。

```
http://books.gotop.com.tw/download/A720
```

此儲存庫的資料夾結構如**表 1** 所示。

表 1　資料夾結構

資料夾名稱	說明
Ch01	第 1 章使用的原始碼
...	......
Ch09	第 9 章使用的原始碼
common	共用的原始碼
pytorch	移植到 PyTorch 的原始碼

在 ch01 ~ ch09 資料夾中，包括了本書用到的各種資料夾。如果要執行這些檔案，必須按照以下說明執行 Python（從任何目錄開始都可以執行 Python 命令）。

```
$ python ch01/avg.py
$ python ch08/dqn.py

$ cd ch09
$ python actor_critic.py
```

變與不變的事物

現在，AI 的發展如火如荼，與 AI 有關的技術與應用瞬息萬變，不斷出現蔚為風潮的流行。可是，大部分註定會被淘汰。不過，其中也有固定不變、持續傳承下來的部分。本書要學習的就是「不變的事物」，筆者相信強化學習的基本原理、馬可夫決策過程、貝爾曼方程式、Q 學習、類神經網路，都是未來不會改變的重要部分。希望透過這本書，讓你徹底打好強化學習的基礎，體會「不變事物」的美好。

本書編排慣例

這本書是按照以下表記原則來說明。

粗體（Bold）

表示新名詞、強調的部分或關鍵句子。

定寬字（`Constant width`）

表示程式碼的原始碼、指令、陣列、元素、陳述式、選項、交換、變數、屬性、key、函數、型態、類別、名稱空間、方法、模組、內容、參數、值、物件、事件、事件處理器、XML 標籤、HTML 標籤、巨集、檔案內容、指令輸出。在內文中參照這些部分（變數、函數、關鍵字等）時，也會顯示成定寬字。

定寬粗體字（`Constant width bold`）

表示使用者輸入的指令或文字，也會用來強調原始碼。

定寬斜體字（`Constant width italic`）

表示必須配合使用者環境來更換的字串。

補充說明。包括提示、線索、有趣的事物等相關內容。

注意或警告。包括函式庫的 bug 或經常發生的問題。

目錄

前言 iii

第 1 章　吃角子老虎機問題 1

　1.1　機器學習的分類與強化學習 1

　　1.1.1　監督式學習 1

　　1.1.2　非監督式學習 2

　　1.1.3　強化學習 3

　1.2　吃角子老虎機問題 5

　　1.2.1　何謂吃角子老虎機問題 5

　　1.2.2　何謂好的吃角子老虎機 7

　　1.2.3　使用公式表示 8

　1.3　吃角子老虎機演算法 9

　　1.3.1　推測價值的方法 10

　　1.3.2　計算平均值 11

　　1.3.3　玩家的策略 15

　1.4　建置吃角子老虎機演算法 16

　　1.4.1　建置吃角子老虎機 16

　　1.4.2　建置玩家 18

　　1.4.3　執行程式碼 19

　　1.4.4　演算法的平均性質 22

　1.5　非平穩問題 27

　　1.5.1　處理非平穩問題的準備工作 28

　　　　1.5.2　解決非平穩問題 31

　　1.6　重點整理 32

第 2 章　馬可夫決策過程 **35**

　　2.1　何謂 MDP 35

　　　　2.1.1　MDP 的具體範例 36

　　　　2.1.2　代理人與環境互動 38

　　2.2　環境與代理人的公式化 39

　　　　2.2.1　狀態轉移 39

　　　　2.2.2　獎勵函數 41

　　　　2.2.3　代理人的策略 42

　　2.3　MDP 的目標 43

　　　　2.3.1　回合制任務與連續性任務 44

　　　　2.3.2　收益 44

　　　　2.3.3　狀態價值函數 45

　　　　2.3.4　最佳策略與最佳價值函數 46

　　2.4　MDP 的範例 49

　　　　2.4.1　備份圖 49

　　　　2.4.2　找出最佳策略 51

　　2.5　重點整理 54

第 3 章　貝爾曼方程式 **55**

　　3.1　導出貝爾曼方程式 56

　　　　3.1.1　機率和期望值（貝爾曼方程式的準備工作） 56

　　　　3.1.2　導出貝爾曼方程式 59

　　3.2　貝爾曼方程式的範例 64

　　　　3.2.1　兩格網格世界 64

　　　　3.2.2　貝爾曼方程式的意義 68

　　3.3　行動價值函數與貝爾曼方程式 68

　　　　3.3.1　行動價值函數 68

　　　　3.3.2　使用行動價值函數的貝爾曼方程式 70

　　3.4　貝爾曼最佳方程式 71

3.4.1　狀態價值函數的貝爾曼最佳方程式.................................71

3.4.2　Q 函數的貝爾曼最佳方程式.................................73

3.5　貝爾曼最佳方程式的範例.................................74

3.5.1　套用貝爾曼最佳方程式.................................74

3.5.2　取得最佳策略.................................76

3.6　重點整理.................................78

第 4 章　動態規劃法.................................**79**

4.1　動態規劃法與策略評估.................................80

4.1.1　動態規劃法概述.................................80

4.1.2　測試迭代策略評估.................................81

4.1.3　其他建置迭代策略評估的方法.................................86

4.2　處理較大的問題.................................88

4.2.1　建置 GridWorld 類別.................................89

4.2.2　defaultdict 的用法.................................95

4.2.3　建置迭代策略評估.................................96

4.3　策略迭代法.................................99

4.3.1　改善策略.................................100

4.3.2　重複評估與改善.................................101

4.4　建置策略迭代法.................................103

4.4.1　改善策略.................................103

4.4.2　重複評估與改善.................................105

4.5　價值迭代法.................................107

4.5.1　導出價值迭代法.................................110

4.5.2　建置價值迭代法.................................114

4.6　重點整理.................................117

第 5 章　蒙地卡羅法.................................**119**

5.1　蒙地卡羅法的基本知識.................................119

5.1.1　骰子的點數總和.................................120

5.1.2　分布模型與樣本模型.................................121

5.1.3　建置蒙地卡羅法.................................123

5.2 用蒙地卡羅法進行策略評估 125

　　5.2.1 使用蒙地卡羅法計算價值函數 126

　　5.2.2 計算所有狀態的價值函數 129

　　5.2.3 快速建置蒙地卡羅法 132

5.3 建置蒙地卡羅法 133

　　5.3.1 step 方法 133

　　5.3.2 建置代理人類別 135

　　5.3.3 執行蒙地卡羅法 137

5.4 蒙地卡羅法的策略控制 139

　　5.4.1 評估與改善 139

　　5.4.2 建置使用蒙地卡羅法的策略控制 140

　　5.4.3 ε-貪婪法（第一個修正點） 142

　　5.4.4 改成固定值 α 方式（第二個修正點） 144

　　5.4.5 [修正版]建置使用蒙地卡羅法的策略迭代法 145

5.5 離線策略與重點取樣 148

　　5.5.1 線上策略與離線策略 148

　　5.5.2 重點取樣 149

　　5.5.3 縮小變異數 152

5.6 重點整理 154

第 6 章　TD 法 155

6.1 用 TD 法進行策略評估 155

　　6.1.1 導出 TD 法 156

　　6.1.2 比較 MC 法與 TD 法 159

　　6.1.3 建置 TD 法 160

6.2 SARSA 163

　　6.2.1 線上策略 SARSA 163

　　6.2.2 建置 SARSA 164

6.3 離線策略 SARSA 167

　　6.3.1 離線策略與重點取樣 167

　　6.3.2 建置離線策略 SARSA 169

6.4 Q 學習 171

6.4.1 貝爾曼方程式與 SARSA 171

6.4.2 貝爾曼最佳方程式與 Q 學習 173

6.4.3 建置 Q 學習 174

6.5 分布模型與樣本模型 176

6.5.1 分布模型與樣本模型 177

6.5.2 樣本模型版的 Q 學習 178

6.6 重點整理 181

第 7 章 類神經網路與 Q 學習 183

7.1 DeZero 的基本知識 184

7.1.1 使用 DeZero 185

7.1.2 多維陣列（張量）與函數 186

7.1.3 最佳化 188

7.2 線性迴歸 190

7.2.1 玩具資料集 191

7.2.2 線性迴歸理論 192

7.2.3 建置線性迴歸 193

7.3 類神經網路 196

7.3.1 非線性資料集 197

7.3.2 線性轉換與活化函數 198

7.3.3 建置類神經網路 199

7.3.4 層與模型 201

7.3.5 Optimizer（最佳化方法） 204

7.4 Q 學習與類神經網路 206

7.4.1 類神經網路的前處理 206

7.4.2 代表 Q 函數的類神經網路 207

7.4.3 類神經網路與 Q 學習 209

7.5 重點整理 214

第 8 章 DQN 215

8.1 OpenAI Gym 215

8.1.1 OpenAI Gym 的基本知識 216

8.1.2 隨機代理人 218

8.2 DQN 的核心技術 220

8.2.1 經驗重播（Experience Replay） 220

8.2.2 建置經驗重播 223

8.2.3 目標網路（Target Network） 225

8.2.4 建置目標網路 226

8.2.5 執行 DQN 229

8.3 DQN 與 Atari 232

8.3.1 Atari 的遊戲環境 232

8.3.2 前處理 233

8.3.3 CNN 234

8.3.4 其他技巧 234

8.4 擴充 DQN 236

8.4.1 Double DQN 236

8.4.2 優先經驗重播 236

8.4.3 Dueling DQN 237

8.5 重點整理 239

第 9 章　策略梯度法 241

9.1 最單純的策略梯度法 241

9.1.1 導出策略梯度法 242

9.1.2 策略梯度法的演算法 243

9.1.3 建置策略梯度法 245

9.2 REINFORCE 250

9.2.1 REINFORCE 演算法 250

9.2.2 建置 REINFORCE 251

9.3 基準線 252

9.3.1 基準線的概念 252

9.3.2 含基準線的策略梯度法 254

9.4 Actor-Critic 256

9.4.1 導出 Actor-Critic 256

9.4.2 建置 Actor-Critic 258

9.5　策略基礎法的優點 261

9.6　重點整理 263

第 10 章　進階內容 265

10.1　深度強化學習演算法的分類 265

10.2　策略梯度法系列的進階演算法 267

　　　10.2.1　A3C、A2C 267

　　　10.2.2　DDPG 271

　　　10.2.3　TRPO、PPO 273

10.3　DQN 系列的進階演算法 274

　　　10.3.1　Categorical DQN 274

　　　10.3.2　Noisy Network 276

　　　10.3.3　Rainbow 276

　　　10.3.4　Rainbow 之後發展的演算法 277

10.4　案例研究 278

　　　10.4.1　棋盤遊戲 279

　　　10.4.2　機器人控制 281

　　　10.4.3　NAS（Neural Architecture Search） 282

　　　10.4.4　其他案例 284

10.5　深度強化學習的課題與未來性 285

　　　10.5.1　實際系統上的應用 285

　　　10.5.2　公式化為 MDP 時的提示 287

　　　10.5.3　通用人工智慧系統 289

10.6　重點整理 290

附錄 A　離線策略蒙地卡羅法 291

A.1　離線策略蒙地卡羅法理論 291

A.2　建置離線策略蒙地卡羅法 294

附錄 B　n 步 TD 法 299

附錄 C　理解 Double DQN 301

C.1　何謂高估 301

C.2 高估的解決方法 303

附錄 D   **驗證策略梯度法** **305**

D.1 導出策略梯度法 305

D.2 導出基準線 307

結語 **309**

參考文獻 **313**

索引 **319**

第 1 章
吃角子老虎機問題

我們人類可以在沒有老師或教練的教導之下自行學習。例如,幼兒會嘗試抓取物品、走路、跑步,自然學會這些動作(當然,父母會從旁協助)。強化學習不需要老師,可以從與環境的互動中,自發性地學習更好的解決方法,這種能力是人類以及生物具備的重要特質。學習強化學習等同學習具有通用性的智慧。

接下來我們要學習強化學習的知識。本章一開始將檢視強化學習在機器學習中的定位,並簡單說明強化學習的特色,再處理具體的問題。這一章將探討強化學習中最基本的「吃角子老虎機問題」。透過解決這個問題的過程,可以讓你瞭解強化學習的難度與有趣之處。

1.1 機器學習的分類與強化學習

顧名思義,機器學習是給予**資料**,讓機器學習的手法。把資料給機器,也就是電腦,讓電腦找出一定的規則或類型。不是人類用程式碼輸入「規則」,而是電腦自己根據資料學習「規則」。

機器學習使用的方法可以依照問題結構來分類,典型的類別包括「監督式學習」、「非監督式學習」、「強化學習」。以下將分別簡單說明這三種方法的結構。首先是「監督式學習」。

1.1.1 監督式學習

機器學習最傳統的方法就是**監督式學習(Supervised Learning)**。監督式學習會給予輸出與輸入的成對資料。例如,辨識手寫數字時,給予「手寫數字影像」與「正確答案標籤」的成對資料,電腦可以使用這種資料,學習將輸入轉換成輸出的方法(**圖 1-1**)。

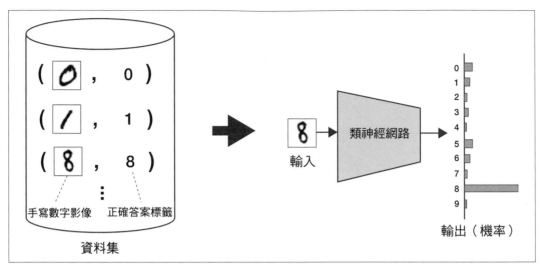

圖 1-1 監督式學習的範例（學習輸入手寫數字「8」的影像時，提高判斷為正確答案標籤「8」的機率）

監督式學習的特色是有「正確答案標籤」存在，由老師給予輸入資料的正確答案標籤，這裡的老師通常是我們人類。**圖 1-1** 的範例是人類給予每個影像的正確答案標籤。

1.1.2　非監督式學習

非監督式學習（Unsupervised Learning）沒有「老師」，老師給予的「正確答案標籤」也不存在，存在的只有資料而已。非監督式學習的主要目的是找出隱藏在資料內的結構或類型，例如分組（群集分析）、特徵提取、降維等。**圖 1-2** 使用 t-SNE [1] 演算法，把從資料得到的特徵量降成二維，並進行視覺化。

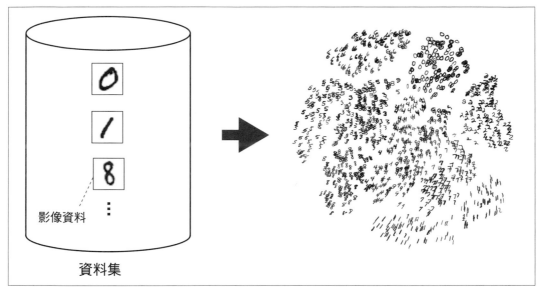

圖 1-2 非監督式學習的範例（利用 t-SNE 降維）

非監督式學習不需要正確答案標籤，即使是大數據（龐大的資料），也比較容易準備。
然而，監督式學習若有許多正確答案標籤時，必須手動一個一個加上去。手動加上正確
答案標籤的工作稱作「貼上標籤」或「註解」。

 貼上標籤很花時間。例如影像辨識用的龐大資料集 ImageNet（超過 1400
萬張影像），如果由一個人執行貼上標籤的工作，大概需要 20 年。

1.1.3 強化學習

接下來將扼要說明本書的主題**強化學習（Reinforcement Learning）**。強化學習的問題設
定（結構），與監督式學習及非監督式學習不同。強化學習中的代理人會與環境互動，
如**圖 1-3** 所示。

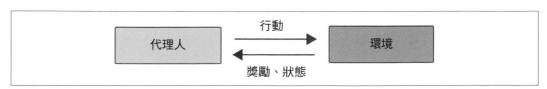

圖 1-3 強化學習的框架

代理人是指採取行動的主體，你可以當成是採取行動的機器人，比較容易瞭解。代理人在某個環境中，觀察環境的「狀態」，並根據該狀態採取「行動」。結果環境的狀態出現變化，代理人從環境中獲得「獎勵」，同時觀察「新狀態」。強化學習的目標是學習代理人可以獲得最大獎勵總和的行動類型。

我們以機器人走路的問題為例來說明強化學習。假設機器人要在現實空間中（或模擬器上）學習如何行走。機器人的目標是學習以良好的效率往前走的方法。此時，機器人會採取移動手腳的行動，周圍的環境（狀態）會隨著該行動而產生變化，機器人獲得的獎勵就是前進的距離（圖 1-4）。

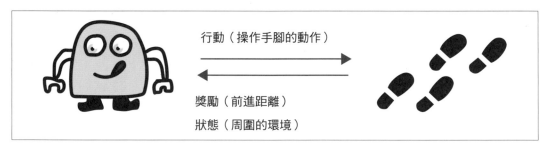

圖 1-4　機器人步行問題的互動狀態

機器人步行問題不是讓機器人直接學習良好的步行方法（例如以某個角度移動手腳比較容易移動等）。因為要準備「老師」，教導機器人正確使用手腳的方法非常困難。機器人能做的是採取某種行動，獲得回饋（獎勵），累積經驗，從經驗中學習。以某個角度移動手部會失去平衡，別的角度就可以維持平衡，從這種經驗中，學習可以順利前進的行動。換句話說，這種作法是自行嘗試錯誤，收集資料，從收集到的資料中，學習良好行動。

 強化學習把獲得的「獎勵」當作環境的回饋。此獎勵的性質與監督式學習提到的正確答案標籤不同。獎勵是行動的回饋，無法從該獎勵判斷實際執行的行動是否為最佳行動，然而，監督式學習已經準備好正確答案標籤。若把這個概念套用在強化學習上，相當於不論採取任何行動，都有老師可以提供最佳行動的建議。

以上是機器學習的典型分類。就使用的資料而言，各個領域的特色整理如下。

- **監督式學習**：使用輸出與輸入（正確答案標籤）的成對資料，學習將輸入轉換成輸出的方法
- **非監督式學習**：使用無正確答案標籤的資料，學習隱藏在資料內的結構
- **強化學習**：代理人與環境互動，使用收集到的資料，學習獲得高獎勵的方法

強化學習與其他類別有很大的差異。強化學習的特色是，透過與環境互動來學習，以及在錯誤中學習。

1.2　吃角子老虎機問題

接下來要介紹強化學習的具體問題。以下將說明強化學習中，最簡單的**吃角子老虎機問題（Bandit Problem）**。儘管吃角子老虎機問題很簡單，卻具備了強化學習問題的本質。解決吃角子老虎機問題，可以讓你更清楚強化學習的特色。

1.2.1　何謂吃角子老虎機問題

這裡先說明什麼是吃角子老虎機問題（Bandit Problem）。首先「bandit」這個單字是「slot machine」的別稱。如你所知，吃角子老虎機有拉桿，拉下拉桿，吃角子老虎機的圖案會同時改變，依照圖案排列，可以獲得不同數量的硬幣（如果「沒中」，硬幣是「0枚」）。

bandit 的中文是「強盜」、「山賊」，原本的意思不是「吃角子老虎機（slot machine）」，後來賭客以「獨臂強盜（one-armed bandit）」來戲稱吃角子老虎機。為何稱作「獨臂強盜」？因為賭場的吃角子老虎機有一根拉桿，投入硬幣，拉下拉桿，（通常）可以奪得硬幣。

吃角子老虎機問題的正式名稱為**多臂吃角子老虎機問題（Multi-armed Bandit Problem）**。多臂是指有多個手臂（拉桿）的吃角子老虎機，這種「多臂」的設定與**圖 1-5** 有多台單桿吃角子老虎機的問題設定一樣。本書將以後者為例，說明多台單桿吃角子老虎機的情況。

圖 1-5　多臂吃角子老虎機問題是指有多台吃角子老虎機的問題

在吃角子老虎機問題中，每台吃角子老虎機的特性都不一樣。所謂特性不同是指，有些機器經常中獎，有些機器不常中獎。在此狀況下，玩家以固定次數（例如 1000 次）玩吃角子老虎機。第一位玩家對吃角子老虎機的資料一無所知，不知道哪台吃角子老虎機比較容易中獎。玩家必須實際玩過，一邊觀察，一邊尋找比較可能中獎的機器，目標是在一定次數內，盡可能獲得最多硬幣。

接下來要說明解決吃角子老虎機問題的演算法。在此之前，將先使用強化學習的專業術語，說明前面的吃角子老虎機問題。首先是吃角子老虎機問題中出現的吃角子老虎機，在強化學習的框架中，這個部分稱作**環境（Environment）**，吃角子老虎機的玩家稱作**代理人（Agent）**，環境與代理人兩者進行「互動」，這就是強化學習的框架。

環境與代理人之間如何「互動」？以吃角子老虎機問題為例，玩家從多台吃角子老虎機中選擇一台來玩，相當於代理人採取的**行動（Action）**。結果是玩家從吃角子老虎機得到硬幣，而硬幣就是**獎勵（Reward）**。若以圖表顯示上述關係，如**圖 1-6** 所示。

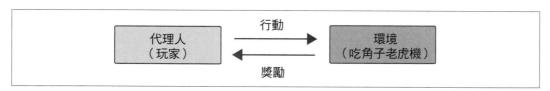

圖 1-6　吃角子老虎機問題的結構

如**圖 1-6** 所示，代理人對環境採取行動，結果獲得獎勵。強化學習的框架就是代理人與環境互動，吃角子老虎機問題也是其中之一。

一般的強化學習問題中，環境內部有「狀態（state）」，代理人採取某種行動，環境的狀態就會改變，代理人依照狀態採取適合的行動。在吃角子老虎機問題中，玩家每次都是面對相同的吃角子老虎機群，因此環境的狀態沒有變化，不需要考慮狀態。狀態會變化的問題將在「第 2 章 馬可夫決策過程」說明。

接著將說明解決吃角子老虎機問題的演算法。我們的目標是盡量收集更多的硬幣，當然要選擇「好的吃角子老虎機」。何謂「好的吃角子老虎機」？我們先思考吃角子老虎機的「好壞」。

1.2.2 何謂好的吃角子老虎機

思考吃角子老虎機好壞時，最重要的是吃角子老虎機是否具備隨機性。隨機性是指玩吃角子老虎機時，每次獲得的硬幣數量（獎勵）都不一樣。我們以「機率」來處理這種隨機性，使用機率定量描述隨機性的多寡。

以下舉個具體的例子。如圖 1-7 所示，假設有兩台已經設定了獎勵與機率的吃角子老虎機。

吃角子老虎機 a					吃角子老虎機 b				
獲得的硬幣數量	0	1	5	10	獲得的硬幣數量	0	1	5	10
機率	0.70	0.15	0.12	0.03	機率	0.50	0.40	0.09	0.01

圖 1-7　吃角子老虎機的機率分布表

圖 1-7 的表格稱作**機率分布表**，通常玩家不會取得這種機率分布表。這裡假設已經取得**圖 1-7** 的機率分布表。此時，代理人應該選擇哪一台吃角子老虎機比較好？

 圖 1-7 的表格是離散型機率分布表。離散是指機率變數「間隔」取值，如 0、1、5、10。然而，機率變數取得連續值（例如全都是實數）時，稱作連續型機率變數。

圖 **1-7** 的兩台吃角子老虎機之中，哪一台比較好？判斷吃角子老虎機好壞的基準是什麼？前面說明過，玩吃角子老虎機的結果會隨機變化。但是當你玩了很多次時，理論上是無限次，平均得到的硬幣數量固定為「一個值」，這就是**期望值（Expectation Value）**。以期望值為指標，值愈大者，即可判斷為好的吃角子老虎機。

取得離散型機率分布表時，可以透過將「值（獲得的硬幣數量）」與「機率」相乘再相加來計算期望值。實際使用**圖 1-7** 的機率分布表計算期望值，結果如下。

$$吃角子老虎機 a：0 \times 0.70 + 1 \times 0.15 + 5 \times 0.12 + 10 \times 0.03 = 1.05$$
$$吃角子老虎機 b：0 \times 0.50 + 1 \times 0.40 + 5 \times 0.09 + 10 \times 0.01 = 0.95$$

透過以上方式可以計算出兩台吃角子老虎機的期望值，期望值是兩台吃角子老虎機平均可以獲得的硬幣數量。比較兩個期望值，可以知道吃角子老虎機 a 的值比較大。換句話說，若把期望值當作指標，吃角子老虎機 a 比較好。假設有吃角子老虎機 a 與 b，若要玩 1000 次，選擇吃角子老虎機 a 是比較好的策略。

這裡要記住的是，我們可以使用「期望值」來評估玩吃角子老虎機這種機率現象。換句話說，我們必須以「期望值」為指標，避免被隨機性誤導。

> 在吃角子老虎機問題中，有時會以**價值（Value）**來稱呼獎勵的期望值。例如，「行動獲得獎勵的期望值」稱作**行動價值（Action Value）**。根據這一點，玩吃角子老虎機 a 獲得硬幣數量的期望值也可以稱作「吃角子老虎機 a 的價值」或「a 的行動價值」。

1.2.3　使用公式表示

為了讓你熟悉數學的描述（符號）方式，以下將使用公式說明前面的內容。首先以英文單字 Reward 的第一個字母 R 表示獎勵。吃角子老虎機問題中，從吃角子老虎機獲得的硬幣數量為 R。前面例子中的 R 是從 $\{0, 1, 5, 10\}$ 取得一個值，每個值的「取得難易度」相當於機率，隨機決定取值的變數稱作**機率變數（Random Variable）**。

> 在吃角子老虎機問題（以及強化學習問題）中，代理人會 1 次、2 次……連續採取行動，如果要清楚顯示第 t 次得到的獎勵，可以顯示為 R_t。

以 Action 的第一個字母 A 代表代理人採取的行動。這次分別用 a、b 代表選擇吃角子老虎機 a 與 b 的行動，變數 A 會從 $\{a, b\}$ 取得其中一個值。

接著是定義機率變數的「期望值」。以 Expectation 的第一個字母 $\mathbb{E}$ 表示期望值。例如，獎勵 R 的期望值是 $\mathbb{E}[R]$。此外，選擇 A 行動的獎勵期望值是 $\mathbb{E}[R|A]$。這裡的 | 代表「有條件的機率（有條件的期望值）」。在 | 的右邊輸入條件。例如，選擇 a 行動的獎勵期望值是 $\mathbb{E}[R|A = a]$，或可以寫成 $\mathbb{E}[R|a]$。

獎勵的期望值稱作行動價值。在強化學習的領域中，行動價值的慣用符號為 Q 或 q（一般認為 Q 是 Quality 的第一個字母）。

$$q(A) = \mathbb{E}[R|A]$$

以 $q(A)$ 代表行動 A 的價值。

行動價值可以表示為 $q(A)$，或以大寫字母 $Q(A)$ 表示。如果是小寫，代表「真實的行動價值」，而大寫是表示估計值。後面會詳細說明，代理人無法得知真實的行動價值 $q(A)$，所以需要「估計」該值。此時，行動價值的估計值顯示為 $Q(A)$。

以上介紹了公式內的符號，接著要說明解決吃角子老虎機問題的演算法。

1.3 吃角子老虎機演算法

在吃角子老虎機問題中，玩家無法得知吃角子老虎機的「價值（＝獎勵的期望值）」。在此情況下，玩家必須選擇價值最高的吃角子老虎機。此時，玩家得實際玩吃角子老虎機，從結果推測自己的選擇好壞。根據上述說明，可以歸納出以下幾個重點。

- 如果知道每台吃角子老虎機的價值（獎勵的期望值），玩家可以選擇最好的吃角子老虎機
- 可是玩家並不曉得每台吃角子老虎機的價值
- 因此玩家希望（盡可能準確）推測每台吃角子老虎機的價值

玩家必須找出可以滿足上述條件，提高硬幣數量的方法。以下將舉個實際的例子，說明推測吃角子老虎機價值的方法。

監督式學習已經準備了問題的標準答案標籤，即使（學習中的模型）預測錯誤，也會給予標準答案標籤。用強化學習的術語來說，就算採取錯誤的行動，也可以得到正確行動的標準答案。然而，強化學習是玩家自行採取行動，只能獲得該行動的結果（獎勵）。假設玩家選擇某一台吃角子老虎機，結果獲得了一枚硬幣，此時該枚硬幣的值不過是一條線索，至於標準答案為何？什麼才是最佳行動？必須由玩家根據獎勵自行推測判斷。

1.3.1　推測價值的方法

假設有 a 與 b 兩台吃角子老虎機，玩家分別各玩一次，獲得以下結果。

吃角子老虎機	結果
	第一次
a	0
b	1

圖 1-8　兩台吃角子老虎機各玩一次的結果

如圖 1-8 所示，玩家從吃角子老虎機 a 獲得 0 枚硬幣，從吃角子老虎機 b 獲得 1 枚硬幣。請把「實際獲得的獎勵平均值」當作吃角子老虎機的價值估計值。由於玩家只玩了一次，所以只能推測吃角子老虎機 a 的價值為 0，吃角子老虎機 b 的價值為 1。

當然，只玩一次得到的吃角子老虎機價值估計值並不可靠，但是隨著玩的次數增加，吃角子老虎機的價值估計值會變得更準確。以下是圖 1-8 繼續玩下去的結果。

吃角子老虎機	結果		
	第一次	第二次	第三次
a	0	1	5
b	1	0	0

圖 1-9　繼續累積次數的結果

如圖 1-9 所示，玩家各玩了三次吃角子老虎機 a 與 b。從吃角子老虎機 a 獲得 0、1、5 枚硬幣。假設吃角子老虎機 a 的價值估計值為 $Q(a)$，可以計算出以下結果。

$$Q(a) = \frac{0+1+5}{3} = 2$$

根據上述公式，可以得知平均每次獲得 2 枚硬幣，此平均值是吃角子老虎機 a 的價值估計值。然而，吃角子老虎機 b 玩三次得到了 1、0、0 枚硬幣，因此吃角子老虎機 b 的價值估計值 $Q(b)$ 是

$$Q(b) = \frac{1+0+0}{3} = 0.33\cdots$$

從結果可以推測吃角子老虎機 a 的價值比較高。當然，此時的估計值也與吃角子老虎機的「真實價值」不同，可是與各玩一次吃角子老虎機 a 與 b 相比，此時的估計值比較可靠。

實際從吃角子老虎機得到的獎勵是由某個機率分布生成的「樣本」，因此獎勵的平均值可以稱作**樣本平均值**。隨著取樣次數增加，樣本平均值會趨近真實值（獎勵的期望值）。根據機率原理中的「大數法則」，取樣無限次之後，樣本平均值將等於真實值。

接下來要編寫推測吃角子老虎機價值的程式碼。

1.3.2　計算平均值

以下例子我們假設只計算一台吃角子老虎機玩了 n 次的平均值，也就是某個行動採取 n 次，推測該行動的價值。此時，以 R_1、R_2、$\cdots$、R_n 表示實際得到的獎勵，以 Q_n 表示採取 n 次行動時的行動價值估計值，我們可以用以下公式計算 Q_n。

$$Q_n = \frac{R_1 + R_2 + \cdots + R_n}{n} \tag{1.1}$$

如上所示，第 n 次的行動價值估計值 Q_n 可以當成 n 個獎勵的樣本平均值來計算。接著將按照公式（1.1），計算樣本平均值。假設連續獲得 10 次獎勵，計算每次得到獎勵的估計值，程式碼如下所示。

ch01/avg.py

```python
import numpy as np

np.random.seed(0)  # 種子固定
rewards = []

for n in range(1, 11):  # 從 1 到 10
    reward = np.random.rand()  # 虛擬獎勵
    rewards.append(reward)
    Q = sum(rewards) / n
    print(Q)
```

執行結果

```
0.5488135039273248
0.6320014351498722
...
0.6157662833145425
```

這裡產生一次實數亂數（0.0 到 1.0 的亂數）當作虛擬獎勵。在程式碼中，把得到的獎勵增加到 rewards 清單，可以直接執行公式（1.1）的計算。當然，這個程式碼能獲得正確的樣本平均值，可是這種執行方法仍有改善空間。

上述方法的問題是，rewards 的元素會隨著玩的次數（n）增加，而且計算 n 個總和的計算量，亦即程式碼中的 sum(rewards) 也會變多。因此，玩的次數愈多，記憶體與計算量也愈多。

接下來要說明更適合計算樣本平均值的方法。此時，請注意第 $n-1$ 次的行動價值估計值 Q_{n-1}。我們用以下公式表示 Q_{n-1}。

$$Q_{n-1} = \frac{R_1 + R_2 + \cdots + R_{n-1}}{n-1}$$

公式兩邊乘以 $n-1$，可以得到以下公式。

$$R_1 + R_2 + \cdots + R_{n-1} = (n-1)Q_{n-1} \tag{1.2}$$

根據公式（1.2），可以用以下方式表示 Q_n。

$$Q_n = \frac{R_1 + R_2 + \cdots + R_n}{n}$$

$$= \frac{1}{n}(\underbrace{R_1 + \cdots + R_{n-1}}_{(n-1)Q_{n-1}} + R_n) \tag{1.3}$$

$$= \frac{1}{n}\{(n-1)Q_{n-1} + R_n\}$$

$$= \left(1 - \frac{1}{n}\right)Q_{n-1} + \frac{1}{n}R_n \tag{1.4}$$

這裡的重點是，在公式（1.3）代入公式（1.2），可以導出 Q_n 與 Q_{n-1} 的關係，如公式（1.4）所示。最後，由公式（1.4）可以得知，若要計算 Q_n，需要 Q_{n-1}、R_n、n 三個值。重要的是，不用每次都使用目前得到的所有獎勵（R_1、R_2、$\cdots$、R_{n-1}），也可以執行計算。

接下來，進一步變形公式（1.4）。

$$Q_n = \left(1 - \frac{1}{n}\right)Q_{n-1} + \frac{1}{n}R_n \tag{1.4}$$

$$= Q_{n-1} + \frac{1}{n}(R_n - Q_{n-1}) \tag{1.5}$$

公式（1.5）的重點是，公式變形成 $Q_n = Q_{n-1} + \cdots$。由此可以得知，Q_n 把 Q_{n-1} 當作基準，從該基準（Q_{n-1}）開始，只更新右邊第 2 項，即 $\frac{1}{n}(R_n - Q_{n-1})$。$R_n$、$Q_{n-1}$、$Q_n$ 的位置關係如圖 1-10 所示。

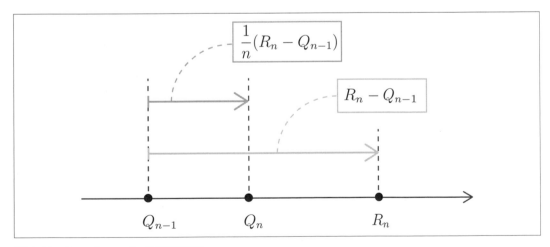

圖 1-10　R_n、Q_{n-1}、Q_n 的位置關係

如**圖** 1-10 所示，$R_n - Q_{n-1}$ 的長度乘以 $\frac{1}{n}$ 倍的值為更新量。Q_{n-1} 更新成 Q_n 時，往 R_n 的方向前進，並利用 $\frac{1}{n}$ 調整前進量。這裡的 $\frac{1}{n}$ 代表「學習率」，可以用來調整更新量。

$\frac{1}{n}$ 會隨著測試次數 n 增加而變小，因此測試次數增加時，Q_n 的更新量會變小。當 $n = 1$ 時，$\frac{1}{n} = 1$，因此 $Q_n = R_n$，Q_n 會往 R_n 的方向更新。舉一個極端的例子，假設 $n = \infty$，$\frac{1}{n} = 0$，所以 $Q_n = Q_{n-1}$，此時的 Q_n 完全不會更新。

根據上述說明，建置計算樣本平均值的程式碼。假設問題設定和前面一樣，則程式碼如下所示。

`ch01/avg.py`

```python
Q = 0

for n in range(1, 11):
    reward = np.random.rand()
    Q = Q + (reward - Q) / n
    print(Q)
```

上面的 `Q = Q + (reward - Q) / n` 是建置公式（1.5）的程式碼。這裡必須注意公式（1.5）的 Q_n、Q_{n-1} 都是對應同一個變數 `Q`。檢視**圖** 1-11，就可以瞭解為什麼只有一個變數。

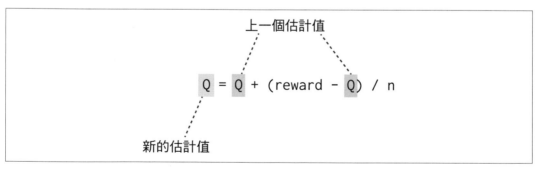

圖 1-11　在 = 左右兩邊的 Q 的實際狀態

如**圖** 1-11 所示，= 右邊程式碼中的 `Q` 參照的是上一個估計值，右邊的計算結果會重新代入左邊的 `Q`。因此，只使用一個變數 `Q`，可以將舊的估計值更新成新的估計值。此外，使用 `+=` 運算子，也可以寫出以下更新 `Q` 的程式碼。

```
# Q = Q + (reward - Q) / n
Q += (reward - Q) / n
```

如上所示，程式碼 Q = Q + …可以寫成 Q += …，這樣就能快速建置計算樣本平均值的程式碼。由於可以一個一個增加 Q_1、Q_2、Q_3…，依序計算結果，因此也稱作「漸進式建置」（incremental 的中文意思是「逐漸的」）。

1.3.3　玩家的策略

接下來要說明代理人（玩家）應該採取何種策略。換句話說，我們要思考該怎麼做才可以找出價值最高的吃角子老虎機。第一個想到的玩家策略，就是根據目前的實戰結果，選出最好的吃角子老虎機。具體而言，是從每台吃角子老虎機的價值估計值（實際得到獎勵的平均值）中，選出最大值，這稱作「貪婪行動（greedy action）」。

> greedy 這個單字的中文是「貪婪」，意思是「不考慮將來，只從手邊的資料選擇最佳方法」。吃角子老虎機問題中的貪婪行動相當於只從過去的經驗，亦即每台吃角子老虎機的價值估計值中，選擇最好的一台。

貪婪行動看似不錯，卻也有問題。例如**圖 1-8** 的例子，假設吃角子老虎機 a 與 b 各玩一次。此時，吃角子老虎機 a 的價值估計值為 0，吃角子老虎機 b 的價值估計值為 1，若採取貪婪行動，之後就只會選擇 b，可是實際上 a 可能是比較好的吃角子老虎機。

這種問題源自於吃角子老虎機的價值估計值有著「不確定性」。完全相信有「不確定性」的估計值，可能錯過最佳行動。玩家必須降低「不確定性」，亦即提高估計值的可靠性。考量上述重點，玩家應做到以下兩點。

- 利用到目前為止的實際結果，選擇你認為最好的吃角子老虎機（＝貪婪行動）
- 測試各種吃角子老虎機，藉此準確推測吃角子老虎機的價值

上述第一點是從過去的經驗中，選擇最佳行動，這就是貪婪行動，或者稱作**利用**（**Exploitation**）。前面說明過，貪婪行動是根據過去的經驗選擇最佳行動，卻也可能因此錯過更好的選擇，所以必須測試第二點「非貪婪行動」，這稱作**探索**（**Exploration**）。探索可以更精準推測每台吃角子老虎機的價值。

> 利用與探索有著權衡關係。這裡所謂的權衡是指只能選擇利用與探索其中一種，亦即必須犧牲其中一個。

在吃角子老虎機問題中，如果想在下一次得到好結果，應該選擇「利用」。但是長遠來看，想獲得良好的結果，必須選擇「探索」，因為「探索」比較可能找到更好的吃角子老虎機。若能找到更好的吃角子老虎機並選擇它，可以獲得長期良好的結果。

強化學習演算法的核心是權衡「利用與探索」。現已提出了各種演算法來權衡兩者的關係，簡單到複雜都有，其中最基本且應用範圍最廣的演算法是 **ε-貪婪法（ε-greedy）**。

ε-貪婪法是一種很簡單的演算法，以 ε 的機率，例如 $\varepsilon = 0.1$（10%）進行「探索」，其他則執行「利用」。「探索」是透過隨機選擇行動的方式，徹底測試各式各樣的行動，讓每個行動的價值估計值更可靠，並以 $1 - \varepsilon$ 的機率進行貪婪行動（「利用」）。

ε-貪婪法可以「利用」過去得到的經驗，同時（偶爾）測試非貪婪行動，「探索」是否有其他更好的行動。我們可以期待透過 ε-貪婪法，有效解決吃角子老虎機問題。

以上是吃角子老虎機的問題及代表性演算法「ε-貪婪法」的說明，接著要以 Python 建置上述內容。

1.4　建置吃角子老虎機演算法

接下來要執行解決吃角子老虎機問題的演算法。我們把例子簡化，限制吃角子老虎機吐出硬幣的數量為 0 枚或 1 枚。換句話說，玩吃角子老虎機時，可以獲得勝（1）或負（0）其中一種獎勵。假設每台吃角子老虎機已經設定了勝率（吐出 1 枚硬幣的機率）。勝率設定為 0.6，有 60% 的機率可以獲得 1 枚硬幣，40% 的機率獲得 0 枚硬幣（輸）。此時，吃角子老虎機的價值（吃角子老虎機吐出硬幣的期望值）是 0.6，也就是說，勝率就是吃角子老虎機的價值。

假設有 10 台吃角子老虎機，分別設定不同勝率，玩家不知道這些吃角子老虎機設定的勝率，必須根據實際的經驗，找出勝率較高的吃角子老虎機。

1.4.1　建置吃角子老虎機

以下將建置 10 台吃角子老虎機（但是以亂數設定勝率）的程式碼，這裡以 `Bandit` 類別建置吃角子老虎機，在 `Bandit` 類別中，有 10 台吃角子老虎機，程式碼如下所示。

ch01/bandit.py

```python
import numpy as np

class Bandit:
    def __init__(self, arms=10):
        self.rates = np.random.rand(arms)  # 每台機器的勝率

    def play(self, arm):
        rate = self.rates[arm]
        if rate > np.random.rand():
            return 1
        else:
            return 0
```

假設進行初始化的引數為 arms，這裡的 arms 是指「手臂的數量」，相當於「吃角子老虎機的數量」。吃角子老虎機的數量預設為 10，並在 __init__ 方法中，隨機設定每台機器的勝率。

 利用 np.random.rand() 生成 0.0 到 1.0 之間的亂數，此亂數是由均勻分布生成，均勻分布是指亂數平均分布在 0.0 到 1.0 之間，沒有偏向特定值（例如，不會特別容易生成 0.5 左右的值）。如果是 np.random.rand(10)，會生成 10 個 0.0 到 1.0 之間的亂數，可以隨機將 10 台吃角子老虎機的勝率設定在 0 到 1 之間。

接著是 play(self, arm) 方法。此方法的引數 arm 是設定要玩第幾個手臂（吃角子老虎機）。程式碼的內容是取得第 arm 台的機器勝率之後，由 np.random.rand() 生成 0.0 到 1.0 之間的亂數。比較亂數以及在 arm 設定的吃角子老虎機勝率，如果勝率大於亂數，就傳回 1 當作獎勵，否則就傳回 0。

Bandit 類別建置完成後，就能實際玩吃角子老虎機，如下所示。

```python
bandit = Bandit()

for i in range(3):
    print(bandit.play(0))
```

執行結果

```
1
0
0
```

這個例子玩了三次第 0 號吃角子老虎機，輸出得到的硬幣數量（每次執行的輸出結果都不一樣）。以上是吃角子老虎機的程式碼，接下來要編寫代理人（玩家）的部分。

1.4.2 建置玩家

上一節說明了快速計算樣本平均值的「漸進式建置法」。以下只針對第 0 號吃角子老虎機，估計該機器的價值當作複習，程式碼如下所示。

```
bandit = Bandit()
Q = 0

for n in range(1, 11):
    reward = bandit.play(0)  # 玩第 0 號吃角子老虎機
    Q += (reward - Q) / n
    print(Q)
```

在上述程式碼中，玩家玩了 10 次第 0 號吃角子老虎機，每次獲得獎勵時，更新吃角子老虎機的價值估計值，到此為止，都是複習上一節的內容。接下來要個別計算 10 台吃角子老虎機的價值估計值，程式碼如下所示。

```
bandit = Bandit()
Qs = np.zeros(10)
ns = np.zeros(10)

for n in range(10):
    action = np.random.randint(0, 10)  # 隨機行動
    reward = bandit.play(action)

    ns[action] += 1
    Qs[action] += (reward - Qs[action]) / ns[action]
    print(Qs)
```

這裡另外準備了有 10 個元素的一維陣列 Qs 與 ns（利用 np.zeros()，將 Qs 與 ns 的每個元素都初始化為 0）。在 Qs 的每個元素儲存對應的吃角子老虎機價值估計值，在 ns 的每個元素儲存對應的吃角子老虎機玩了多少次，這樣可以估計每台吃角子老虎機的價值。

以下將根據上述內容建置 Agent 類別。在 Agent 類別中，建置依 ε-貪婪法選擇行動的演算法，程式碼如下所示。

ch01/bandit.py

```python
class Agent:
    def __init__(self, epsilon, action_size=10):
        self.epsilon = epsilon
        self.Qs = np.zeros(action_size)
        self.ns = np.zeros(action_size)

    def update(self, action, reward):
        self.ns[action] += 1
        self.Qs[action] += (reward - self.Qs[action]) / self.ns[action]

    def get_action(self):
        if np.random.rand() < self.epsilon:
            return np.random.randint(0, len(self.Qs))
        return np.argmax(self.Qs)
```

初始化引數 epsilon 是依 ε-貪婪法採取隨機行動的機率。假設 epsilon=0.1，代表以 10% 的機率採取隨機行動。初始化引數 action_size 是代理人可以選擇的行動數量。以吃角子老虎機問題為例，相當於吃角子老虎機的數量。

上述程式碼使用 update 方法估算吃角子老虎機的價值，內容與前面的程式碼大同小異。最後，把依照 ε-貪婪法選擇行動的方法建置為 get_action 方法，以 self.epsilon（0.1 等）的機率隨機選擇行動，其餘則選擇價值估計值為最大值的行動。附帶一提，這裡利用 np.argmax(self.Qs) 取得陣列 self.Qs 的最大元素索引。以上就是建置 Agent 類別的程式碼。

1.4.3　執行程式碼

接下來要執行 Bandit 類別與 Agent 類別的程式碼，以下讓代理人採取 1000 次行動，觀察可以獲得多少獎勵，程式碼如下所示。

ch01/bandit.py

```python
import matplotlib.pyplot as plt  # 載入 matplotlib

steps = 1000
epsilon = 0.1

bandit = Bandit()
agent = Agent(epsilon)
total_reward = 0
total_rewards = []
rates = []
```

```
for step in range(steps):
    action = agent.get_action()      # ①選擇行動
    reward = bandit.play(action)     # ②實際操作,獲得獎勵
    agent.update(action, reward)     # ③根據行動與獎勵進行學習
    total_reward += reward

    total_rewards.append(total_reward)
    rates.append(total_reward / (step+1))

print(total_reward)

# 繪製圖表 (1)
plt.ylabel('Total reward')
plt.xlabel('Steps')
plt.plot(total_rewards)
plt.show()

# 繪製圖表 (2)
plt.ylabel('Rates')
plt.xlabel('Steps')
plt.plot(rates)
plt.show()
```

執行結果

859

請先注意 for 迴圈的內容,代理人與環境在這裡進行「互動」。首先①代理人選擇行動,
②依照環境實際執行「①選擇的行動」,獲得獎勵。最後③學習代理人的行動與獎勵的
關係,持續執行 1000 次,把每個類別獲得的獎勵總和新增至 total_rewards 清單,將到
目前為止的勝率(獲勝比例)新增至 rates 清單。

執行上述程式碼,最後獲得的獎勵總和為 859(此結果會隨著每次執行而改變),代表玩
1000 次,「獲勝」859 次。以下把 total_rewards 的變化繪製成圖表,提供給你參考。

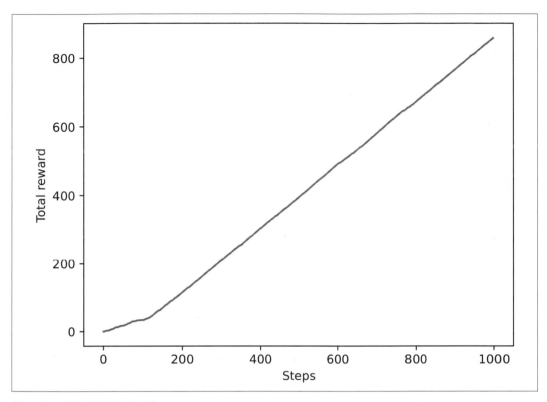

圖 1-12　步數與獎勵總和圖

由圖 1-12 可以得知，獎勵總和隨著步數累積而穩定增加，但是我們很難從這張圖瞭解獎勵增加的特性（例如，獎勵如何隨著步數累積而增加）。請檢視第二張圖，垂直軸代表勝率（獲勝比例）（圖 1-13）。

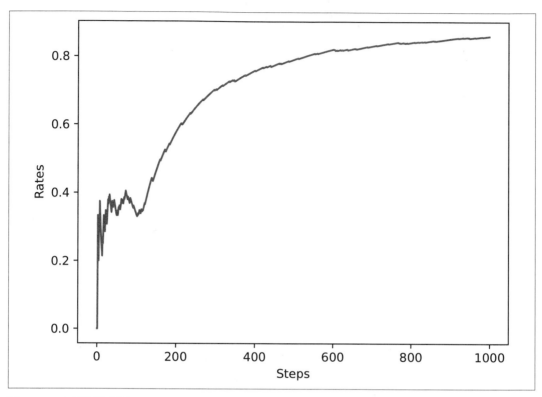

圖 1-13 步數與勝率圖

檢視**圖 1-13**，可以得知 100 步的值約為 0.4，代表 100 步的勝率約為 40%，而且勝率會隨著步數增加而提高。剛開始勝率快速上升，超過 500 步之後，依舊緩步上升，最後達到超過 0.8 的勝率，代表我們使用的 ε-貪婪法正確學習。

1.4.4 演算法的平均性質

前面建置的程式碼每次執行的結果都不同。例如，**圖 1-13** 每次執行的形狀都有大幅度的變化。相同的程式碼執行 10 次之後，繪製成圖表的結果如**圖 1-14** 所示。

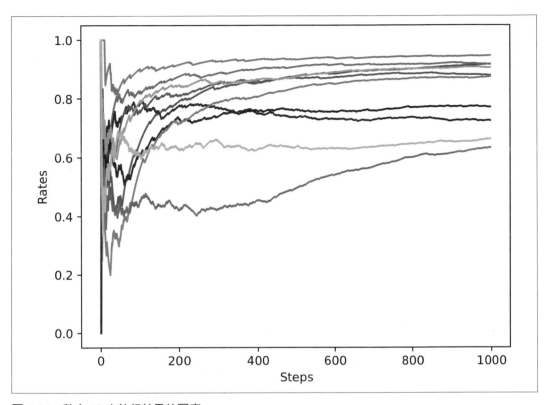

圖 1-14 整合 10 次執行結果的圖表

如圖 1-14 所示，每次執行得到的結果都不相同。出現這種情形是因為程式碼有隨機性。具體而言，是指設定 10 台吃角子老虎機的勝率，這裡隨機設定了勝率，而且代理人會依照 ε-貪婪法隨機選擇行動。因為這些隨機性，使得每次的執行結果都會變動。

這裡的隨機性是在程式碼中改變「種子」所產生。如果固定種子，例如種子固定為 `np.random.seed(0)`，每次都可以得到相同的結果。

比較強化學習的演算法時，（通常）存在著隨機性，因此單次的實驗結果毫無意義，相對而言，評估演算法的「平均性」反而比較有用。一般認為，大量執行相同實驗，計算結果的平均值，可以當作一種評估方法，檢視演算法的平均性。

以下的程式碼是把前面玩 1000 次吃角子老虎機的實驗重複執行 200 次，計算結果的平均值。

ch01/bandit_avg.py

```python
runs = 200
steps = 1000
epsilon = 0.1
all_rates = np.zeros((runs, steps))  # 形狀為 (200, 1000) 的陣列

for run in range(runs):  # 200 次實驗
    bandit = Bandit()
    agent = Agent(epsilon)
    total_reward = 0
    rates = []

    for step in range(steps):
        action = agent.get_action()
        reward = bandit.play(action)
        agent.update(action, reward)
        total_reward += reward
        rates.append(total_reward / (step+1))

    all_rates[run] = rates  # ①記錄獎勵結果

avg_rates = np.average(all_rates, axis=0)  # ②計算每步的平均值

# 繪圖
plt.ylabel('Rates')
plt.xlabel('Steps')
plt.plot(avg_rates)
plt.show()
```

如上所示，同一個實驗執行 200 次，在 all_rates 儲存每次實驗得到的結果。具體而言，在程式碼中的①，把 rates（含有 1000 個元素的陣列）儲存在與 all_rates 對應的位置。在程式碼中的②設定 axis=0，可以計算每步的平均值。檢視**圖** 1-15，能清楚瞭解計算內容。

	1	2	3	...	1000
第 1 次實驗	1.0	0.5	0.333	...	0.913
第 2 次實驗	0.0	0.0	0.0	...	0.821
...	...	...	...	...	...
第 200 次實驗	1.0	1.0	1.0	...	0.615
平均值	0.493	0.497	0.504	...	0.838

圖 1-15　計算每步的平均值

執行上述程式碼，可以產生下圖。

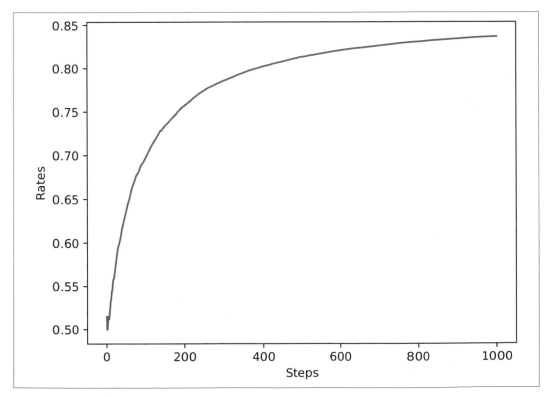

圖 1-16　步數與勝率圖（將執行 200 次的結果平均之後繪製成圖表）

圖 1-16 是 200 次實驗的平均值。評估演算法時，使用這種平均結果非常重要。檢視圖 1-16，可以得知這次的演算法（ε-貪婪法）比較穩定。最初的勝率為 0.5，隨著步數增加，勝率快速往上提高。600 步之後到達天花板，最後的勝率約為 0.83。

附帶一提，上述結果是 ε-貪婪法的「$\varepsilon = 0.1$」。調整 ε 的值，結果也會產生變化。接下來，讓我們試著改變幾種 ε 的值。以下用 0.01、0.1、0.3 等三個值進行測試，結果如下所示。

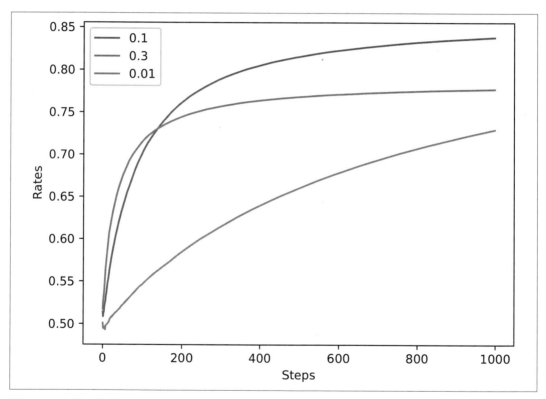

圖 1-17　改變 ε-貪婪法的 ε 值

如圖 1-17 所示，勝率隨著 ε 的值而改變。由結果可以得知，當 $\varepsilon = 0.3$ 時，勝率立刻往上升，但是當步數超過 400 時，就停止「成長」。因為這裡以 30% 的機率進行探索，所以隨著時間增加，選擇最佳機器的比例有限制。也就是說，這裡進行了過度探索。

接著是 $\varepsilon = 0.01$ 的情況（以 1% 的機率進行探索）。獎勵緩慢上升，速度是三個值中最慢的。因為探索的比例太小，減少了找到最佳機器的機會。

最後是 $\varepsilon = 0.1$。如你所見，得到了三個值之中最好的結果。因此，當 $\varepsilon = 0.1$，以 10% 的機率進行探索時，「利用與探索」的平衡最好。我們可以利用 ε 的值調整「利用與探索」的平衡。當然，每個問題的最佳 ε 值都不同。假設步數為 100 時，測試的三個 ε 之中，$\varepsilon = 0.3$ 的結果最好。只要和這次一樣，測試幾個 ε，應該可以從中找出最佳的 ε 值，以上就完成 ε-貪婪法的建置步驟。

1.5　非平穩問題

前面我們處理的吃角子老虎機問題歸類為**平穩問題（Stationary Problem）**。平穩問題是指，獎勵的機率分布穩定（沒有變化）。以吃角子老虎機問題為例，吃角子老虎機設定的勝率（吃角子老虎機的價值）固定不變。換句話說，設定了吃角子老虎機的性質之後，代理人在玩遊戲的期間內（比方說，玩 1000 次的期間），不會出現變化。我們從以下程式碼的 Bandit 類別可以得知，到上一節為止，介紹的吃角子老虎機問題都屬於平穩問題。

```python
class Bandit:
    def __init__(self, arms=10):
        self.rates = np.random.rand(arms)  # 設定後就不會改變

    def play(self, arm):
        rate = self.rates[arm]
        if rate > np.random.rand():
            return 1
        else:
            return 0
```

如上所示，self.rates 在初始化後沒有變化，利用這個設定，讓 Bandit 類別變成平穩問題。下一個要探討的問題是每玩一次，self.rates 就會逐漸改變的問題。請檢視以下程式碼。

ch01/non_stationary.py

```python
class NonStatBandit:
    def __init__(self, arms=10):
        self.arms = arms
        self.rates = np.random.rand(arms)

    def play(self, arm):
        rate = self.rates[arm]
        self.rates += 0.1 * np.random.randn(self.arms)  # 增加雜訊
        if rate > np.random.rand():
```

```
        return 1
    else:
        return 0
```

以下將建置 NonStatBandit 類別。其實，我們只在 Bandit 類別增加了一行程式碼。這裡增加的程式碼是，每玩一次，在 self.rates 增加微小亂數的處理。此外，np.random.randn() 是從平均 0，標準差 1 的常態分布產生亂數。這樣每次玩吃角子老虎機時，價值（勝率）都會變動，這種問題設定稱作**非平穩問題（Non-Stationary Problem）**。接下來要說明應該如何處理非平穩問題。

1.5.1　處理非平穩問題的準備工作

首先從複習前面的內容開始說明。上一節我們為了估算吃角子老虎機的價值，計算了樣本平均值。假設實際獲得的獎勵為 R_1、R_2、$\cdots$、R_n，可以用以下公式計算樣本平均值。

$$
\begin{aligned}
Q_n &= \frac{R_1 + R_2 + \cdots + R_n}{n} \\
&= \frac{1}{n}R_1 + \frac{1}{n}R_2 + \cdots + \frac{1}{n}R_n
\end{aligned}
$$

如上所示，透過獲得的獎勵平均可以計算出樣本平均值。這裡的重點在於，所有獎勵都乘以 $\frac{1}{n}$。$\frac{1}{n}$ 可以當作每個獎勵的「權重」，如圖 1-18 所示。

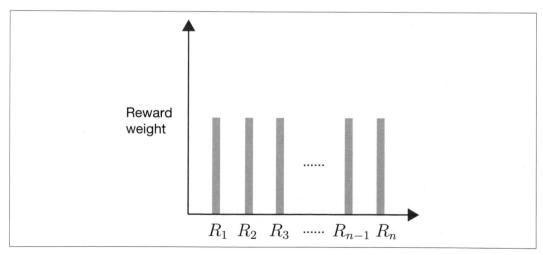

圖 1-18　每個獎勵的權重（樣本平均）

如圖 1-18 所示，所有獎勵的權重都一樣。換句話說，不論是新獲得的獎勵，或很久之前獲得的獎勵，全都一視同仁。當然，這種權重不適合非平穩問題，因為非平穩問題的環境（吃角子老虎機）會隨著時間而改變，因此過去獲得的資料（獎勵）重要性應該隨著時間而降低。相對來說，必須提高新獎勵的權重。

上一節已經說明如何有效率地計算樣本平均值，但是透過以下的更新公式也能計算出來。

$$Q_n = Q_{n-1} + \frac{1}{n}(R_n - Q_{n-1}) \tag{1.5}$$

如公式（1.5）所示，可以漸進式（逐次）更新行動價值的估計值 Q_n。接下來才是重點。公式（1.5）的步長 $\frac{1}{n}$ 更改成固定值 α（但是 $0 < \alpha < 1$），如下所示。

$$Q_n = Q_{n-1} + \alpha(R_n - Q_{n-1}) \tag{1.6}$$

按照公式（1.6）更新行動價值的估計值時，每個獎勵的權重是多少？以下先揭曉答案，結果如圖 1-19 所示。

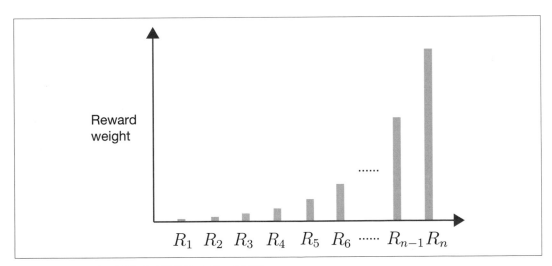

圖 1-19　每個獎勵的權重（隨著固定值 α 更新）

以固定值 α 更新時，如圖 1-19 所示，過去得到的獎勵愈舊，獎勵的權重愈小。權重不但變小，還會呈指數性下降。指數性下降是指，R_n 權重的 0.9 倍變成 R_{n-1} 的權重，R_{n-1} 權重的 0.9 倍變成 R_{n-2} 的權重，逐漸往下減少。圖 1-19 的權重也可以處理非平穩問題，因為新獲得的獎勵可以加上更大的權重。

為什麼公式（1.6）以固定值 α 更新後，能如圖 1-19 所示，建立指數性權重？以下將使用公式說明原因。首先展開公式，如下所示。

$$
\begin{aligned}
Q_n &= Q_{n-1} + \alpha(R_n - Q_{n-1}) \\
&= \alpha R_n + Q_{n-1} - \alpha Q_{n-1} \\
&= \alpha R_n + (1-\alpha)Q_{n-1}
\end{aligned}
\tag{1.7}
$$

變形公式（1.7），讓 Q_n 與 Q_{n-1} 的關係變得比較清楚。公式（1.7）中的 n 減 1，亦即在 n 代入 $n-1$，可以得到以下公式。

$$
Q_{n-1} = \alpha R_{n-1} + (1-\alpha)Q_{n-2}
\tag{1.8}
$$

公式（1.8）顯示了 Q_{n-1} 與 Q_{n-2} 的關係，接著將公式（1.8）的 Q_{n-1} 代入公式（1.7）。

$$
\begin{aligned}
Q_n &= \alpha R_n + (1-\alpha)Q_{n-1} \\
&= \alpha R_n + (1-\alpha)\{\alpha R_{n-1} + (1-\alpha)Q_{n-2}\} \\
&= \alpha R_n + \alpha(1-\alpha)R_{n-1} + (1-\alpha)^2 Q_{n-2}
\end{aligned}
\tag{1.9}
$$

檢視公式（1.9），R_n 的權重是 α，R_{n-1} 的權重是 $\alpha(1-\alpha)$。接著要對公式（1.9）中的 Q_{n-2} 執行之前的步驟。

$$
Q_n = \alpha R_n + \alpha(1-\alpha)R_{n-1} + \alpha(1-\alpha)^2 R_{n-2} + (1-\alpha)^3 Q_{n-3}
$$

以下重複執行相同操作，假設重複操作 n 次，可以得到以下公式。

$$
Q_n = \alpha R_n + \alpha(1-\alpha)R_{n-1} + \cdots + \alpha(1-\alpha)^{n-1} R_1 + (1-\alpha)^n Q_0
\tag{1.10}
$$

公式（1.10）顯示了每個獎勵的權重。具體而言，權重呈指數性下降，如下所示。

- R_n 的權重是 α
- R_{n-1} 的權重是 $\alpha(1-\alpha)$
- R_{n-2} 的權重是 $\alpha(1-\alpha)^2$

- R_{n-3} 的權重是 $\alpha(1-\alpha)^3$

- ......

如上所示，權重呈指數函數性下降，所以公式（1.10）的計算稱作**指數移動平均**（**Exponential Moving Average**）或**指數加權移動平均**（**Exponential Weighted Moving Average**）。

 公式（1.10）的重點是，使用 Q_0 的值計算 Q_n。Q_0 是行動價值的預設值，由我們設定，因此 Q_n 的值會受到我們設定的預設值影響。換句話說，學習結果會隨著我們的設定值而產生偏差（bias）。然而，樣本平均不會出現這種偏差。正確來說，樣本平均在獲得第一次獎勵時，使用者給予的預設值就會「消失」。

1.5.2 解決非平穩問題

接下來要實際解決非平穩的吃角子老虎機問題。此時，我們必須以固定值 α 更新估計值。假設以固定值 alpha 更新估計值，代理人建置為 AlphaAgent 類別。

ch01/non_stationary.py

```python
class AlphaAgent:
    def __init__(self, epsilon, alpha, actions=10):
        self.epsilon = epsilon
        self.Qs = np.zeros(actions)
        self.alpha = alpha

    def update(self, action, reward):
        # 以 alpha 更新
        self.Qs[action] += (reward - self.Qs[action]) * self.alpha

    def get_action(self):
        if np.random.rand() < self.epsilon:
            return np.random.randint(0, len(self.Qs))
        return np.argmax(self.Qs)
```

程式碼非常簡單，只以 self.alpha 的步長更新估計值。接著使用這裡的 AlphaAgent 類別，建置非平穩問題的 NonStatBandit 類別，結果如圖 1-20 所示。

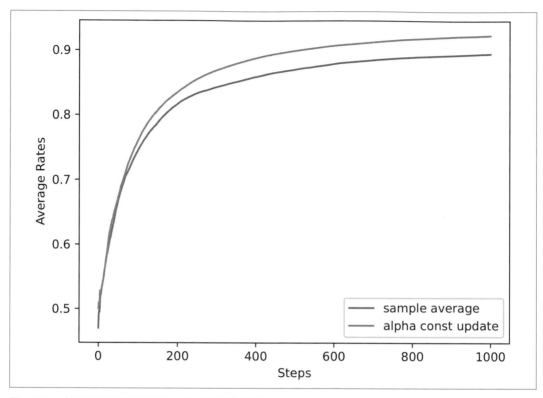

圖 1-20　比較樣本平均與以固定值 α 更新的結果

上圖中的 `alpha const update` 是以固定值 `alpha` 更新後的結果。假設參數為
`alpha=0.8`。這裡同時繪製了以樣本平均更新估計值的 `sample average` 來做比較。比較
兩者可以得知，經過一段時間之後，以固定值 α 更新的代理人獲得了比較好的結果。然
而，以樣本平均更新的代理人，剛開始表現不錯，過了一段時間之後，與以固定值 α 更
新的代理人出現「差距」，代表樣本平均無法妥善處理時間變化，由此可知，以固定值
α 更新的方式比較適合這次的非平穩問題。

1.6　重點整理

本章先說明強化學習的概要。強化學習是機器學習的一部分，與「監督式學習」及「非
監督式學習」截然不同，差別在於，環境與代理人之間可以互動。代理人因自己採取的
行動獲得獎勵，目標是學會讓獎勵總和最大化的行動模式。

本章介紹了吃角子老虎機問題。解決吃角子老虎機問題的演算法適合用在從多個選項中，選擇最佳策略的問題。這一章以吃角子老虎機為例來做說明，但是這種演算法也可以運用在其他問題。例如，選擇可以提高業績的網頁設計，或選擇最有效的藥品等問題，都可以使用吃角子老虎機演算法。

吃角子老虎機問題（強化學習）的關鍵在於權衡「利用與探索」。這一章學習了可以達到這個目標的 ε-貪婪法。ε-貪婪法是「利用」到目前為止得到的經驗，（偶爾）也採取非貪婪的行動，藉此「探索」是否有其他更好的行動。這種方法快速解決了吃角子老虎機問題。除了 ε-貪婪法之外，還有其他各式各樣的吃角子老虎機演算法。典型的方法包括、UCB（Upper Confidence Bound）演算法 [2]、梯度吃角子老虎機演算法 [3]。

本章也介紹了「平均」。這一章出現的平均有兩個，一個是使用相同權重的「樣本平均」，另一個是獲得資料愈新，權重愈大的「指數移動平均」。利用「樣本平均」或「指數移動平均」，可以計算行動價值的估計值。請根據問題的性質，決定要使用哪種方法。平穩問題可以使用樣本平均，非平穩問題可以使用指數移動平均。按照以下方式能以漸進方式計算這兩個平均。

$$樣本平均： \quad Q_n = Q_{n-1} + \frac{1}{n}(R_n - Q_{n-1})$$
$$指數移動平均： \quad Q_n = Q_{n-1} + \alpha(R_n - Q_{n-1})$$

如上所示，樣本平均以 $\frac{1}{n}$ 進行更新，指數移動平均以固定值 α 進行更新。

第 2 章
馬可夫決策過程

在吃角子老虎機問題中，不論代理人採取何種行動，接下來要處理的問題不變。代理人每次都同樣要挑戰吃角子老虎機，找出最佳吃角子老虎機。然而，這與現實生活中的問題是不一樣的。以圍棋為例，代理人每下一步棋，棋盤上的棋子位置就會產生變化（而且對手下棋時，棋盤的棋子位置也會改變）。

代理人的行動隨時都會影響狀況，代理人必須考量狀態轉移，採取最佳行動。

 上一章說明了吃角子老虎機的獎勵設定（獎勵的機率分布）會隨時間改變的「非平穩問題」。非平穩問題的「獎勵的機率分布」會隨時間而變化，與代理人的行為無關，可是這裡思考的是，環境狀態隨著代理人的行動而改變的問題。

本章將討論因代理人的行動導致狀況改變的問題，其中，有部分問題被公式化為**馬可夫決策過程**（**Markov Decision Process**，簡稱 MDP）。本章先說明與 MDP 有關的術語，並使用公式表示。瞭解 MDP 的目標之後，再透過簡單的 MDP 問題，檢視達成目標的過程。

2.1　何謂 MDP

MDP 是 Markov Decision Process 的縮寫，中文翻譯成「馬可夫決策過程」（「2.2.1 狀態轉移」將說明「馬可夫性質」）。決策過程是指「代理人（與環境互動下）決定行動的過程」。以下將舉個實際的例子說明 MDP 的性質。

2.1.1 MDP 的具體範例

首先請檢視**圖 2-1**，這張圖分成幾個網格，正中間有個機器人，機器人可以在網格上右左移動，本書將**圖 2-1** 稱作「網格世界」。

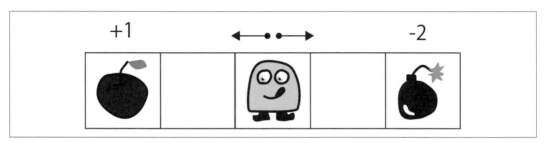

圖 2-1 MDP 的問題設定範例：網格世界

以強化學習的術語而言，機器人等於「代理人」，周圍代表「環境」。代理人可以採取向右或向左前進兩格的行動。**圖 2-1** 最左邊的網格有一顆蘋果，最右邊有一顆炸彈，這些是機器人的「獎勵」。在這個問題中，當機器人取得蘋果時，獎勵為 +1，若取得炸彈，獎勵為 –2，空白處（空格）的獎勵為 0。

圖 2-1 的問題是每當代理人採取行動時，情況都會產生變化。假設代理人向左移動之後，再向左移動一次，此時代理人將獲得 +1 的獎勵。另一個例子是，代理人向右移動之後，再向右移動一次，則獎勵是 –2。**圖 2-2** 是代理人的移動狀態。

如**圖 2-2** 所示，代理人的行動會改變代理人所處的狀況，強化學習把這個狀況稱作「狀態（state）」。在 MDP 中，狀態會隨著代理人的行動而改變，代理人會在狀態轉移後的地方採取新的行動。我們從**圖 2-2** 可以得知，這個問題中的代理人最佳行動是向左移動兩次，這樣可以獲得最佳獎勵。

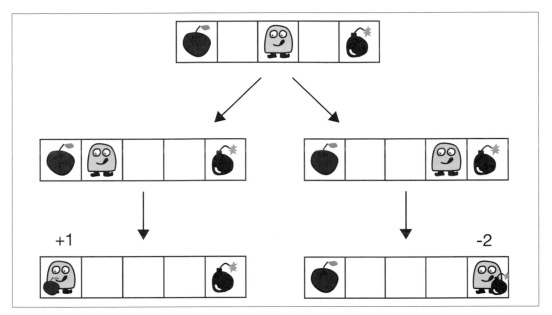

圖 2-2 MDP 的狀態轉移

 MDP 需要有「時間」概念。代理人在某個時間採取行動，結果變成新的狀態。此時的時間單位稱作「時間步長（timestep）」。時間步長是代理人做決策的間隔，因此實際的單位會隨著問題而異。

接下來我們要思考**圖 2-3** 的問題。

圖 2-3 另一個網格世界（環境）

圖 2-3 最左邊網格有獎勵為 +1 的蘋果，代理人的右邊有一個獎勵為 –2 的炸彈，最右邊的網格有獎勵為 +6 的蘋果。在這個問題中，向右移動會立即獲得負獎勵，但是如果再向右移動，就可以得到獎勵 +6 的蘋果。因此，最佳的行動是向右移動兩次。

如**圖** 2-3 的例子，代理人必須考慮未來獲得的獎勵總和，而不是眼前的獎勵。換句話說，需要將獎勵總和最大化。

2.1.2　代理人與環境互動

MDP 中的代理人與環境進行互動。重點在於，代理人的行動會造成狀態轉移，使得獲得的獎勵改變。下圖顯示了這樣的關係。

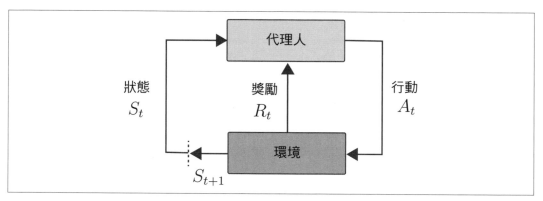

圖 2-4　MDP 的循環

圖 2-4 假設時間為 t，狀態為 S_t。代理人根據狀態 S_t 採取行動 A_t，獲得獎勵 R_t，接著轉移到下一個狀態 S_{t+1}。代理人與環境互動，實際上會產生以下的轉移。

$$S_0, A_0, R_0, S_1, A_1, R_1, S_2, A_2, R_2, \cdots$$

這個時間序列資料的最初狀態從 S_0 開始，代理人在狀態 S_0 採取行動 A_0，獲得獎勵 R_0，時間往前進入狀態 S_1。接下來，代理人根據狀態 S_1，採取行動 A_1，獲得獎勵 R_1，再轉移到下一個狀態 S_2，這樣的過程一直持續下去。

在強化學習領域中，獎勵 R_t 的時間點有兩種慣例，差別在於獎勵是 R_t 或是 R_{t+1}。正確來說，如下所示。

- 在狀態 S_t 採取行動 A_t，獲得獎勵 R_t，接著進入下一個狀態 S_{t+1}
- 在狀態 S_t 採取行動 A_t，獲得獎勵 R_{t+1}，接著進入下一個狀態 S_{t+1}

如上所示，包括獎勵為 R_t 或 R_{t+1} 兩種作法。本書考量到程式設計的相容性，因而採用前者（R_t 方式）。

以上是 MDP 的概述，接下來將使用公式描述 MDP。

2.2 環境與代理人的公式化

MDP 利用算式將代理人與環境的互動公式化。因此，需要用算式表示以下三個元素。

- 狀態轉移：狀態如何轉移
- 獎勵：如何給予獎勵
- 策略：代理人決定採取何種行動

如果能以算式表示這三個元素，就可以公式化為 MDP。接下來先說明「狀態轉移」。

2.2.1 狀態轉移

首先要介紹狀態轉移的例子，請見**圖** 2-5。

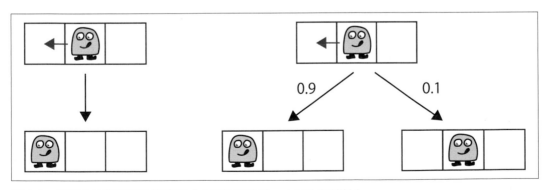

圖 2-5　代理人的行動與狀態轉移（左圖為確定性，右圖為隨機性）

圖 2-5 的左圖是代理人選擇向左前進的行動，結果代理人「一定」向左移動的例子，這種性質稱作**確定性（deterministic）**。確定性的狀態轉移是根據現在的狀態 s 與行動 a 決定下一個狀態 s'，因此可以用以下函數表示。

$$s' = f(s, a)$$

$f(s, a)$ 是輸入狀態 s 與行動 a 之後，輸出下一個狀態 s' 的函數。$f(s, a)$ 稱作**狀態轉移函數（State Transition Function）**。

然而，**圖 2-5** 的右圖為**隨機性（stochastic）**行為。代理人選擇向左前進的行為時，有 0.9 的機率向左移動，有 0.1 的機率停留在原地。這種隨機性行為可能是因為地板打滑，或代理人內部的機構（馬達等）沒有正常運作等原因引起。

即使是確定性的狀態轉移，也可以用機率描述。以**圖 2-5** 為例，代理人選擇向左前進的行動時，可以描述為有 1.0 的機率向左前進，轉移成其他狀態的機率為 0。

接下來要說明隨機性狀態轉移的描述方法。假設代理人在狀態 s 採取了行動 a。此時，可以用以下方式表示轉移到下一個狀態 s' 的機率。

$$p(s'|s, a)$$

| 的右邊輸入代表「條件」的機率變數。以這次的例子來說，在狀態 s 選擇行動 a 就相當於條件。給予這兩個條件時，以 $p(s'|s, a)$ 代表轉移到 s' 的機率。$p(s'|s, a)$ 稱作**狀態轉移機率（State Transition Probability）**。

$p(s'|s, a)$ 的具體範例如**圖 2-6** 所示。

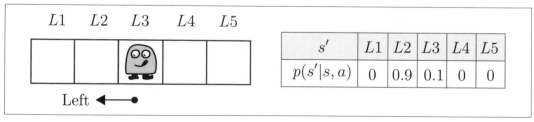

圖 2-6　狀態轉移機率的範例

如**圖 2-6** 所示，假設有五個格子，自左起依序為 $L1$、$L2$、$L3$、$L4$、$L5$。代理人的行動是向左移動為 Left，向右移動為 Right。假設代理人在 $L3$ 時（狀態為 $L3$ 時），選擇了行動 Left。此時，狀態轉移機率 $p(s'|s=L3, a=\text{Left})$ 如**圖 2-6** 的表格所示。

> 正確來說，**圖 2-6** 的表格是狀態轉移的「機率分布」。因為它顯示了機率變數 s' 取得「所有」值的機率，也就是機率的「分布」。

$p(s'|s, a)$ 只根據現在的狀態 s 與行動 a 決定下一個狀態 s'。換句話說，在狀態轉移中，不需要比現在還舊的資料（到目前為止，在何種狀態下，採取過哪種行動的資料），這種性質就稱作**馬可夫性質（Markov Property）**。

MDP 是假設具有馬可夫性質，藉此將狀態轉移（還有獎勵）模型化。導入馬可夫性質的主因是這樣比較容易解決問題，如果未假設有馬可夫性質，就得考慮過去所有的狀態與行動，組合將呈指數性增加。

2.2.2　獎勵函數

接著要討論獎勵。本書以是否容易瞭解為優先，所以假設獎勵有「確定性」。具體而言，以函數定義代理人在 s 狀態採取行動 a，轉移到下一個狀態 s' 時，獲得獎勵 $r(s, a, s')$。$r(s, a, s')$ 稱作**獎勵函數（Reward Function）**。以下是獎勵函數的例子，如**圖 2-7** 所示。

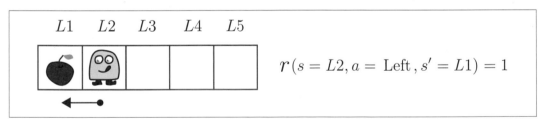

圖 2-7　獎勵範例

圖 2-7 的代理人在 $L2$（亦即現在的狀態為 $s=L2$）選擇行動 Left，接著轉移到下一狀態 $L1$。此時，透過獎勵函數 $r(s, a, s')$ 可以得到獎勵為 1。

在**圖 2-7** 的例子中，只要知道下一個狀態 s'，就可以確定獎勵。這個問題的獎勵是由移動目的地的蘋果而定，所以獎勵函數也能建置為 $r(s')$。

我們也可以假設「隨機」給予獎勵。例如，到某個地方，有 80% 的機率被敵人攻擊，結果得到 -10 的獎勵（有 20% 的機率不會被敵人攻擊），依機率取得獎勵的情況。獎勵函數 $r(s, a, s')$ 設定為傳回「獎勵的期望值」，所以後面要導出的 MDP 相關理論（貝爾曼方程式）在獎勵為確定性時同樣成立。本書是假設獎勵具有確定性來說明內容。

2.2.3　代理人的策略

接下來，要說明代理人的**策略（Policy）**。策略代表代理人如何決定行動，策略的重點是，代理人可以只根據「目前狀態」決定行動。為什麼只根據「目前狀態」就能決定行動？因為環境是根據馬可夫性質進行轉移。

環境的狀態轉移只以目前狀態 s 和代理人採取的行動 a 為條件，不需要考慮之前的任何資訊，就可以確定下一個狀態 s'。獎勵也同樣是根據目前狀態 s 與行動 a，以及轉移到下一個狀態 s' 而定。這代表所有必要的環境資訊都包含在「目前狀態」中，因此代理人可以只根據「目前狀態」決定行動。

 MDP 的馬可夫性質可以當作對環境而不是對代理人的限制。換句話說，環境必須維持滿足馬可夫性質的「狀態」。從代理人的角度來看，在目前的狀態中，有著可以做出最佳選擇的資料，因而能依照該資料採取行動。

代理人能依照目前狀態決定策略。此時，決定行動的方法可以是「確定性」或「隨機性」其中一種。確定性策略如**圖 2-8** 左圖所示，在某個狀態一定會採取既定的行動。

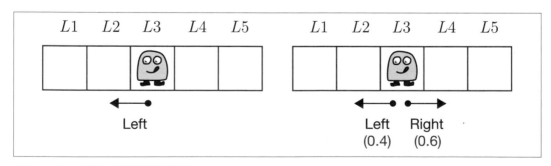

圖 2-8　確定性策略與隨機性策略

圖 2-8 左圖的代理人在某個位置時，一定會採取向左移動的行動，這種確定性策略可以定義成以下函數。

$$a = \mu(s)$$

$\mu(s)$ 函數透過引數給予狀態時，會傳回行動 a。這個範例的 $\mu(s=L3)$ 傳回 Left。

圖 2-8 右圖是隨機性策略的範例。在這個例子中，代理人向左移動的機率是 0.4，向右移動的機率是 0.6。我們可以用以下公式表示這種隨機決定代理人行動的策略。

$$\pi(a|s)$$

$\pi(a|s)$ 是在狀態 s 時，採取行動 a 的機率。以圖 2-8 右圖來說，如下所示。

$$\pi(a = \text{Left}|s = L3) = 0.4$$
$$\pi(a = \text{Right}|s = L3) = 0.6$$

確定性策略也可以表示為隨機性策略。例如，$a = \mu(s)$ 的確定性策略能以在狀態 s 採取行動 a 的機率是 1.0、採取其他行動的機率是 0 的機率分布，表示為隨機性策略。

上面用公式表示了狀態轉移、獎勵函數、策略。接下來要使用這三個元素定義 MDP 的目標。

2.3　MDP 的目標

前面我們已經將環境與代理人的行為公式化。這裡簡單複習一下，代理人根據策略 $\pi(a|s)$ 採取行動。透過該行動與狀態轉移機率 $p(s'|s, a)$ 轉移到下一個狀態，接著再按照獎勵函數 $r(s, a, s')$ 給予獎勵。在這個結構中，MDP 的目標是找出**最佳策略（Optimal Policy）**。所謂的最佳策略，就是收益最大化的策略（後面會再說明收益的部分）。

代理人擁有確定性策略時，可以使用 $\mu(s)$ 函數表示。不過，因為利用隨機性策略也能表示（涵蓋）確定性策略，因此這裡假定為隨機性策略 $\pi(a|s)$。基於相同理由，環境狀態轉移也假設為隨機。

以下將進行把最佳策略完美公式化的準備工作。首先說明 MDP 大致分成兩個問題，包括「回合制任務（Episodic Tasks）」和「連續性任務（Continuing Tasks）」。

2.3.1 回合制任務與連續性任務

MDP 依問題分成回合制任務與連續性任務。回合制任務是指有「結束」的問題。例如，圍棋歸類為回合制任務。圍棋最後會產生「勝利／失敗／和局」其中一種結果，而下一場比賽將從沒有棋子的狀態（初始狀態）開始。在回合制任務中，從開始到結束的一連串操作稱作「回合（episode）」。

另一個回合制任務的例子是**圖 2-9** 的網格世界問題。

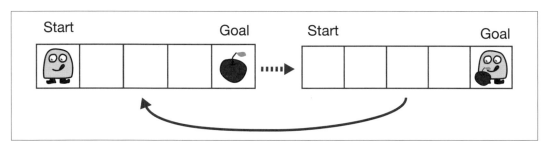

圖 2-9 有終點的問題範例

在**圖 2-9** 的例子中，終點在某個位置，抵達終點就「結束」。之後又從初始狀態開始新的回合制任務。

然而，連續性任務是沒有「結束」的問題。例如，庫存管理問題可以視為連續性任務。在庫存管理問題中，代理人必須決定要採購多少商品，根據銷售情況和庫存量，判斷最佳採購量（最理想的狀態是，沒有過多的庫存，並且採購足夠的商品，盡可能銷售最多商品）。這種問題沒有「結束」，可以定義為永久持續的問題。

2.3.2 收益

接下來要說明新的專有名詞——**收益（Return）**，代理人的目標就是將收益最大化。

定義收益時，假設時間為 t，狀態為 S_t（t 是任意值），接著思考代理人根據策略 π，採取行動 A_t，獲得獎勵 R_t，再轉移到新狀態 S_{t+1}。此時，收益 G_t 的定義如下。

$$G_t = R_t + \gamma R_{t+1} + \gamma^2 R_{t+2} + \cdots \tag{2.1}$$

如公式（2.1）所示，收益代表代理人獲得獎勵的總和。但是，隨著時間往前推移，獎勵因 γ 而呈指數性衰減。γ 稱作**折扣率（Discount Rate）**，可以設定為 0.0 到 1.0 之間的實數。假設折扣率為 0.9，結果如下。

$$G_t = R_t + 0.9R_{t+1} + 0.81R_{t+2} + \cdots$$

導入折扣率的主要原因是要避免收益在連續性任務中無限擴大。如果沒有折扣率（或 $\gamma = 1$），連續性任務中的收益將發散為無限大，設定折扣率可以防止收益發散。

折扣率也能讓愈近期的獎勵顯得愈重要，這一點可以解釋人類（甚至是生物）大部分的行為原理。例如，你會選擇現在獲得一萬元？還是一年後獲得兩萬元？如果因為折扣率，使得未來的獎勵呈指數性減少的話，立刻得到獎勵會比較有吸引力。

2.3.3 狀態價值函數

前面我們重新定義了「收益」。代理人的目標是將收益最大化，這裡必須注意一點，那就是代理人和環境可能「隨機」互動，代理人可能隨機決定要採取的行動，狀態也可能隨機轉移。此時，獲得的收益將具有「隨機性」。例如，某回合的收益為 10.4，而另一個回合為 8.7，即使從相同的狀態開始，每回合獲得的收益也會隨機變化。

為了因應這種隨機行為，需要以期望值，亦即「收益的期望值」當作指標。我們可以用以下公式表示收益的期望值。

$$v_\pi(s) = \mathbb{E}[G_t | S_t = s, \pi] \tag{2.2}$$

公式（2.2）以狀態 S_t 為 s，代理人的策略為 π 當作條件（這裡的時間 t 為任意值）。根據這些條件，可以用公式（2.2）表示代理人獲得的收益期望值。這裡以特殊符號 $v_\pi(s)$ 表示收益的期望值，$v_\pi(s)$ 稱作**狀態價值函數（State-Value Function）**。

公式（2.2）的右邊給予代理人的策略 π 當作條件。如果策略 π 發生變化，將影響代理人獲得的獎勵，收益總和也會不同。為了清楚呈現這一點，通常會把狀態價值函數顯示為 $v_\pi(s)$，將 π 寫在 v 的下方。此外，公式（2.2）也可以寫成以下這樣。

$$v_\pi(s) = \mathbb{E}_\pi[G_t | S_t = s] \tag{2.3}$$

公式（2.3）中，輸入 π 的位置為 $\mathbb{E}_\pi$，代表和公式（2.2）一樣，給予策略 π 當作條件。本書後面將採用公式（2.3）的格式來表示狀態價值函數。

狀態價值函數的表記可以顯示為 v_π 或 V_π。v_π 是真實的狀態價值函數，V_π 是當作估計值的狀態價值函數。

2.3.4 最佳策略與最佳價值函數

在強化學習中，我們的目標是取得最佳策略。以下將說明何謂最佳策略，而「最佳」的定義是什麼。

假設有兩個策略，一個稱作 π，另一個稱作 π′。此時，這兩個策略的狀態價值函數分別為 $v_\pi(s)$、$v_{\pi'}(s)$。如圖 2-10 所示，假設已經決定了所有狀態的價值函數。

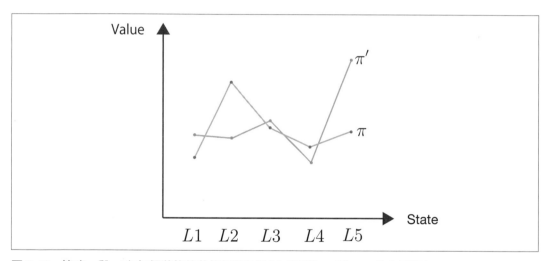

圖 2-10　策略 π 與 π′ 在每個狀態的狀態價值函數圖（狀態 $L1$ 到 $L5$，共有五個）

圖 2-10 的重點是，在某個狀態為 $v_{\pi'}(s) > v_\pi(s)$，其他狀態為 $v_{\pi'}(s) < v_\pi(s)$。例如狀態為 $L1$ 時，根據策略 π′ 採取行動的收益期望值較高。可是狀態 $L2$ 的策略 π 得到的結果比較好。這種狀態價值函數會隨著狀態而改變大小的情況，無法比較兩個策略的優劣。

那麼，可以比較兩個策略優劣的是何種情況？請見圖 2-11。

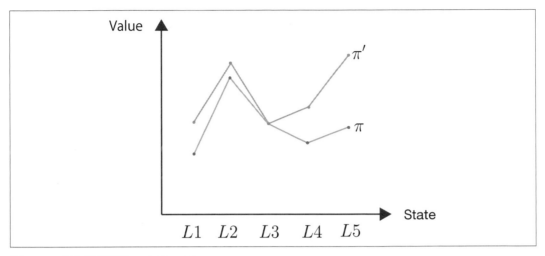

圖 2-11 所有狀態皆為 $v_{\pi'}(s) \geqq v_\pi(s)$

圖 2-11 的所有狀態皆為 $v_{\pi'}(s) \geqq v_\pi(s)$。在此狀態下，策略 π' 優於 π，因為無論從哪個狀態開始，得到的獎勵總和期望值 π' 都大於（或等於）π。

如果要比較兩個策略的優劣，必須滿足「所有狀態」皆為 $v_{\pi'}(s) \geqq v_\pi(s)$ 的條件。滿足這個條件時，代表 π' 是優於 π 的策略（如果所有狀態皆為 $v_{\pi'}(s) = v_\pi(s)$，表示兩個策略一樣好）。

這樣就能確定兩個策略的優劣。運用這個概念可以定義何謂「最佳」策略。假設最佳策略為 π_*，代表與其他策略相比，策略 π_* 在所有狀態的狀態價值函數 $v_{\pi_*}(s)$ 皆大於其他策略，顯示成圖表的結果如**圖 2-12** 所示。

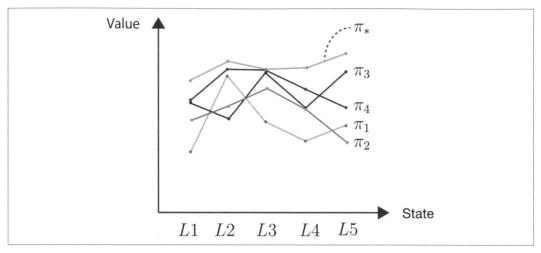

圖 2-12　最佳策略 π_* 與其他策略

如**圖 2-12** 所示，在所有狀態下，如果有一個策略的狀態價值函數值大於其他任何策略，該策略就是最佳策略。有一個很重要的事實是，MDP 至少會有一個最佳策略，而且該最佳策略是「確定性策略」。確定性策略是每個狀態的行動只有一個，公式 $a = \mu_*(s)$ 代表函數 μ_* 在輸入狀態 s 時，輸出行動 a。

> 使用公式可以驗證 MDP 至少有一個最佳確定性策略，本書省略了這個部
> 分的說明，有興趣的讀者可以參考文獻 [4] 等。此外，「3.4.1 狀態價值函
> 數的貝爾曼最佳方程式」舉了一個具體範例，說明為何最佳策略具有確
> 定性。

最佳策略的狀態價值函數稱作**最佳狀態價值函數（Optimal State-Value Function）**。本書將最佳狀態價值函數表示為 v_*。

2.4 MDP 的範例

以下將介紹 MDP 的具體問題。這次的問題是有兩個網格的網格世界，如**圖 2-13** 所示。

圖 2-13 有兩個網格的網格世界

如**圖 2-13** 所示，這裡有兩個網格，左邊與右邊是牆壁，問題設定如下所示。

- 代理人可以左右移動

- 狀態轉移為確定性（代理人採取向右的行動時，下一個狀態一定會向右移動）

- 代理人從 $L1$ 往 $L2$ 移動時，取得蘋果，獲得獎勵 +1

- 代理人從 $L2$ 往 $L1$ 移動時，蘋果再次出現

- 碰到牆壁時，獲得獎勵 –1（受到懲罰）。假設代理人在 $L1$ 採取向左移動的行動，獲得 –1 的獎勵。在狀態 $L2$ 向右移動時，同樣獲得 –1 的獎勵（假設此時沒有出現蘋果）

- 假設這次的問題是沒有「結束」的連續性任務

接下來要解決**圖 2-13** 的問題。

2.4.1 備份圖

這次將先繪製「備份圖（Backup Diagram）」，整理**圖 2-13** 的問題。備份圖是指利用「有方向性的圖表（＝由節點與箭頭構成的圖表）」，表示「狀態、行動、獎勵」的轉移。首先請見**圖 2-14** 的備份圖範例。

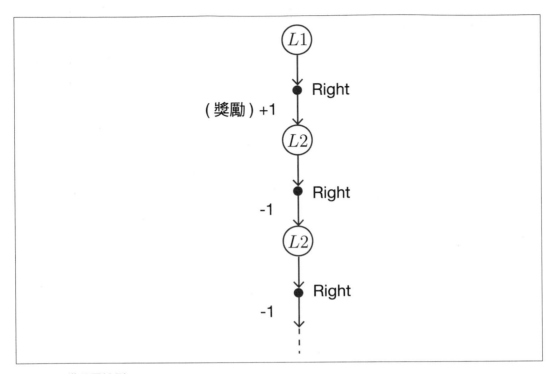

圖 2-14 備份圖範例

假設代理人在任何狀態下，都一律向右移動。此時，代理人的行動與狀態轉移如**圖 2-14**所示。**圖 2-14** 的時間是由上往下前進，最初狀態為 $L1$，顯示從該處開始轉移的情況。

圖 2-14 的代理人策略為確定性，亦即代理人一律採取相同行動。由於環境的狀態轉移也是確定性，所以備份圖延伸成一直線。附帶一提，代理人有 50% 的機率向右移動、50% 機率向左移動的備份圖為**圖 2-15**。

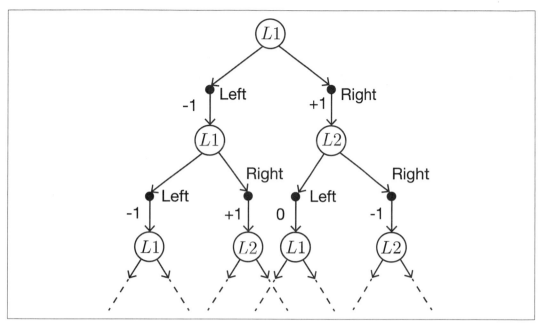

圖 2-15　備份圖範例（代理人的行動為隨機）

如**圖 2-15** 所示，每個狀態的行動都有向右或向左兩種可能性，所以備份圖會擴大並延伸。但是這次環境的狀態轉移是確定性，代理人的策略也是確定性。換句話說，備份圖如**圖 2-14** 所示，呈直線延伸。

2.4.2　找出最佳策略

在這次的兩格網格世界中，哪個才是最佳策略？我們已經知道最佳策略是確定性策略，並以 $a = \mu(s)$ 函數表示確定性策略。這個問題的狀態與行動數量小，我們可以列出所有可能的確定性策略。具體而言，有兩種狀態與兩種行動，所以共有 $2^2 = 4$ 種確定性策略。這四種策略如下所示。

	$s = L1$	$s = L2$
$\mu_1(s)$	Right	Right
$\mu_2(s)$	Right	Left
$\mu_3(s)$	Left	Right
$\mu_4(s)$	Left	Left

圖 2-16　確定性策略的組合

圖 2-16 顯示了每個狀態採取的行動（由於是確定性策略，每個狀態採取的行動只有一個）。例如，策略 μ_1 在狀態 $L1$ 向右移動，$L2$ 也向右移動。**圖 2-16** 的四種策略中，有一個最佳策略。

接著要計算策略 μ_1 的狀態價值函數。下一章將詳細說明如何計算狀態價值函數，由於這個範例的狀態轉移與策略都是確定性，因而能輕易算出來。例如，狀態 $L1$ 依照 μ_1 向右移動，可以獲得獎勵 +1。之後向右移動撞到牆壁，因而獲得獎勵 –1。假設折扣率為 0.9，即可按照以下公式計算出狀態價值函數。

$$
\begin{aligned}
v_{\mu_1}(s = L1) &= 1 + 0.9 \cdot (-1) + 0.9^2 \cdot (-1) + \cdots \\
&= 1 - 0.9(1 + 0.9 + 0.9^2 + \cdots) \\
&= 1 - \frac{0.9}{1 - 0.9} \\
&= -8
\end{aligned}
$$

這裡使用了無窮等比級數公式。無窮等比級數公式是 $1 + r + r^2 + \cdots = \frac{1}{1-r}$（但是 $-1 < r < 1$）。此外，使用程式碼也可以執行類似的運算。

```python
V = 1
for i in range(1, 100):
    V += -1 * (0.9 ** i)
print(V)
```

執行結果

```
-7.999734386011124
```

使用 for 迴圈進行近似計算，取代無限計算，結果約為 -8，與理論值幾乎相同。

接下來要計算（策略為 μ_1）狀態 $L2$ 的價值函數。由於不斷撞到右邊的牆壁，所以獲得的獎勵始終為 -1，我們可以用以下公式計算出狀態價值函數。

$$
\begin{aligned}
v_{\mu_1}(s = L2) &= -1 + 0.9 \cdot (-1) + 0.9^2 \cdot (-1) + \cdots \\
&= -1 - 0.9(1 + 0.9 + 0.9^2 + \cdots) \\
&= -1 - \frac{0.9}{1 - 0.9} \\
&= -10
\end{aligned}
$$

這樣就計算出策略 μ_1 的價值函數。其他所有策略也可以執行上述操作，結果如**圖 2-17**所示。

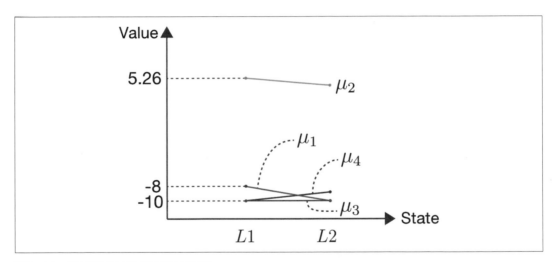

圖 2-17　每個策略的狀態價值函數圖

我們從這張圖可以瞭解，在所有狀態中，策略 μ_2 的狀態價值函數值比其他策略大。因此，策略 μ_2 是我們要找的策略。策略 μ_2 會反覆左右移動而不碰壁，過程中持續取得蘋果。因為找到最佳策略，代表達成 MDP 的目標。

2.5 重點整理

這一章介紹了 MDP。MDP 可以將代理人與環境的互動公式化。環境中有狀態轉移機率（或狀態轉移函數）與獎勵函數，而代理人有策略，環境與代理人會進行互動。MDP 的目標是在這種結構中找出最佳策略。最佳策略是指在所有狀態下，狀態價值函數的值比其他策略大或相等。

這一章我們解決了強化學習問題中的「兩格網格世界」問題，實際找出最佳策略。具體而言，我們列出所有可能的策略，手動計算每個策略的狀態價值函數，從中找出最佳策略。可惜本章使用的方法僅適用於「兩格網格世界」這種簡單的強化學習問題。下一章我們將處理更複雜的問題設定。

第 3 章
貝爾曼方程式

上一章處理了「兩格網格世界」問題。這個問題假設環境是確定性,代理人也採取確定性的行動。因此,備份圖如**圖** 3-1 左邊所示,呈直線延伸。

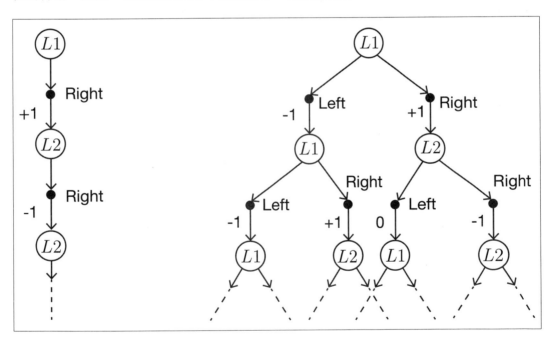

圖 3-1　確定性備份圖(左圖)與隨機性備份圖(右圖)

如**圖** 3-1 左圖所示,備份圖呈直線延伸時,可以利用上一章的方法(用公式計算)計算狀態價值函數。可是 MDP 也可能有隨機性。此時,備份圖會擴散延伸,如**圖** 3-1 右圖所示。可惜這種狀態價值函數無法用上一章的手動方式計算出來。

本章的目標是計算出**圖 3-1** 右圖的狀態價值函數,關鍵就是**貝爾曼方程式(Bellman Equation)**。貝爾曼方程式是 MDP 最重要的方程式,也是許多強化學習演算法的重要基礎。

3.1　導出貝爾曼方程式

以下將導出貝爾曼方程式。我們先用簡單的例子複習機率和期望值,當作準備工作,接著導出貝爾曼方程式。如果你已經徹底瞭解機率和期望值,可以跳過「3.1.1 機率和期望值(貝爾曼方程式的準備工作)」,直接進入「3.1.2 導出貝爾曼方程式」。

3.1.1　機率和期望值(貝爾曼方程式的準備工作)

這裡以骰子為例來說明。骰子是一個完美的六面體,每一面出現的機率都是 $\frac{1}{6}$。如果以隨機變數 x 表示骰子的點數,x 為 1 到 6 之間的整數,而且每個點數出現的機率都是 $\frac{1}{6}$,我們可以用以下公式表示骰子點數的機率。

$$p(x) = \frac{1}{6}$$

接著計算擲骰子時的點數期望值,期望值的計算公式如下。

$$\mathbb{E}[x] = 1 \cdot \frac{1}{6} + 2 \cdot \frac{1}{6} + 3 \cdot \frac{1}{6} + 4 \cdot \frac{1}{6} + 5 \cdot \frac{1}{6} + 6 \cdot \frac{1}{6}$$
$$= 3.5$$

如上所示,每個「點數值」乘以「機率」再相加,即可得到點數的期望值。附帶一提,使用 $\sum$ 可以用以下公式表示期望值。

$$\mathbb{E}[x] = \sum_x x p(x)$$

以備份圖繪製這次擲骰子的結果,如下圖所示。

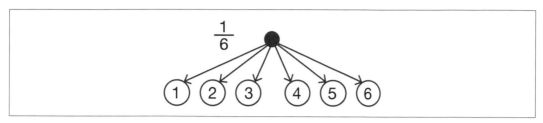

圖 3-2 骰子的備份圖

如**圖** 3-2 所示，以往下延伸顯示骰子點數（可能出現的點數）的方式繪圖。

接著要思考**圖** 3-3 的問題。

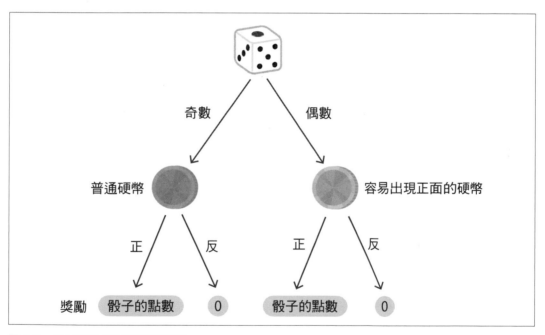

圖 3-3 依序擲骰子與硬幣的問題

這次的問題是，先擲骰子再擲硬幣。假如一開始骰子擲出偶數，就給予擲出正面的機率為 0.8 的硬幣；若骰子擲出奇數，則給予擲出正面的機率為 0.5 的一般硬幣。如果硬幣擲出正面，就以骰子點數當作獎勵；若是反面，獎勵為 0。假設有以下狀況：

- 骰子的點數為 4 點，硬幣（容易擲出正面的硬幣）擲出正面時，獎勵為 4

- 骰子的點數為 5 點，硬幣（一般硬幣）擲出反面時，獎勵為 0

接著將計算上述問題的「獎勵期望值」。首先，繪製出以下的備份圖。

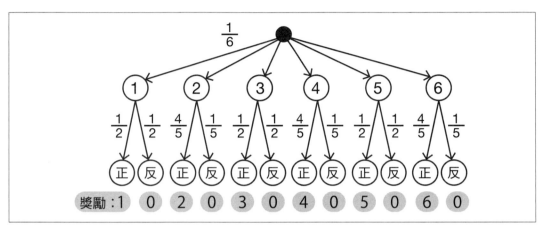

圖 3-4　依序擲骰子與硬幣的備份圖

由**圖 3-4** 可以得知，骰子擲出 1 的機率為 $\frac{1}{6}$，硬幣擲出正面的機率為 $\frac{1}{2}$，此時獎勵為 1，換句話說

- 以 $\frac{1}{6} \cdot \frac{1}{2} = \frac{1}{12}$ 的機率

- 獲得獎勵 1

如果要取得「獎勵的期望值」，必須計算所有可能的組合，實際的計算結果如下所示。

$$\frac{1}{6} \cdot \frac{1}{2} \cdot 1 + \frac{1}{6} \cdot \frac{1}{2} \cdot 0 + \frac{1}{6} \cdot \frac{4}{5} \cdot 2 + \frac{1}{6} \cdot \frac{1}{5} \cdot 0 + \frac{1}{6} \cdot \frac{1}{2} \cdot 3 + \frac{1}{6} \cdot \frac{1}{2} \cdot 0 +$$
$$\frac{1}{6} \cdot \frac{4}{5} \cdot 4 + \frac{1}{6} \cdot \frac{1}{5} \cdot 0 + \frac{1}{6} \cdot \frac{1}{2} \cdot 5 + \frac{1}{6} \cdot \frac{1}{2} \cdot 0 + \frac{1}{6} \cdot \frac{4}{5} \cdot 6 + \frac{1}{6} \cdot \frac{1}{5} \cdot 0$$
$$= 2.35$$

這樣就可以計算出獎勵的期望值。將**圖 3-4** 末端節點（圓形符號）的發生機率乘以當時的獎勵，並把所有可能的組合相加，即可取得獎勵的期望值。

以下將用文字表示上述運算。首先假設骰子的點數為 x，硬幣的結果（正、反）為 y。在這次的測試中，硬幣擲出正面的機率會隨著骰子的點數改變，以 $p(y|x)$ 表示條件機率。具體而言，依照以下方式取值。

$$p(y = 正 | x = 4) = 0.8$$
$$p(y = 反 | x = 3) = 0.5$$

此外，x 與 y 同時出現的機率（稱作「聯合機率」）為

$$p(x, y) = p(x)p(y|x)$$

這個問題是依照 x 與 y 的值來決定獎勵，因此可以用函數 $r(x, y)$ 表示獎勵。例如以下所示。

$$r(x = 4, y = 正) = 4$$
$$r(x = 3, y = 反) = 0$$

期望值是「值」×「該值發生的機率」之總計，我們可以用以下公式表示獎勵的期望值。

$$\mathbb{E}[r(x, y)] = \sum_x \sum_y p(x, y)r(x, y)$$
$$= \sum_x \sum_y p(x)p(y|x)r(x, y)$$

這個公式的格式在接下來的貝爾曼方程式也會出現，以上就完成貝爾曼方程式的準備工作。假如你可以理解到目前為止的說明，應該也能瞭解如何導出貝爾曼方程式。

3.1.2 導出貝爾曼方程式

接下來要導出貝爾曼方程式。首先複習前面的內容，我們的「收益（return）」定義如下所示。

$$G_t = R_t + \gamma R_{t+1} + \gamma^2 R_{t+2} + \cdots \tag{3.1}$$

這裡假設為連續性任務，獎勵無限持續。收益 G_t 是時間 t 之後可以獲得的獎勵總和，但是將來得到的獎勵會隨著折扣率 γ 而遞減。這裡在檢視公式（3.1）的結構時，先將公式（3.1）中的 t 換成 $t+1$。

$$G_{t+1} = R_{t+1} + \gamma R_{t+2} + \gamma^2 R_{t+3} + \cdots \tag{3.2}$$

公式（3.2）是時間 $t+1$ 後獲得的獎勵總和，根據這個概念，公式（3.1）可以變形成以下這樣。

$$\begin{aligned} G_t &= R_t + \gamma R_{t+1} + \gamma^2 R_{t+2} + \cdots \\ &= R_t + \gamma(R_{t+1} + \gamma R_{t+2} + \cdots) \\ &= R_t + \gamma G_{t+1} \end{aligned} \tag{3.3}$$

如上所示，導出收益 G_t 與 G_{t+1} 的關係。多數強化學習的理論與演算法都會用到這個關係。

接著在狀態價值函數的定義公式代入公式（3.3）。狀態價值函數是收益的期望值，可以用以下公式定義。

$$v_\pi(s) = \mathbb{E}_\pi[G_t | S_t = s] \tag{3.4}$$

如公式（3.4）所示，狀態 s 的價值函數為 $v_\pi(s)$，在這個公式的 G_t 代入公式（3.3），結果如下所示。

$$\begin{aligned} v_\pi(s) &= \mathbb{E}_\pi[G_t | S_t = s] \\ &= \mathbb{E}_\pi[R_t + \gamma G_{t+1} | S_t = s] \\ &= \mathbb{E}_\pi[R_t | S_t = s] + \gamma \mathbb{E}_\pi[G_{t+1} | S_t = s] \end{aligned} \tag{3.5}$$

因期望值的「線性性質」，使得最後展開的公式成立。具體而言，如果機率變數為 X、Y，則 $\mathbb{E}[X+Y] = \mathbb{E}[X] + \mathbb{E}[Y]$ 成立。

這裡假設代理人的策略為隨機性策略 $\pi(a|s)$，因為隨機性策略也可以表示（涵蓋）確定性策略。假設環境的狀態轉移也是隨機性，公式為 $p(s'|s, a)$。

以下將逐一計算公式（3.5）中的每一項。首先是 $\mathbb{E}_\pi[R_t | S_t = s]$。計算這一項時，請檢視下圖。

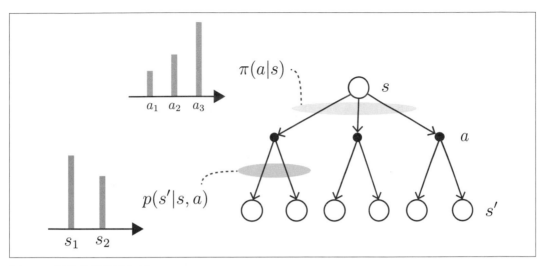

圖 3-5 狀態與行動的關係

首先確認我們面對的狀況。目前的狀態為 s，代理人根據策略 $\pi(a|s)$ 採取行動。假設可以採取三種行動，能取得以下三個值。

$$\pi(a = a_1|s) = 0.2$$
$$\pi(a = a_2|s) = 0.3$$
$$\pi(a = a_3|s) = 0.5$$

代理人依機率分布選擇行動，再按照狀態轉移機率 $p(s'|s, a)$ 轉移到新狀態 s'。假設採取行動 a_1，有兩個移動目標時，可以取得以下的值。

$$p(s' = s_1|s, a = a_1) = 0.6$$
$$p(s' = s_2|s, a = a_1) = 0.4$$

最後依照 $r(s, a, s')$ 函數決定獎勵，這就是我們面對的狀況。

以下要舉個實際的例子來進行計算。假設代理人選擇行動 a_1 的機率為 0.2，轉移到 s_1 的機率是 0.6，此時

- 以 $\pi(a = a_1|s)p(s' = s_1|s, a = a_1) = 0.2 \cdot 0.6 = 0.12$ 的機率
- 獲得 $r(s, a = a_1, s' = s_1)$ 的獎勵

對所有選項進行此計算，相加後的總和就是期望值，使用公式表示的結果如下所示。

$$\mathbb{E}_\pi[R_t|S_t = s] = \sum_a \sum_{s'} \pi(a|s)p(s'|s,a)r(s,a,s')$$

如上所示，將「代理人的行動機率 $\pi(a|s)$」、「轉移狀態的狀態機率 $p(s'|s, a)$」、「獎勵函數 $r(s, a, s')$」相乘，計算每個項目，取得總和。這與上一節「骰子與硬幣」範例中的公式結構一樣。

本書後面統一將 $\sum_a \sum_{s'} \cdots$ 顯示為 $\sum_{a,s'} \cdots$。

這樣就完成公式（3.5）的第一項（圖 3-6）。

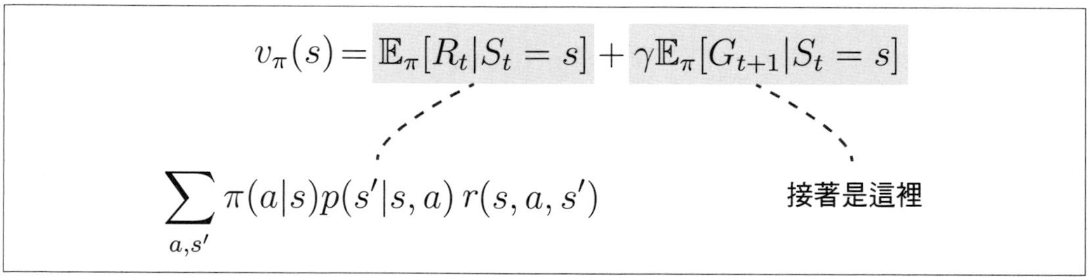

$$v_\pi(s) = \boxed{\mathbb{E}_\pi[R_t|S_t = s]} + \boxed{\gamma\mathbb{E}_\pi[G_{t+1}|S_t = s]}$$

$$\sum_{a,s'} \pi(a|s)p(s'|s,a)\,r(s,a,s')$$

接著是這裡

圖 3-6　展開中的公式

剩下 $\gamma\mathbb{E}_\pi[G_{t+1}|S_t = s]$。$\gamma$ 是常數，因此這裡要檢視 $\mathbb{E}_\pi[G_{t+1}|S_t = s]$。這與狀態價值函數的定義公式相似，但是 G_{t+1} 的部分不同。狀態價值函數可以用以下公式表示。

$$v_\pi(s) = \mathbb{E}_\pi[G_t|S_t = s] \tag{3.4}$$

這裡是 G_t 不是 G_{t+1}。

接下來，先在公式（3.4）的 t 代入 $t+1$，結果如下所示。

$$v_\pi(s) = \mathbb{E}_\pi[G_{t+1}|S_{t+1} = s]$$

這是狀態 $S_{t+1} = s$ 的價值函數，而我們感興趣的是 $\mathbb{E}_\pi[G_{t+1}|S_t = s]$。這是目前時間為 t 時，下一個時間（$t+1$）的收益期望值。解決這個問題的關鍵是把條件「$S_t = s$」變形成「$S_{t+1} = s$」，也就是時間往前進。

和前面一樣，以下將舉個實際的例子來說明。假設現在代理人的狀態是 $S_t = s$，而代理人有 0.2 的機率採取 a_1 的行動，有 0.6 的機率轉移到 s_1 的狀態。此時

- 以 $\pi(a = a_1|s)p(s' = s_1|s,\ a = a_1) = 0.2 \cdot 0.6 = 0.12$ 的機率
- 轉移到 $\mathbb{E}_\pi[G_{t+1}|S_{t+1} = s_1] = v_\pi(s_1)$

「檢視」下一個時間，可以導出下一個狀態的價值函數。計算所有項目再加總，能計算出期望值 $\mathbb{E}_\pi[G_{t+1}|S_t = s]$，公式如下所示。

$$\mathbb{E}_\pi[G_{t+1}|S_t = s] = \sum_{a,s'} \pi(a|s)p(s'|s,a)\mathbb{E}_\pi[G_{t+1}|S_{t+1} = s']$$
$$= \sum_{a,s'} \pi(a|s)p(s'|s,a)v_\pi(s')$$

這樣就可以展開第二項。整理上述內容，導出以下公式。

$$v_\pi(s) = \mathbb{E}_\pi[R_t|S_t = s] + \gamma\mathbb{E}_\pi[G_{t+1}|S_t = s] \tag{3.5}$$
$$= \sum_{a,s'} \pi(a|s)p(s'|s,a)r(s,a,s') + \gamma\sum_{a,s'} \pi(a|s)p(s'|s,a)v_\pi(s')$$
$$= \sum_{a,s'} \pi(a|s)p(s'|s,a)\left\{r(s,a,s') + \gamma v_\pi(s')\right\} \tag{3.6}$$

這個公式（3.6）就是**貝爾曼方程式（Bellman Equation）**。貝爾曼方程式可以表示「狀態 s 的價值函數」與「下一個狀態 s' 的價值函數」之關係。貝爾曼方程式對所有狀態 s 與所有策略 π 都成立。

3.2　貝爾曼方程式的範例

上一節已經導出貝爾曼方程式。貝爾曼方程式是解開強化學習問題的重要基礎。實際上，使用貝爾曼方程式，可以計算狀態價值函數。以下將使用貝爾曼方程式，實際解答問題，以顯示貝爾曼方程式的「威力」。

3.2.1　兩格網格世界

這裡要處理的問題是圖 3-7 的「兩格網格世界」。假設代理人隨機移動，有 50% 的機率向右移動，50% 的機率向左移動。

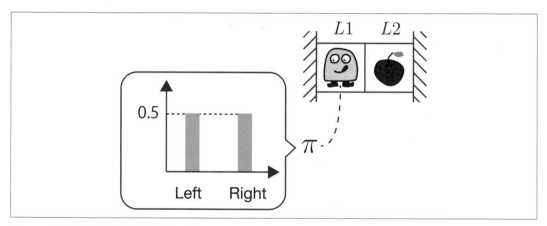

圖 3-7　兩格網格世界（碰壁時，獎勵為 –1，取得蘋果時，獎勵為 +1，蘋果會重複出現）

$v_\pi(L1)$ 是狀態為 $L1$，依照隨機性策略 π 採取行動時，獲得獎勵的期望值。這是無限持續到將來的獎勵總和，備份圖如圖 3-8 所示。

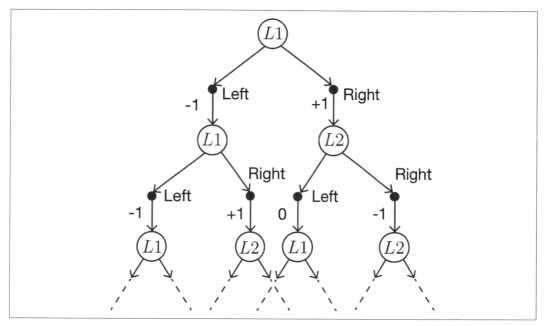

圖 3-8　分岔延伸的備份圖（這次問題中的狀態為確定性轉移）

如圖 3-8 所示，這是無限分岔延伸的計算問題。使用貝爾曼方程式，可以進行無限分岔計算。接下來將使用貝爾曼方程式表示 $v_\pi(L1)$。如上一節的公式（3.6）所示，以下公式可以表示貝爾曼方程式。

$$v_\pi(s) = \sum_{a,s'} \pi(a|s)p(s'|s,a)\left\{r(s,a,s') + \gamma v_\pi(s')\right\} \tag{3.6}$$

$$= \sum_a \pi(a|s) \sum_{s'} p(s'|s,a)\left\{r(s,a,s') + \gamma v_\pi(s')\right\} \tag{3.7}$$

接下來要展開公式，所以將 $\sum_{a,s'}$ 分成 $\sum_a$ 和 $\sum_{s'}$。這個問題的狀態為確定性轉移，也就是狀態轉移不是由機率 $p(s'|s,a)$，而是由函數 $f(s,a)$ 決定。套用到公式（3.7）：

- $s' = f(s,a)$ 時，$p(s'|s,a) = 1$
- $s' \neq f(s,a)$ 時，$p(s'|s,a) = 0$

換句話說，只會留下在公式（3.7）中，與滿足 $s' = f(s, a)$ 的 s' 對應的項目。因此，公式（3.7）可以按照以下方式簡化。

$$假設 s' = f(s, a)$$

$$v_\pi(s) = \sum_a \pi(a|s) \left\{ r(s, a, s') + \gamma v_\pi(s') \right\} \tag{3.8}$$

接著把這次的問題代入公式（3.8），以下將對照下面的備份圖來進行計算。

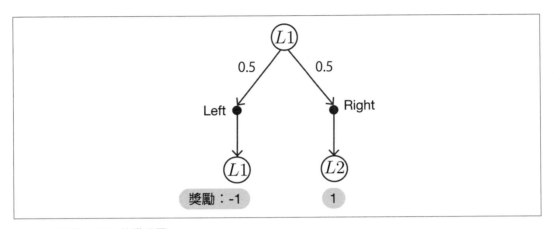

圖 3-9　計算 $v_\pi(L1)$ 的備份圖

檢視**圖 3-9**，可以看到備份圖有兩個分支，一個是有 0.5 的機率選擇行動 Left，而且一定會轉移到狀態 $L1$。此時，得到的獎勵是 −1。這裡設定折扣率 γ 為 0.9，可以用以下公式表示選擇公式（3.8）Left 的狀況。

$$0.5 \left\{ -1 + 0.9 v_\pi(L1) \right\}$$

根據**圖 3-9** 可以得知，還有一個可能性是有 0.5 的機率選擇行動 Right，接著轉移到狀態 $L2$，獲得獎勵 1，公式如下。

$$0.5 \left\{ 1 + 0.9 v_\pi(L2) \right\}$$

根據上述說明，貝爾曼方程式如下所示。

$$v_\pi(L1) = 0.5 \left\{ -1 + 0.9 v_\pi(L1) \right\} + 0.5 \left\{ 1 + 0.9 v_\pi(L2) \right\}$$

這個公式是狀態 $L1$ 的貝爾曼方程式。整理後的結果如下。

$$-0.55v_\pi(L1) + 0.45v_\pi(L2) = 0 \tag{3.9}$$

接下來要計算狀態 $L2$ 的貝爾曼方程式。和剛才一樣，繪製出以下的備份圖。

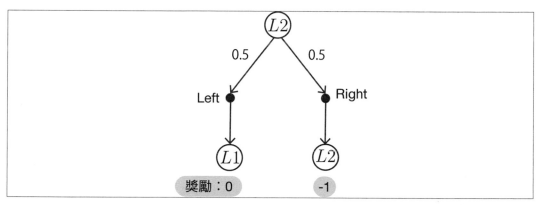

圖 3-10　計算 $v_\pi(L2)$ 的備份圖

$$v_\pi(L2) = 0.5\{0 + 0.9v_\pi(L1)\} + 0.5\{-1 + 0.9v_\pi(L2)\}$$

$$0.45v_\pi(L1) - 0.55v_\pi(L2) = 0.5 \tag{3.10}$$

這樣就導出所有狀態的貝爾曼方程式。我們想知道 $v_\pi(L1)$ 與 $v_\pi(L2)$ 兩個變數，結果得到以下兩個方程式（公式（3.9）與公式（3.10））。

$$\begin{cases} -0.55v_\pi(L1) + 0.45v_\pi(L2) = 0 \\ 0.45v_\pi(L1) - 0.55v_\pi(L2) = 0.5 \end{cases}$$

這是聯立方程式，像此次的問題應該可以手動計算出來。附帶一提，答案是

$$\begin{cases} v_\pi(L1) = -2.25 \\ v_\pi(L2) = -2.75 \end{cases}$$

這就是隨機性策略的狀態價值函數。採取隨機性策略，在狀態 $L1$ 時，未來的預期收益是 -2.25。當然，隨機移動可能會撞牆，未來的確可能獲得負值獎勵。此外，從 $L1$ 旁邊有蘋果以及第一次的行動獲得蘋果的機率是 50%，可以得知 $v_\pi(L1)$ 的值大於 $v_\pi(L2)$。

3.2.2 貝爾曼方程式的意義

如上所示,利用貝爾曼方程式,可以將無限計算轉換成有限的聯立方程式。即使和這次一樣,包含隨機行為,只要使用貝爾曼方程式,就能計算出狀態價值函數。

 狀態價值函數是收益的期望值,定義為無限獎勵的總和。然而,貝爾曼方程式如公式(3.6)所示,沒有「無限」的性質。我們可以利用貝爾曼方程式擺脫無限計算。

這次的問題很簡單,不過即便是大型問題,也可以使用貝爾曼方程式寫出聯立方程式。只要使用解開聯立方程式的演算法,就能自動計算出狀態價值函數。

3.3 行動價值函數與貝爾曼方程式

這一節要說明**行動價值函數(Action-Value Function)**。和狀態價值函數一樣,行動價值函數也是強化學習理論中,經常出現的重要函數。到目前為止,我們使用狀態價值函數導出了貝爾曼方程式。這次先介紹行動價值函數的定義公式,接著導出與行動價值函數有關的貝爾曼方程式。

 本書為了簡單起見,有時會將狀態價值函數簡稱為「價值函數」,而行動價值函數一般稱作 **Q 函數(Q-function)**。因此,本書有時會將行動價值函數顯示為 Q 函數。

3.3.1 行動價值函數

我們先複習狀態價值函數的定義。

$$v_\pi(s) = \mathbb{E}_\pi[G_t|S_t = s]$$

狀態價值函數的兩個條件是「狀態為 s」以及「策略為 π」。這兩個條件可以再加上「行動 a」,這就是行動價值函數(Q 函數),其公式如下所示。

$$q_\pi(s,a) = \mathbb{E}_\pi[G_t|S_t = s, A_t = a]$$

Q 函數是在時間 t 的狀態 s 採取行動 a，時間 $t+1$ 之後，根據策略 π 採取行動，可以獲得的收益期望值為 $q_\pi(s, a)$。

請注意 $q_\pi(s, a)$ 的行動 a 與策略 π 沒有關係。$q_\pi(s, a)$ 的行動 a 可以隨意決定，採取該行動後，再根據策略 π 採取行動。

Q 函數是在狀態價值函數加上當作條件的行動 a。以備份圖比較兩者，看起來比較清楚（圖 3-11）。

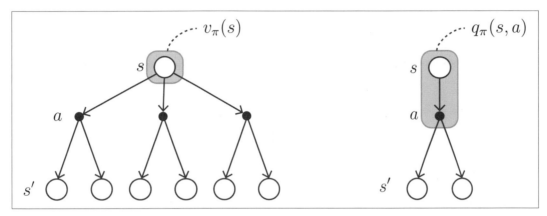

圖 3-11　狀態價值函數（左圖）與 Q 函數（右圖）的備份圖

狀態價值函數（圖 3-11 的左圖）是根據策略 π 選擇行動 a，而 Q 函數（圖 3-11 的右圖）可以自由選擇行動 a，這是狀態價值函數與 Q 函數唯一的差別。如果 Q 函數依照策略 π 選擇行動 a，Q 函數和狀態價值函數就會變成一樣。假設狀態 s 有三個行動 $\{a_1, a_2, a_3\}$ 可以選擇，並依照策略 π 採取行動。換句話說：

- 有 $\pi(a_1|s)$ 的機率選擇行動 a_1（此時的 Q 函數為 $q_\pi(s, a_1)$）
- 有 $\pi(a_2|s)$ 的機率選擇行動 a_2（此時的 Q 函數為 $q_\pi(s, a_2)$）
- 有 $\pi(a_3|s)$ 的機率選擇行動 a_3（此時的 Q 函數為 $q_\pi(s, a_3)$）

計算 Q 函數的權重和，就可以得知收益的期望值，公式如下。

$$\pi(a_1|s)q_\pi(s, a_1) + \pi(a_2|s)q_\pi(s, a_2) + \pi(a_3|s)q_\pi(s, a_3)$$
$$= \sum_{a=\{a_1, a_2, a_3\}} \pi(a|s)q_\pi(s, a)$$

上述公式是條件與狀態價值函數相同的收益期望值。因此，以下公式成立。

$$v_\pi(s) = \sum_a \pi(a|s)q_\pi(s, a) \tag{3.11}$$

3.3.2　使用行動價值函數的貝爾曼方程式

接下來要導出與行動價值函數（Q 函數）有關的貝爾曼方程式。首先展開 Q 函數，如下所示。

$$q_\pi(s, a) = \mathbb{E}_\pi[G_t|S_t = s, A_t = a]$$
$$= \mathbb{E}_\pi[R_t + \gamma G_{t+1}|S_t = s, A_t = a] \tag{3.12}$$

這裡已經決定了狀態 s 與行動 a。此時，有 $p(s'|s, a)$ 的機率轉移到下一個狀態 s'，依照 $r(s, a, s')$ 函數給予獎勵。考量到這一點，公式（3.12）可以繼續展開如下。

$$q_\pi(s, a) = \mathbb{E}_\pi[R_t + \gamma G_{t+1}|S_t = s, A_t = a]$$
$$= \mathbb{E}_\pi[R_t|S_t = s, A_t = a] + \gamma\mathbb{E}_\pi[G_{t+1}|S_t = s, A_t = a]$$
$$= \sum_{s'} p(s'|s, a)r(s, a, s') + \gamma \sum_{s'} p(s'|s, a)\mathbb{E}_\pi[G_{t+1}|S_{t+1} = s']$$
$$= \sum_{s'} p(s'|s, a)\left\{r(s, a, s') + \gamma\mathbb{E}_\pi[G_{t+1}|S_{t+1} = s']\right\}$$
$$= \sum_{s'} p(s'|s, a)\left\{r(s, a, s') + \gamma v_\pi(s')\right\} \tag{3.13}$$

雖然這裡將公式徹底變形，不過執行的操作與「3.1 導出貝爾曼方程式」一樣（如果你對變形上面的公式有疑問，請重新閱讀「3.1 導出貝爾曼方程式」）。接著利用公式（3.11），以 Q 函數寫出狀態價值函數 $v_\pi(s')$，如下所示。

$$q_\pi(s,a) = \sum_{s'} p(s'|s,a) \left\{ r(s,a,s') + \gamma \sum_{a'} \pi(a'|s')q_\pi(s',a') \right\} \tag{3.14}$$

公式（3.14）中的 a' 是在時間 $t+1$ 採取的行動，此公式（3.14）使用了 Q 函數的貝爾曼方程式。

3.4 貝爾曼最佳方程式

貝爾曼方程式是與策略 π 有關的方程式，但是我們的最終目標是取得最佳策略。最佳策略是在所有狀態下，狀態價值函數為最大的策略。當然，最佳策略也會滿足貝爾曼方程式。利用策略的「最佳」性質，能更簡潔表示貝爾曼方程式。以下將介紹與最佳策略有關的方程式—**貝爾曼最佳方程式**（**Bellman Optimality Equation**）。

3.4.1 狀態價值函數的貝爾曼最佳方程式

首先從貝爾曼方程式開始，這裡先複習貝爾曼方程式的定義。

$$\begin{aligned} v_\pi(s) &= \sum_{a,s'} \pi(a|s)p(s'|s,a) \left\{ r(s,a,s') + \gamma v_\pi(s') \right\} \\ &= \sum_a \pi(a|s) \sum_{s'} p(s'|s,a) \left\{ r(s,a,s') + \gamma v_\pi(s') \right\} \end{aligned} \tag{3.7}$$

由於要展開上述公式，因此把 $\sum_{a,s'}$ 分開寫成 $\sum_a$ 與 $\sum_{s'}$。貝爾曼方程式在任何策略都成立，假設最佳策略為 $\pi_*(a|s)$，以下貝爾曼方程式成立。

$$v_*(s) = \sum_a \pi_*(a|s) \sum_{s'} p(s'|s,a) \left\{ r(s,a,s') + \gamma v_*(s') \right\} \tag{3.15}$$

上面的公式以 $v_*(s)$ 表示最佳策略的價值函數。這裡要思考的問題是，按照最佳策略 $\pi_*(a|s)$ 選擇行動 a。最佳策略 $\pi_*(a|s)$ 會選擇何種行動？讓我們思考以下範例。

$$v_*(s) = \sum_a \pi_*(a|s) \sum_{s'} p(s'|s,a)\{r(s,a,s') + \gamma v_*(s')\}$$

$$= \begin{cases} -2 & (a_1) \\ 0 & (a_2) \\ 4 & (a_3) \end{cases}$$

圖 3-12　應該選擇三個行動中的哪一個？

圖 3-12 有三個行動選項 $\{a_1, a_2, a_3\}$，假設 $\sum_{s'} p(s'|s,a)\{r(s,a,s') + \gamma v_*(s')\}$ 的值分別為 −2、0、4。此時，應該以何種機率分布選擇行動？

既然是最佳策略，應該以 100% 的機率選擇具有最大值的行動 a_3。換句話說，這是確定性策略，因此隨機性策略 $\pi_*(a|s)$ 可以用確定性策略 $\mu_*(s)$ 來表示。如果每次都選擇行動 a_3，則 $v_*(s)$ 的值為 4。

從這個例子可以得知，最佳策略是選擇 $\sum_{s'} p(s'|s,a)\{r(s,a,s') + \gamma v_*(s')\}$ 為最大值的行動，其最大值直接變成 $v_*(s)$。以公式表示，結果如下所示。

$$v_*(s) = \max_a \sum_{s'} p(s'|s,a)\{r(s,a,s') + \gamma v_*(s')\} \tag{3.16}$$

如上所示，我們可以使用 max 運算子來表示，這個公式（3.16）就是**貝爾曼最佳方程式**。

max 運算子是從多個元素中，只選擇一個含有最大值的元素。假設有一個含有四個值的組合（數學稱作「集合」）$x = \{1, 2, 3, 4\}$。如果要從這四個值取出函數 $g(x) = x^2$ 的最大值，可以寫成以下這樣。

$$\max_x g(x) = 16$$

當 $x = 4$ 時，函數 $g(x)$ 可以取得最大值 $g(x) = x^2 = 16$，使用 max 運算子能表示這裡的公式。

3.4.2 Q 函數的貝爾曼最佳方程式

行動價值函數（Q 函數）同樣也能取得貝爾曼最佳方程式。以下按照和前面一樣的流程，顯示 Q 函數的貝爾曼最佳方程式。

 最佳策略的行動價值函數稱作**最佳行動價值函數**（**Optimal Action-Value Function**）。本書以 q_* 代表最佳行動價值函數。

以下先顯示 Q 函數的貝爾曼方程式。

$$q_\pi(s,a) = \sum_{s'} p(s'|s,a) \left\{ r(s,a,s') + \gamma \sum_{a'} \pi(a'|s') q_\pi(s',a') \right\}$$

這個貝爾曼方程式對所有策略 π 都成立，當然最佳策略 π_* 也成立，因此可以代入最佳策略 π_*。

$$q_*(s,a) = \sum_{s'} p(s'|s,a) \left\{ r(s,a,s') + \gamma \sum_{a'} \pi_*(a'|s') q_*(s',a') \right\} \tag{3.17}$$

接下來的方式和前面說明的「3.4.1 狀態價值函數的貝爾曼最佳方程式」一樣。由於 π_* 是最佳策略，所以能用 max 運算子簡化。具體而言，是將「$\sum_{a'} \pi_*(a'|s') \cdots$」的部分變成「$\max_{a'} \cdots$」，因此以下公式成立。

$$q_*(s,a) = \sum_{s'} p(s'|s,a) \left\{ r(s,a,s') + \gamma \max_{a'} q_*(s',a') \right\} \tag{3.18}$$

公式（3.18）是 Q 函數的貝爾曼最佳方程式。

 MDP 至少有一個確定性最佳策略。確定性策略是指在某個狀態下，必定選擇特定行動的策略。因此，最佳策略可以當作函數顯示為 $\mu_*(s)$。部分問題可能有多個最佳策略，但是價值函數都相同。根據這一點，我們可以用 $v_*(s)$ 代表最佳策略的價值函數。同樣地，最佳策略的 Q 函數也只有一個，可以表示為 $q_*(s,a)$。

3.5 　貝爾曼最佳方程式的範例

以下將再次處理圖 3-13「兩格網格世界」的問題。代理人從 $L1$ 移動到 $L2$ 時，獎勵為 +1，撞牆的獎勵為 −1，蘋果會反覆出現。

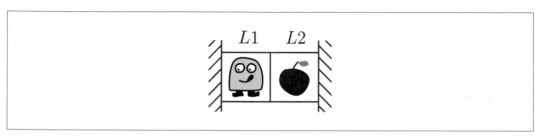

圖 3-13　兩格網格世界

3.5.1 　套用貝爾曼最佳方程式

這次的目標是，在兩格網格世界問題使用貝爾曼最佳方程式。如前面所示，我們可以用以下公式表示貝爾曼最佳方程式。

$$v_*(s) = \max_a \sum_{s'} p(s'|s,a) \left\{ r(s,a,s') + \gamma v_*(s') \right\} \tag{3.16}$$

當狀態轉移非隨機性而是確定性時，可以簡化成以下公式。

$$\text{假設 } s' = f(s,a) \qquad 。$$

$$v_*(s) = \max_a \left\{ r(s,a,s') + \gamma v_*(s') \right\} \tag{3.19}$$

可以簡化成上述公式的原因是

- 當 $s' = f(s,a)$ 時，$p(s'|s,a) = 1$
- 當 $s' \neq f(s,a)$ 時，$p(s'|s,a) = 0$

公式（3.16）只留下滿足 $s' = f(s,a)$ 的選項。

接著要在「兩格網格世界」使用公式（3.19）的貝爾曼最佳方程式。**圖 3-14** 是以狀態 $L1$ 與 $L2$ 為開始位置的備份圖（一步後的備份圖），請當作參考。

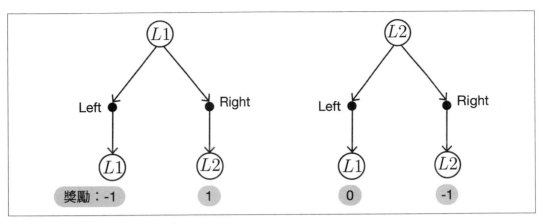

圖 3-14 以狀態 $L1$ 與 $L2$ 為起點的備份圖

參考**圖 3-14**，可以得到折扣率為 0.9 的貝爾曼最佳方程式。

$$v_*(L1) = \max \left\{ \begin{array}{l} -1 + 0.9v_*(L1), \\ 1 + 0.9v_*(L2) \end{array} \right\}$$

$$v_*(L2) = \max \left\{ \begin{array}{l} 0.9v_*(L1), \\ -1 + 0.9v_*(L2) \end{array} \right\}$$

這裡以 $\max\{\cdots\}$ 表示 max 運算子。假設 $\max\{a, b\}$，比較 a 與 b，傳回較大值。如上面的公式所示，得到兩個方程式。這次同樣有兩個變數 $v_*(L1)$ 與 $v_*(L2)$，方程式也有兩個，從這個聯立方程式可以解出 $v_*(L1)$ 和 $v_*(L2)$。附帶一提，上述聯立方程式的解如下所示。

$$v_*(L1) = 5.26$$

$$v_*(L2) = 4.73$$

上述聯立方程式進行了 max（取得最大值）運算。max 是非線性運算，因此聯立方程式求解時，演算法必須使用「非線性求解」而不是「線性求解」。這次的問題很簡單，也可以手動計算求解。

兩格網格世界這種小型問題可以直接解開貝爾曼最佳方程式。可是我們的目標是找到最佳策略，因此接下來要思考最佳策略。

3.5.2 取得最佳策略

假設我們已經知道最佳行動價值函數 $q_*(s, a)$。此時,可以透過以下方式找出狀態 s 的最佳行動。

$$\mu_*(s) = \underset{a}{\operatorname{argmax}}\ q_*(s, a) \tag{3.20}$$

$\underset{a}{\operatorname{argmax}}$ 是傳回使其成為最大值的引數(這次是指行動 a),而不是傳回最大值。如上述公式所示,如果知道最佳行動價值函數,只要選擇使其成為最大值的行動即可,選擇該行動就成為最佳策略。

此外,「3.3 行動價值函數與貝爾曼方程式」說明了以下公式成立。

$$q_\pi(s, a) = \sum_{s'} p(s'|s, a)\left\{ r(s, a, s') + \gamma v_\pi(s') \right\} \tag{3.13}$$

我們可以把公式中,q_π 與 v_π 的策略下標字 π 換成 *,代入公式(3.20),結果得到以下公式。

$$\mu_*(s) = \underset{a}{\operatorname{argmax}} \sum_{s'} p(s'|s, a)\left\{ r(s, a, s') + \gamma v_*(s') \right\} \tag{3.21}$$

如公式(3.21)所示,使用最佳狀態價值函數 $v_*(s)$,可以得到最佳策略 $\mu_*(s)$。

> 公式(3.20)與公式(3.21)也可以稱作「貪婪策略」。貪婪策略會從部分選項中,選擇最佳行動。這個例子的貝爾曼最佳方程式僅連結了目前狀態 (s) 與下一個狀態 (s'),我們只需考慮下一個狀態,選擇價值最大的行動。

以下將使用公式(3.21),找出「兩格網格世界」問題的最佳策略。我們已經計算了「兩格網格世界」中的最佳狀態價值函數 $v_*(L1)$ 與 $v_*(L2)$,參考**圖 3-15**,先找出狀態 $L1$ 的最佳行動。

如**圖 3-15** 所示,可採取的行動包括 Left 與 Right。如果採取 Left,就會進入狀態 $L1$,獲得獎勵 -1。此時,公式(3.21)中 $\sum_{s'} p(s'|s, a) r\{s, a, s') + \gamma v_*(s')\}$ 的值為

$$-1 + 0.9 v_*(L1) = -1 + 0.9 * 5.26 = 3.734$$

（0.9 是折扣率）。如果採取行動 Right，則進入狀態 $L2$，獲得獎勵 +1。此時

$$1 + 0.9v_*(L2) = 1 + 0.9 * 4.73 = 5.257$$

如果要從這兩個值之中，選擇具有最大值的行動，會選擇「Right」。換句話說，狀態 $L1$ 的最佳行動是 Right。

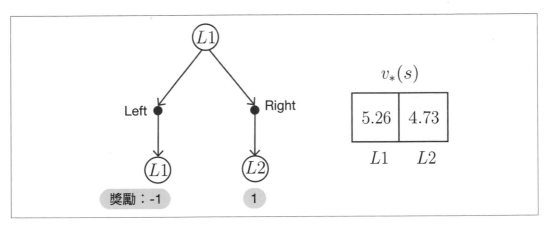

圖 3-15　備份圖與最佳狀態價值函數

執行相同計算，可以得知狀態 $L2$ 的最佳行動是 Left，這樣就找出最佳策略。如圖 3-16 所示，在 $L1$ 時，向右移動的行動是最佳策略，而在 $L2$ 時，向左移動的行動是最佳策略。

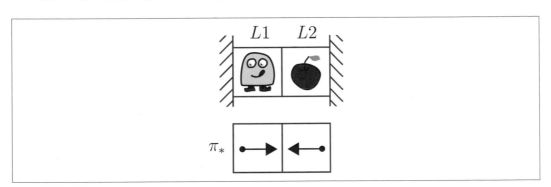

圖 3-16　兩格網格世界的最佳策略

如上所示，如果知道最佳狀態價值函數，就可以找出最佳策略。

3.6 重點整理

這一章介紹了貝爾曼方程式。我們導出貝爾曼方程式,並用它解決了一個小型問題。具體而言,我們利用貝爾曼方程式取得一組聯立方程式,從中得到價值函數。可惜,實際問題的計算量龐大,無法使用這種聯立方程式解決問題。但是貝爾曼方程式是多數強化學習演算法的重要基礎。

強化學習的最終目標是獲得最佳策略,因此本章也說明了貝爾曼最佳方程式。貝爾曼最佳方程式是在最佳策略下成立的一種特殊貝爾曼方程式。如果我們能得到最佳策略的價值函數,就能輕易找到最佳策略。最後,本章學過的重要公式如下。

【貝爾曼方程式】

$$v_\pi(s) = \sum_{a,s'} \pi(a|s)p(s'|s,a)\left\{r(s,a,s') + \gamma v_\pi(s')\right\}$$

$$q_\pi(s,a) = \sum_{s'} p(s'|s,a)\left\{r(s,a,s') + \gamma \sum_{a'} \pi(a'|s')q_\pi(s',a')\right\}$$

【貝爾曼最佳方程式】

$$v_*(s) = \max_a \sum_{s'} p(s'|s,a)\left\{r(s,a,s') + \gamma v_*(s')\right\}$$

$$q_*(s,a) = \sum_{s'} p(s'|s,a)\left\{r(s,a,s') + \gamma \max_{a'} q_*(s',a')\right\}$$

【最佳策略】

$$\mu_*(s) = \operatorname*{argmax}_a q_*(s,a)$$

$$= \operatorname*{argmax}_a \sum_{s'} p(s'|s,a)\left\{r(s,a,s') + \gamma v_*(s')\right\}$$

第 4 章
動態規劃法

上一章介紹了貝爾曼方程式。使用貝爾曼方程式，可以得到聯立方程式。解開聯立方程式，就能取得價值函數，整個流程可以整理成下圖。

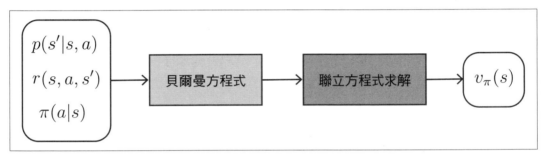

圖 4-1　使用貝爾曼方程式計算價值函數的流程

如上所示，透過狀態轉移機率 $p(s'|s,a)$、獎勵函數 $r(s,a,s')$、策略 $\pi(a|s)$ 等三個資料，使用貝爾曼方程式得到一組聯立方程式。接著使用解開聯立方程式的程式碼（聯立方程式求解），可以計算價值函數。可是這種清楚列出聯立方程式，直接求解的方法只適合小型問題。一旦狀態與動作的數量稍微增加，這種方法就無法處理。此時，必須改用**動態規劃法（Dynamic Programming）**。即使狀態和動作的數量大幅增加，動態規劃法依然可以評估價值函數。這一章我們將介紹動態規劃法。

4.1 動態規劃法與策略評估

強化學習的問題通常要處理兩個任務，一個是**策略評估（Policy Evaluation）**，另一個是**策略控制（Policy Control）**。策略評估是給予策略 π 時，計算價值函數 $v_\pi(s)$ 或 $q_\pi(s, a)$，而策略控制是控制策略，調整成最佳策略。

雖然強化學習的最終目標是策略控制，可是第一步通常需要先進行策略評估，因為一般很難直接取得最佳策略。我們將使用稱作動態規劃法（以下簡稱「DP」）的演算法來進行策略評估。

4.1.1 動態規劃法概述

以下先複習前面定義的價值函數。

$$v_\pi(s) = \mathbb{E}_\pi[R_t + \gamma R_{t+1} + \gamma^2 R_{t+2} + \cdots | S_t = s]$$

這種無限計算的期望值通常算不出來，使用下面的貝爾曼方程式，可以解決無限計算的問題。

$$v_\pi(s) = \sum_{a,s'} \pi(a|s)p(s'|s,a) \left\{ r(s,a,s') + \gamma v_\pi(s') \right\} \tag{4.1}$$

貝爾曼方程式顯示了「目前狀態 s 的價值函數 $v_\pi(s)$」與「下一個狀態 s' 的價值函數 $v_\pi(s')$」的關係，如公式（4.1）所示。貝爾曼方程式是許多強化學習演算法的重要基礎，藉由貝爾曼方程式也可以導出使用 DP 的方法，其概念是將貝爾曼方程式變形成「更新公式」，結果如下所示。

$$V_{k+1}(s) = \sum_{a,s'} \pi(a|s)p(s'|s,a) \left\{ r(s,a,s') + \gamma V_k(s') \right\} \tag{4.2}$$

這裡用 $V_{k+1}(s)$ 表示第 $k+1$ 次更新的價值函數，$V_k(s)$ 表示第 k 次更新的價值函數。$V_{k+1}(s)$ 和 $V_k(s)$ 是「估計值」，與真實的價值函數 $v(s)$ 不同，因此使用大寫字母 V 表示。

公式（4.2）的特色是使用「下一個狀態的價值函數 $V_k(s')$」，更新「目前狀態的價值函數 $V_{k+1}(s)$」。這裡執行的工作是用「估計值 $V_k(s')$」改善「另一個估計值 $V_{k+1}(s)$」，此種用估計值改善估計值的過程稱作**拔靴法（Bootstrapping）**。

Bootstrap 是指附在靴子後面，穿鞋時，用手指拎起的「環帶」，引申成不靠別人，自行改善的過程。

接下來要說明使用 DP 的具體演算法。首先設定 $V_0(s)$ 的預設值（例如，所有狀態恢復成 $V_0(s)=0$）。接著利用公式（4.2），從 $V_0(s)$ 更新為 $V_1(s)$，再根據 $V_1(s)$ 更新為 $V_2(s)$，重複執行以上步驟，逐漸趨近最終目標 $v_\pi(s)$，這種演算法稱作**迭代策略評估（Iterative Policy Evaluation）**。

在實際問題使用迭代策略評估演算法時，必須在某個地方停止重複更新。我們可以依照更新量判斷更新次數，後面會提出實際的例子來說明這個部分。此外，使用公式（4.2）重複更新，已經證明可以收斂成 $v_\pi(s)$，不過必須滿足一些條件才行，詳細資料請參考文獻 [5] 等。

動態規劃法（DP）是演算法的總稱，一般是指將問題分成小問題再計算答案的方法。DP 的本質在於「不重複相同計算」，方法包括「由上至下方式」和「由下至上方式」（「由上至下方式」也稱作「記憶化」）。前面說明過 $V_0(s)$、$V_1(s)$……逐一增加，同時更新價值函數的方法，就屬於「由下至上方式」。

4.1.2 測試迭代策略評估

以下將以「兩格網格世界」為例，說明迭代策略評估演算法的流程。這裡要思考的是圖 4-2 的問題。

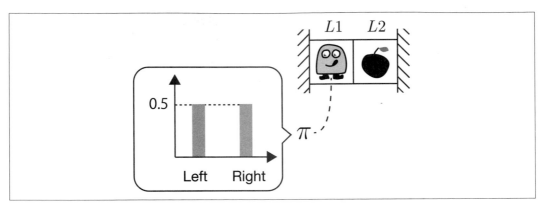

圖 4-2 兩格網格世界（撞牆之後，獲得 −1 獎勵，從 $L1$ 移動到 $L2$ 時，獲得 +1 獎勵）

如圖 4-2 所示，代理人根據隨機性策略 π（有 0.5 的機率向左移動，0.5 的機率向右移動）採取行動。這個問題的狀態轉移是確定性。換句話說，在狀態 s 採取行動 a 時，可以決定下一個狀態 s'。公式中，透過函數 $f(s, a)$ 確定下一個狀態 s'。此時，價值函數的更新公式（4.2）可以簡化如下。

$$V_{k+1}(s) = \sum_{a, s'} \pi(a|s)p(s'|s, a)\{r(s, a, s') + \gamma V_k(s')\} \quad (4.2)$$

↓ 分解 $\sum$ 再輸入

$$V_{k+1}(s) = \sum_{a} \pi(a|s) \sum_{s'} p(s'|s, a)\{r(s, a, s') + \gamma V_k(s')\}$$

↓ 狀態轉移為確定性

假設 $s' = f(s, a)$

$$V_{k+1}(s) = \sum_{a} \pi(a|s)\{r(s, a, s') + \gamma V_k(s')\} \quad (4.3)$$

圖 4-3 狀態轉移為確定性的更新公式

這裡先將公式（4.2）的 $\sum_{a,\,s'}$ 分解成 $\sum_a$ 與 $\sum_{s'}$。狀態轉移為確定性，所以能進一步簡化公式。具體而言，這次的問題已經確定下一個狀態 s' 是唯一的狀態，因此不需要和 $\sum_{s'}$ 一樣，計算所有狀態的總和，只要計算一個 s' 即可。**圖 4-3** 的公式（4.3）說明了這一點。這次的問題將依照公式（4.3）更新價值函數。

接下來要使用迭代策略評估演算法計算策略 π 的價值函數。首先假設 $V_0(s)$ 的預設值為 0，兩格網格世界有兩個狀態，所以

$$V_0(L1) = 0$$
$$V_0(L2) = 0$$

接著根據公式（4.3）更新 $V_0(s)$，檢視下面的備份圖比較輕易瞭解。

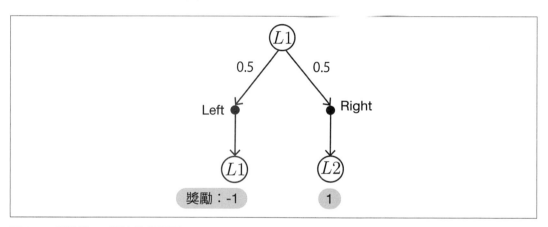

圖 4-4　從狀態 $L1$ 開始的備份圖

如**圖 4-4** 所示，有兩個分支。其中一個可能性是有 0.5 的機率選擇向左移動，獲得獎勵為 –1，而狀態維持 $L1$ 不變。假設折扣率 γ 為 0.9，代入公式（4.3）的結果如下。

$$0.5\left\{-1 + 0.9V_0(L1)\right\}$$

圖 4-4 的另一個可能性是狀態 $L1$ 選擇向右移動。此時，獲得的獎勵為 1，移動到狀態 $L2$，代入公式（4.3）的結果如下。

$$0.5\left\{1 + 0.9V_0(L2)\right\}$$

根據上述內容，可以利用以下公式計算 $V_1(L1)$。

$$V_1(L1) = 0.5\{-1 + 0.9V_0(L1)\} + 0.5\{1 + 0.9V_0(L2)\}$$
$$= 0.5(-1 + 0.9 \cdot 0) + 0.5(1 + 0.9 \cdot 0)$$
$$= 0$$

按照相同要領，也能計算出 $V_1(L2)$，公式如下。

$$V_1(L2) = 0.5(0 + 0.9V_0(L1)) + 0.5(-1 + 0.9V_0(L2))$$
$$= 0.5(0 + 0.9 \cdot 0) + 0.5(-1 + 0.9 \cdot 0)$$
$$= -0.5$$

這樣就完成所有狀態的價值函數更新（這次的問題是全部的狀態只有兩個），結果整理成圖 4-5。

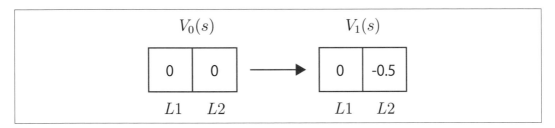

圖 4-5　價值函數的第一次更新

如圖 4-5 所示，$V_0(s)$ 更新成 $V_1(s)$，之後只要重複計算即可。具體而言，由 $V_1(s)$ 計算 $V_2(s)$，接著由 $V_2(s)$ 計算 $V_3(s)$……，依序重複計算。我們試著在 Python 執行這個計算，程式碼如下所示。

```python
V = {'L1': 0.0, 'L2': 0.0}
new_V = V.copy()  # V 的拷貝

for _ in range(100):
    new_V['L1'] = 0.5 * (-1 + 0.9 * V['L1']) + 0.5 * (1 + 0.9 * V['L2'])
    new_V['L2'] = 0.5 * (0 + 0.9 * V['L1']) + 0.5 * (-1 + 0.9 * V['L2'])
    V = new_V.copy()
    print(V)
```

執行結果

```
'L1': 0.0, 'L2': -0.5
'L1': -0.22499999999999998, 'L2': -0.725
'L1': -0.42749999999999994, 'L2': -0.9274999999999999
...
'L1': -2.2499335965027827, 'L2': -2.7499335965027827
```

這次的問題有兩個狀態，因此使用字典儲存這兩個狀態的價值函數。目前的價值函數為 V，更新後的價值函數為 new_V。執行上述程式碼之後，可以看到 V 的更新過程。附帶一提，真實的價值函數值為 [-2.25, -2.75]。從上面的結果可以得知，更新了 100 次之後，幾乎與真實的價值函數值同值。

 上述程式碼執行了拷貝字典的操作，例如 new_V = V.copy() 或 V = new_V.copy()。利用這種方式讓 new_V 與 V 變成不同物件。既然是不同物件，即使更新 new_V 的元素，也不會影響 V 的元素。

上述程式碼依照固定次數（實際上是 100 次）執行更新。接下來，我們將設定臨界值，自動決定更新次數，程式碼如下所示。

ch04/dp.py

```python
V = {'L1': 0.0, 'L2': 0.0}
new_V = V.copy()

cnt = 0  # 記錄更新次數
while True:
    new_V['L1'] = 0.5 * (-1 + 0.9 * V['L1']) + 0.5 * (1 + 0.9 * V['L2'])
    new_V['L2'] = 0.5 * (0 + 0.9 * V['L1']) + 0.5 * (-1 + 0.9 * V['L2'])

    # 更新量的最大值
    delta = abs(new_V['L1'] - V['L1'])
    delta = max(delta, abs(new_V['L2'] - V['L2']))

    V = new_V.copy()

    cnt += 1
    if delta < 0.0001:
        print(V)
        print(cnt)
        break
```

執行結果

```
'L1': -2.249167525908671, 'L2': -2.749167525908671
76
```

這裡將臨界值設定為 `0.0001`，持續迴圈，直到更新量的最大值低於臨界值。具體而言，在 `new_V` 與 `V` 對應的元素中，計算差分的絕對值。這次有兩個元素，所以從這兩個元素的差分絕對值，選擇較大值，該值為 `delta`。當 `delta` 小於臨界值時，停止更新。附帶一提，檢視上面的結果，可以得知，更新 76 次之後，價值函數幾乎等於正確答案。

4.1.3 　其他建置迭代策略評估的方法

在前面的問題中，建置迭代策略評估演算法時，我們使用了兩個字典。一個是儲存目前價值函數的 `V`，另一個是更新時使用的 `new_V`。我們使用這兩個字典更新價值函數，如圖 4-6 所示。

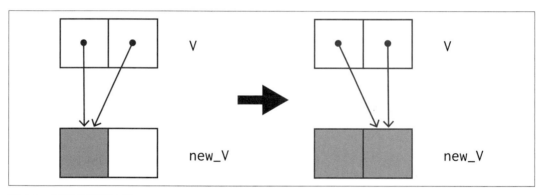

圖 4-6　目前的更新方法

圖 4-6 的重點是，我們在計算 `new_V` 的每個元素時，使用了 `V` 這個字典值。另外一個方法是，覆寫字典的每個元素，如下圖所示。

圖 4-7　新的更新方法

在圖 4-7 的方式中，只使用 V 覆寫每個元素，這就稱作「覆寫方式」。

　兩個方式都是利用重複無限次，收斂成正確值。但是，「覆寫方式」的更新速度通常比較快，因為「覆寫方式」可以立即使用更新後的元素。例如，圖 4-7 使用左邊更新後的值來更新右邊的元素。

接著要以「覆寫方式」建置 DP，程式碼如下所示。

ch04/dp_inplace.py

```python
V = {'L1': 0.0, 'L2': 0.0}

cnt = 0
while True:
    t = 0.5 * (-1 + 0.9 * V['L1']) + 0.5 * (1 + 0.9 * V['L2'])
    delta = abs(t - V['L1'])
    V['L1'] = t

    t = 0.5 * (0 + 0.9 * V['L1']) + 0.5 * (-1 + 0.9 * V['L2'])
    delta = max(delta, abs(t - V['L2']))
    V['L2'] = t

    cnt += 1
    if delta < 0.0001:
        print(V)
        print(cnt)
        break
```

執行結果

```
'L1': -2.2493782177156936, 'L2': -2.7494201578106514
60
```

這次只使用字典 V 立即覆寫每個元素。檢視上面的結果，更新 60 次後就結束。之前的方法更新了 76 次，確實減少了更新次數。接下來我們要以「覆寫方式」建置迭代策略評估演算法。

4.2 處理較大的問題

使用迭代策略評估演算法,即使狀態與行動的數量較多,也可以快速完成計算。接下來,我們將從「兩格網格世界」畢業,挑戰大一點的問題(話雖如此,仍算是小型問題)。這次要挑戰「3×4 網格世界」,如圖 4-8。

圖 4-8　3×4 網格世界

「3×4 網格世界」的問題設定如下。

- 代理人可以往上下左右等四個方向移動

- 圖 4-8 的灰色格子代表牆壁,代理人無法進入牆壁內

- 網格外側也有牆壁,無法繼續往前進

- 撞牆時的獎勵為 0

- 蘋果的獎勵為 +1,炸彈的獎勵為 −1,其餘獎勵為 0

- 環境的狀態轉移是確定性,亦即代理人選擇向右的行動時(如果不是牆壁的話),一定會向右移動

- 假設這次的任務為回合制任務,獲得蘋果後就結束

接下來將以 GridWorld 類別建置「3×4 網格世界」。

4.2.1 建置 GridWorld 類別

以下將在 common/gridworld.py 建置 GridWorld 類別。這裡先顯示初始化程式碼。

common/gridworld.py

```python
import numpy as np

class GridWorld:
    def __init__(self):
        self.action_space = [0, 1, 2, 3]
        self.action_meaning = {
            0: "UP",
            1: "DOWN",
            2: "LEFT",
            3: "RIGHT",
        }

        self.reward_map = np.array(
            [[0, 0, 0, 1.0],
             [0, None, 0, -1.0],
             [0, 0, 0, 0]]
        )
        self.goal_state = (0, 3)
        self.wall_state = (1, 1)
        self.start_state = (2, 0)
        self.agent_state = self.start_state
```

GridWorld 類別有幾個實體變數，self.action_space 代表行動空間，亦即「行動選項」。上面的程式碼以 [0, 1, 2, 3] 的四個號碼代表行動，由 self.action_meaning 定義每個號碼的意義。例如，0 代表往上移動（UP），1 代表往下移動（DOWN）。

self.reward_map 是獎勵地圖，表示移動到每個格子時獲得的獎勵值。我們以 NumPy 的二維陣列（np.ndarray）準備獎勵地圖，因此座標如圖 4-9 所示。

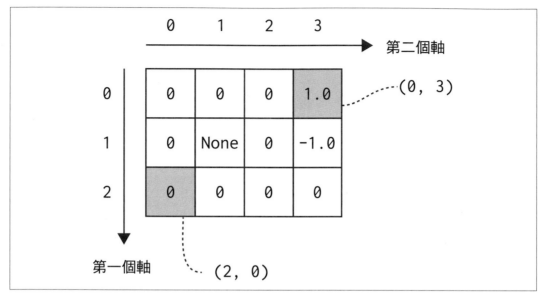

圖 4-9　獎勵地圖的座標

這次的問題是回合制任務，亦即代理人抵達終點時，會再次回到起點，執行相同任務。如上述程式碼中的 self.goal_state=(0, 3) 所示，終點的狀態為 (0, 3)。此外，self.wall_state=(1, 1) 代表牆壁，self.agent_state=(2, 0) 代表代理人的預設位置。

接著要顯示 GridWorld 類別的方法。

```
                                                    common/gridworld.py
class GridWorld:
    ...

    @property
    def height(self):
        return len(self.reward_map)

    @property
    def width(self):
        return len(self.reward_map[0])

    @property
    def shape(self):
        return self.reward_map.shape

    def actions(self):
```

```
        return self.action_space  # [0, 1, 2, 3]

    def states(self):
        for h in range(self.height):
            for w in range(self.width):
                yield (h, w)
```

這裡使用 @property 裝飾器在 GridWorld 類別加入幾個方便的實體變數。將 @property 裝飾器放在方法名稱的上一行，就能把該方法當作實體變數使用，因此我們可以知道網格世界的大小和形狀，如下所示。

```
env = GridWorld()

# 可以當作 env.height 使用，而不是 env.height()
print(env.height)  # 3
print(env.width)   # 4
print(env.shape)   # (3, 4)
```

上述程式碼在 GridWorld 類別建置了 actions 與 states 兩個方法。使用這兩個方法，可以依序存取所有行動與狀態，以下是使用範例。

```
for action in env.actions():
    print(action)

print('===')

for state in env.states():
    print(state)
```

執行結果

```
0
1
2
3
===
(0, 0)
(0, 1)
...
(2, 3)
```

如上所示，使用 for 迴圈可以存取所有行動與狀態。

我們在 states() 方法使用了 yield。yield 可以傳回和 return 一樣的函數值，不同的是 yield 能暫停函數處理，移至其他處理（完成其他處理之後，再從暫停處重新執行函數）。有了這個功能，才可以如上所示，搭配 for 迴圈等重複處理。

接著要建置代表環境的狀態轉移方法 next_state() 與獎勵函數的方法 reward()，程式碼如下所示。

```python
class GridWorld:
    ...
    def next_state(self, state, action):
        # ①計算移動目的地的位置
        action_move_map = [(-1, 0), (1, 0), (0, -1), (0, 1)]
        move = action_move_map[action]
        next_state = (state[0] + move[0], state[1] + move[1])
        ny, nx = next_state

        # ②移動目的地超出網格世界之外？或是牆壁？
        if nx < 0 or nx >= self.width or ny < 0 or ny >= self.height:
            next_state = state
        elif next_state == self.wall_state:
            next_state = state

        return next_state  # ③傳回下一個狀態

    def reward(self, state, action, next_state):
        return self.reward_map[next_state]
```

程式碼中的①會暫時忽略牆壁或網格世界的外框，計算移動目的地。接著②判斷是否移動到框外或碰到牆壁，如果無法移動，就變成 next_state = state。這個任務的狀態轉移為確定性，所以程式碼的③傳回下一個狀態。

獎勵函數的方法 reward(self, state, action, next_state) 是為了對應公式的 $r(s, a, s')$ 引數才這樣設定，但是這次的問題只使用下一個狀態決定獎勵值。

除此之外，在 GridWorld 類別中，還準備了視覺化的方法 render_v(self, v=None, policy=None)，不過裡面的程式碼並不重要，所以這裡只說明用法。你可以按照以下指令使用該方法。

```
env = GridWorld()
env.render_v()
```

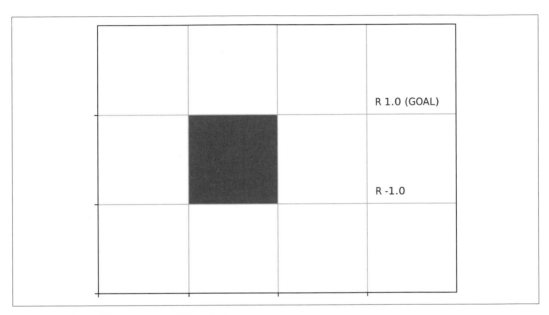

圖 4-10　將 3×4 網格世界視覺化的結果

執行上述程式碼，會產生以灰色描繪牆壁，網格左下方顯示獎勵值的網格世界。如果獎勵為 0，則顯示成空白。render_v 方法可以把狀態價值函數當作引數，我們試著給予虛擬的狀態價值函數後繪圖。

ch04/gridworld_play.py

```
env = GridWorld()
V = {}
for state in env.states():
    V[state] = np.random.randn()  # 虛擬的狀態價值函數
env.render_v(V)
```

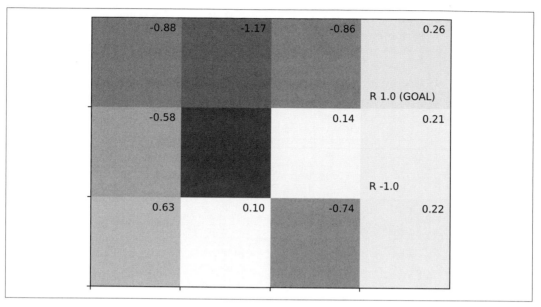

圖 4-11 將 3×4 網格世界視覺化的結果（給予狀態價值函數）

這裡準備了 V 當作虛擬價值函數，在 render_v 方法給予價值函數，每個位置的價值函數值顯示在格子的右上方。根據該值繪製熱力圖（Heatmap），結果如上所示。

我們也可以把策略當作引數給予 render_v 方法。此時，會使用箭頭繪製每個位置執行機率最高的行動。另外，我們還準備了行動價值函數（Q 函數）的視覺化函數 render_q 方法。「5.4 蒙地卡羅法的策略控制」將會說明 render_q 方法的用法。

以上是 GridWorld 類別的說明。GridWorld 類別也建置了 reset() 和 step(action) 方法。reset() 方法能將遊戲重置為預設狀態，讓代理人回到開始的位置。step(action) 方法可以讓代理人執行動作 action，時間會前進一步。這兩種方法是用來實際移動代理人，但是在迭代策略評估演算法中，不會讓代理人實際執行動作，因此不會用到這兩種方法。

接著我們將執行迭代策略評估演算法。在此之前，先說明 Python 標準函式庫中的 collections.defaultdict 用法。使用 defaultdict，可以輕易建置價值函數或策略。

4.2.2 defaultdict 的用法

在前面的例子中，我們把價值函數當作字典，例如以下的程式碼。

```python
from common.gridworld import GridWorld

env = GridWorld()
V = {}

# 將字典的元素初始化
for state in env.states():
    V[state] = 0

state = (1, 2)
print(V[state])  # 輸出狀態 (1,2) 的價值函數
```

上述例子把價值函數建置為字典，顯示為 V = {}，雖然能以 V[key] 的方式使用字典，但是如果沒有 key，就會出現錯誤。因此必須和上面一樣，先把所有元素初始化。Python 標準函式庫中的 defaultdict 可以解決麻煩的初始化步驟，其用法如下。

```python
from collections import defaultdict  # 載入 defaultdict
from common.gridworld import GridWorld

env = GridWorld()
V = defaultdict(lambda: 0)

state = (1, 2)
print(V[state])  # 0
```

如上所示，變成 V = defaultdict(lambda: 0)，就可以把 V 當成一般字典使用。萬一存取了不存在於字典中的 key，將自動建立設定為預設值的 key。以上面的例子來說，存取 V[state] 時，因為沒有以 state 為 key 的元素，而會立刻建立值為 0 的元素。之後我們將使用 defaultdict 建置價值函數以及策略。

defaultdict 的預設值有幾種設定方法，使用 lambda 的寫法比較簡單。例如可以寫成 defaultdict(lambda: 0) 或 defaultdict(lambda: "A")。

接下來將使用 defaultdict 建置隨機性策略。在「3×4 網格世界」的問題中，代理人採取的行動有四個，以 [0, 1, 2, 3] 代表每個行動。平均隨機選擇這四個行動時，每個行動的機率為 $\frac{1}{4} = 0.25$。因此，能以 {0:0.25, 1:0.25, 2:0.25, 3:0.25} 表示行動的機率分布。根據這一點，我們可以按照以下方式執行隨機性策略。

```python
pi = defaultdict(lambda: {0: 0.25, 1: 0.25, 2: 0.25, 3: 0.25})

state = (0, 1)
print(pi[state])  # {0:0.25, 1:0.25, 2:0.25, 3:0.25}
```

這裡把隨機性策略建置為 pi，給予狀態時，pi 會傳回該狀態的行動機率分布。例如，上面的例子輸出了狀態 (0, 1) 的行動機率分布，結果以 0.25 的機率選擇所有行動。

4.2.3　建置迭代策略評估

接著要建置迭代策略評估演算法。首先要建置只更新一步的方法。這裡建置的 eval_onestep 函數會取得以下四個引數。

- pi（defaultdict）：策略
- V（defaultdict）：價值函數
- env（GridWorld）：環境
- gamma（float）：折扣率

程式碼如下所示。

ch04/policy_eval.py

```python
def eval_onestep(pi, V, env, gamma=0.9):
    for state in env.states():  # ①存取每個狀態
        if state == env.goal_state:  # ②終點的價值函數始終為 0
            V[state] = 0
            continue

        action_probs = pi[state]  # probs 是 probabilities 的縮寫
        new_V = 0

        # ③存取每個行動
        for action, action_prob in action_probs.items():
            next_state = env.next_state(state, action)
            r = env.reward(state, action, next_state)
```

```
        # ④新的價值函數
        new_V += action_prob * (r + gamma * V[next_state])
      V[state] = new_V
  return V
```

eval_onestep 函數使用了雙重 for 迴圈。程式碼中的①逐一取得每個狀態，如下圖所示。

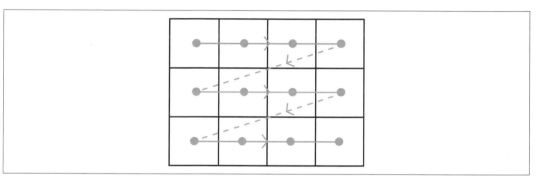

圖 4-12 依序存取每個狀態

如上所示，依序存取所有狀態。程式碼中的②是狀態 state 為終點時，價值函數設定為 0。因為代理人在終點代表在該處結束處理，不會有下一回合，所以終點的價值函數值始終為 0。

在程式碼中的③取出行動的機率分布，接著從狀態轉移函數（env.next_state(state, action)）取得「下一個狀態（next_state）」，之後代入迭代策略評估演算法的更新公式（4.3）（再次顯示）。

$$假設 \; s' = f(s, a)$$
$$V_{k+1}(s) = \sum_a \pi(a|s) \left\{ r(s, a, s') + \gamma V_k(s') \right\} \tag{4.3}$$

比較公式（4.3）與上述程式碼中的④，就能瞭解對應關係。利用 eval_onestep 函數完成價值函數的一步更新，之後重複進行更新。按照以下方式可以建置該方法。

ch04/policy_eval.py

```python
def policy_eval(pi, V, env, gamma, threshold=0.001):
    while True:
        old_V = V.copy()  # 更新前的價值函數
        V = eval_onestep(pi, V, env, gamma)

        # 計算更新量的最大值
        delta = 0
        for state in V.keys():
            t = abs(V[state] - old_V[state])
            if delta < t:
                delta = t

        # 與臨界值比較
        if delta < threshold:
            break
    return V
```

引數 threshold 是更新時的臨界值。如上述程式碼所示，重複呼叫 eval_onestep 函數，當更新量的最大值小於臨界值，就停止更新。

接下來要使用前面介紹過的 GridWorld 類別與 policy_eval 函數進行策略評估，程式碼如下所示。

ch04/policy_eval.py

```python
env = GridWorld()
gamma = 0.9

pi = defaultdict(lambda: {0: 0.25, 1: 0.25, 2: 0.25, 3: 0.25})
V = defaultdict(lambda: 0)

V = policy_eval(pi, V, env, gamma)
env.render_v(V, pi)
```

這裡以 pi 代表隨機性策略，V 代表價值函數並進行初始化，接著評估隨機性策略，取得價值函數。執行上述程式碼，得到以下影像。

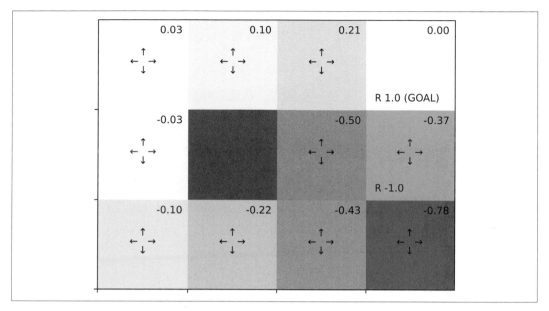

圖 4-13 隨機性策略的價值函數

圖 4-13 是隨機性策略的價值函數。例如，左下方起點的價值函數為 –0.10，代表從左下方的起點開始隨機移動時，收益的期望值為 –0.10。代理人會隨機移動，可能因此（不小心）取得炸彈。從 –0.10 這個數值可以發現，獲得炸彈（–1 獎勵）的機率比蘋果（+1 獎勵）稍大。檢視整張圖可以得知，最下面一行和中間行皆為負值，代表在這些位置，炸彈的影響比較大。

執行上述程式碼，可以立刻得到結果。使用 DP 法能快速進行策略評估，即使網格世界的規模（一定程度）擴大也能處理。可是我們只進行了策略評估，接著將說明找到最佳策略的方法。

4.3 策略迭代法

我們的目標是獲得最佳策略，其中一種方法是解開滿足貝爾曼最佳方程式的聯立方程式，可是這種方法有計算量的問題。具體而言，當狀態的大小為 S，行動的大小為 A 時，需要 A^S 次的計算量才能得到答案。只要問題的規模稍微變大，就無法在有限的時間內算出答案。

要直接解開貝爾曼最佳方程式通常很困難。因此,第一步必須先評估目前的策略,如果能夠正確評估目前的策略,就可以進行「改善」。

上一節使用了 DP 評估策略,這是一種稱作「迭代策略評估」的演算法,讓我們可以「評估」策略。接著要「改善」策略,以下將學習改善策略的方法。

4.3.1　改善策略

改善策略的線索就在「最佳策略」裡。這裡將使用以下的符號,說明改善策略的方法。

- 最佳策略:$\mu_*(s)$
- 最佳策略的狀態價值函數:$v_*(s)$
- 最佳策略的行動價值函數:$q_*(s, a)$

首先複習前面的內容。我們在「3.5.2 取得最佳策略」說明過,可以用以下公式表示最佳策略 μ_*。

$$\mu_*(s) = \operatorname*{argmax}_a q_*(s, a) \tag{4.4}$$

$$= \operatorname*{argmax}_a \sum_{s'} p(s'|s, a) \left\{ r(s, a, s') + \gamma v_*(s') \right\} \tag{4.5}$$

根據上述公式,最佳策略是由 $\operatorname*{argmax}_a$,亦即取得最大值的行動 a 而定。$\operatorname*{argmax}_a$ 的運算可以從部分的行動選項中,選擇最佳行動。因此,透過公式(4.4)與公式(4.5)得到的策略也稱作「貪婪策略」。

 根據公式(4.5),只要知道最佳價值函數 v_*,就可以取得最佳策略 μ_*。可是,想知道 v_*,得先取得最佳策略 μ_*,這是「雞生蛋,蛋生雞」的問題。換句話說,要有 μ_* 才能知道 v_*,要有 v_* 才能知道 μ_*。

雖然公式(4.4)是取得最佳策略 μ_* 的公式,但是我們想把「某個確定性策略 μ」套用在公式(4.4),如以下所示。

$$\mu'(s) = \operatorname*{argmax}_a q_\mu(s, a) \tag{4.6}$$

$$= \operatorname*{argmax}_a \sum_{s'} p(s'|s, a) \left\{ r(s, a, s') + \gamma v_\mu(s') \right\} \tag{4.7}$$

這裡的顯示方式為

- 目前策略：$\mu(s)$

- 策略 $\mu(s)$ 的狀態價值函數：$v_\mu(s)$

- 新策略：$\mu'(s)$

此外，以公式（4.6）或公式（4.7）更新策略稱作「貪婪化」。

經過貪婪化的策略 $\mu'(s)$ 有何種性質？總而言之，如果所有狀態 s 的 $\mu(s)$ 與 $\mu'(s)$ 相同，策略 $\mu(s)$ 就已經是最佳策略。因為如果策略沒有因公式（4.6）而更改，代表滿足以下公式。

$$\mu(s) = \underset{a}{\mathrm{argmax}}\ q_\mu(s, a)$$

最佳策略必須滿足上述公式。即使進行貪婪化，所有狀態 s 的 $\mu'(s)$ 都沒有被更新，代表 $\mu(s)$ 已經是最佳策略。

如果策略會隨著貪婪化而更新呢？亦即策略 μ' 與策略 μ 不同。此時，我們已經知道策略一定會被改善，正確來說，所有狀態 s 的 $v_{\mu'}(s) \geq v_\mu(s)$ 都成立。

 這裡只陳述依公式（4.6）或公式（4.7）改善策略這個事實，省略其證明。改善策略的數學根據是來自**策略改善定理（Policy Improvement Theorem）**。關於策略改善定理（及其證明）的說明，請參考文獻 [5] 等資料。

整理上述內容，策略貪婪化是指

- 隨時改善策略

- 如果策略沒有改善（更新），代表這就是最佳策略

4.3.2 重複評估與改善

我們已經知道，將策略貪婪化，亦即利用公式（4.6）或公式（4.7）更新，可以隨時改善策略。以下假定以狀態價值函數的公式（4.7）繼續說明，公式（4.7）使用了狀態價值函數。我們在上一節建置了評估狀態價值函數的演算法。從中得到找出最佳策略的關鍵線索，該方法可以顯示為**圖 4-14**。

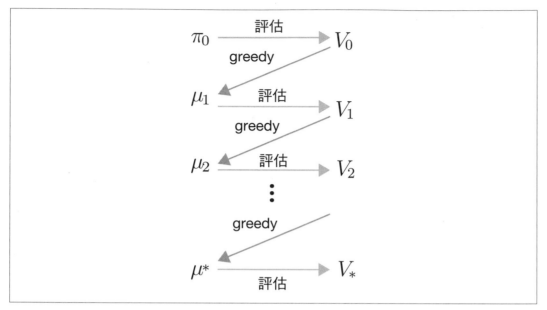

圖 4-14　策略改善流程

圖 4-14 的處理流程如下所示。

- 首先從策略 π_0 開始。π_0 可能是隨機性策略，因此表示為 $\pi_0(s|a)$，而不是 $\mu_0(s)$

- 接著評估策略 π_0 的價值函數，得到 V_0。這是透過迭代策略評估演算法來執行

- 使用價值函數 V_0 進行貪婪化（利用公式（4.7）更新策略）。經過貪婪化的策略只會選擇一個行動，因此可以當作確定性策略，得到 μ_1

之後重複這個流程。如果一直持續下去，將會抵達不會因貪婪化而改變策略的地方，該策略就是最佳策略（也是最佳價值函數）。這種重複評估與改善的演算法稱作**策略迭代法（Policy Iteration）**。

環境是由狀態轉移機率 $p(s'|s, a)$ 與獎勵函數 $r(s, a, s')$ 來表示。在強化學習領域，有時稱這兩者為「環境模型」或簡稱為「模型」。如果已經知道環境模型，即使代理人沒有採取行動，也可以評估價值函數。使用策略迭代法，能找出最佳策略。代理人沒有實際行動，就找到最佳策略的問題稱作**規劃（Planning）**問題。這一章處理的問題就是規劃問題。然而，強化學習的問題設定通常不知道環境模型，此時代理人會實際採取行動，從中得到經驗，找出最佳策略。

4.4 建置策略迭代法

和前面一樣，以下要處理「3×4 網格世界」（圖 4-15）的問題。目標是使用策略迭代法找到最佳策略。

圖 4-15 3×4 網格世界

我們已經完成評估策略的程式碼，剩下的工作就是「改善策略」，以下將建置達成該目標的程式碼。

4.4.1 改善策略

如果要改善策略，必須由目前的價值函數取得貪婪策略，公式如下所示。

$$\mu'(s) = \underset{a}{\text{argmax}} \sum_{s'} p(s'|s,a) \left\{ r(s,a,s') + \gamma v_\mu(s') \right\} \tag{4.7}$$

這個問題的狀態轉換單一（確定性），因此可以將貪婪化策略簡化如下。

$$假設 \ s' = f(s,a)$$
$$\mu'(s) = \underset{a}{\text{argmax}} \left\{ r(s,a,s') + \gamma v_\mu(s') \right\} \tag{4.8}$$

如公式（4.8）所示，限制下一個狀態 s' 只有一個。接下來將按照公式（4.8），建置取得貪婪策略的函數。這裡將建置 argmax 函數，當作準備工作，此函數會取得當作引數的字典，傳回字典值為最大的 key，用法如下所示。

```
action_values = {0: 0.1, 1: -0.3, 2: 9.9, 3: -1.3}  # 9.9 是最大值（key 為 2）

max_action = argmax(action_values)
print(max_action)
```

執行結果

2

如上所示，傳回擁有最大字典值的 key。我們可以利用以下方式建置這個函數。

ch04/policy_iter.py

```
def argmax(d):
    max_value = max(d.values())
    max_key = 0
    for key, value in d.items():
        if value == max_value:
            max_key = key
    return max_key
```

程式碼非常簡單，從當作引數的字典 d 取出最大值，再傳回該 key。為了簡單起見，假如有多個最大值，將傳回最後的 key，因此每次只傳回一個 key 當作傳回值。

以下將使用 argmax 函數，建置把價值函數貪婪化的函數，程式碼如下所示。

ch04/policy_iter.py

```
def greedy_policy(V, env, gamma):
    pi = {}

    for state in env.states():
        action_values = {}

        for action in env.actions():
            next_state = env.next_state(state, action)
            r = env.reward(state, action, next_state)
            value = r + gamma * V[next_state]  # ①
            action_values[action] = value

        max_action = argmax(action_values)  # ②
        action_probs = {0: 0, 1: 0, 2: 0, 3: 0}
        action_probs[max_action] = 1.0
        pi[state] = action_probs  # ③
    return pi
```

greedy_policy(V, env, gamma) 函數透過引數取得價值函數 V、環境 env、折扣率 gamma，接著使用引數取得的價值函數 V，傳回貪婪化策略。

程式碼的①是針對每個行動，計算公式（4.8）中的 $r(s, a, s') + \gamma v_\pi(s')$。接著在②使用 argmax，取出具有最大價值函數的行動（max_action），最後產生機率分布，例如選擇 max_action 的機率為 1.0，接著在狀態 state 設定行動的機率分布。以上是將策略貪婪化的函數。

> 策略進行貪婪化之後，會變成確定性策略。因此，程式碼中的③ pi[state] = max_action 可以只設定一個行動。可是，已經建置的策略評估函數 policy_eval(pi, ...) 已透過引數取得隨機性策略，所以這裡建置為隨機性策略。

4.4.2　重複評估與改善

這樣就完成建置重複評估與改善的「策略迭代法」準備工作。以下將以函數名稱 policy_iter(env, gamma, threshold=0.001, is_render=False) 建置策略迭代法。每個引數的說明如下所示。

- env（Environment）：環境
- gamma（float）：折扣率
- threshold（float）：進行策略評估時，停止更新的臨界值
- is_render（bool）：是否繪製評估、改善策略過程的旗標

程式碼如下所示。

ch04/policy_iter.py

```python
def policy_iter(env, gamma, threshold=0.001, is_render=False):
    pi = defaultdict(lambda: {0: 0.25, 1: 0.25, 2: 0.25, 3: 0.25})
    V = defaultdict(lambda: 0)

    while True:
        V = policy_eval(pi, V, env, gamma, threshold)  # ①評估
        new_pi = greedy_policy(V, env, gamma)  # ②改善

        if is_render:
            env.render_v(V, pi)
```

```
        if new_pi == pi:  # ③檢查是否更新
            break
        pi = new_pi

    return pi
```

首先，將策略 pi 與價值函數 V 初始化，使用 defaultdict 給予初始值。策略 pi 的初始值設定成以相同的機率選擇每個動作。

上述程式碼的關鍵在①與②。①是評估目前策略，取得價值函數 V，接著在②根據 V 取得經過貪婪化的策略 new_pi，③是檢查策略是否更新。如果沒有更新，代表滿足貝爾曼最佳方程式，此時的 pi（與 new_pi）就是最佳策略，因此跳出 while 迴圈，傳回 pi。

以下將實際使用 policy_iter 函數解決問題。

ch04/policy_iter.py

```
env = GridWorld()
gamma = 0.9
pi = policy_iter(env, gamma)
```

執行上述程式碼，把策略迭代法的每一步視覺化，結果如圖 4-16 所示。

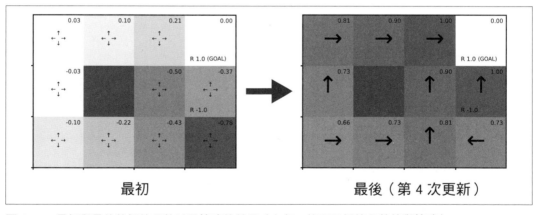

圖 4-16　最初與最後的價值函數以及策略的結果（在每一格顯示價值函數值與策略）

如**圖 4-16** 所示，最初從隨機性策略開始，此時每一格的價值函數值大多為負值。可是持續更新，第 4 次更新之後，除了終點之外，其餘每一格都變成正值。檢視前進方向（箭頭）可以得知，每一格都往避開炸彈、取得蘋果的方向前進，這就是最佳策略。

恭喜！我們使用策略迭代法找到了最佳方案。換句話說，已經徹底解決「3×4 網格世界」問題。

 「3×4 網格世界」問題中，有兩個確定性最佳策略。一個是**圖 4-16** 顯示的策略，另一個是在**圖 4-16** 策略的左下格選擇往「上」的策略。從左下格開始，不論選擇「右」或「上」，都可以最快抵達終點。

4.5 價值迭代法

我們使用策略迭代法取得了最佳策略。這裡複習一下，策略迭代法的概念如**圖 4-17** 所示，重複交替「評估」與「改善」兩個過程。

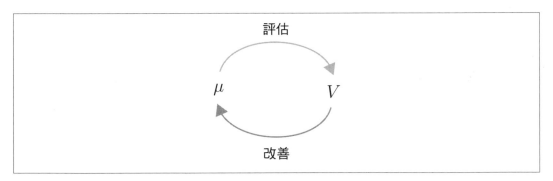

圖 4-17 策略迭代法的流程

前面說明過，在「評估」階段，評估策略，取得價值函數；在「改善」階段，透過價值函數貪婪化，取得改善後的策略。重複進行這兩個階段，逐漸趨近最佳策略 μ_* 與最佳價值函數 v_*。以圖顯示這個過程，結果如下所示。

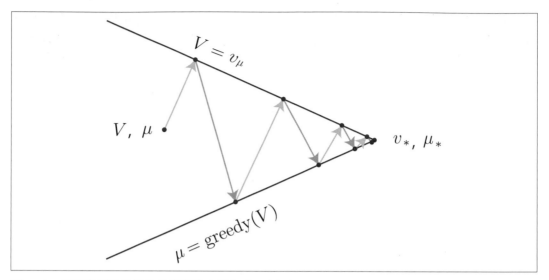

圖 4-18　策略迭代法的價值函數與策略變化（示意圖）

圖 4-18 在二維空間顯示取得的價值函數 V 與策略 μ。原本是複雜的多維空間，為了讓你可以直覺理解，而改用二維空間示意。

圖 4-18 繪製了兩條直線，一條是 $V = v_\mu$ 形成的直線，這條直線是任意價值函數 V 與策略 μ 的真實價值函數 v_μ 一致的位置。另一條直線是，將價值函數 V 貪婪化之後，得到的策略與 μ 一致的位置。

策略迭代法會重複交替進行「評估」與「改善」。在「評估」階段，評估策略 μ，得到 $V\mu$，這個部分對應在**圖 4-18** 的直線 $V = v_\mu$ 上移動。在「改善」階段，將 V 貪婪化，對應在**圖 4-18** 的直線 $\mu = \text{greedy}(V)$ 上移動。重複交替這兩個階段，更新 V 與 μ，最後抵達兩條直線重疊的 v_* 與 μ_*。

這裡的策略不是隨機性策略 π 而是確定性策略 μ。因為將價值函數貪婪化之後，每個狀態的行動只有一個。

策略迭代法如**圖 4-18** 所示，為了抵達終點而在兩條直線之間來來回回。當然，抵達終點的路徑有很多變化，例如以下這種路徑。

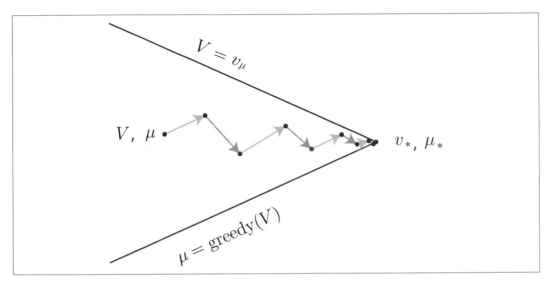

圖 4-19　價值函數與策略的其他變化範例

圖 4-19 繪製了一條曲折的路徑，抵達終點之前，在兩條直線之前來回前進。實際上，重複交替「評估」與「改善」的演算法（架構）中，在完全執行「評估」之前，會進行「改善」階段，或在完全執行「改善」之前，進行「評估」階段，因此可以建立如**圖 4-19** 所示，朝著終點前進的路徑，這稱作**廣義策略迭代法（Generalized Policy Iteration）**。「廣義（Generalized）」顧名思義是一種具有通用性、可以應用在廣大範圍的概念。

 在重複交替策略評估與改善的演算法中，評估與改善的「細膩度」，亦即評估（或改善）的準確度具有彈性。具體而言，在「評估」階段，即使 V 沒有完全更新為 v_μ，只要 V 朝著 v_μ 的方向前進即可。同樣地，在「改善」階段，只要朝著貪婪化的方向前進（只有部分貪婪化）即可。

策略迭代法完全執行了「評估」與「改善」（嚴格來說，迭代策略評估演算法會依照臨界值停止更新，因此評估並非完全正確，不過也幾乎正確）。這個策略迭代法是一般策略迭代法的實踐。

策略迭代法分別以「最大化」進行「評估」與「改善」，並反覆交替這兩個階段。如果以「最小化」進行「評估」與「改善」會如何？這就是**價值迭代法（Value Iteration）**的概念。

4.5.1　導出價值迭代法

開始說明價值迭代法之前，先複習一下策略迭代法。在策略迭代法的「評估」階段，反覆更新價值函數，如圖 4-20 所示。

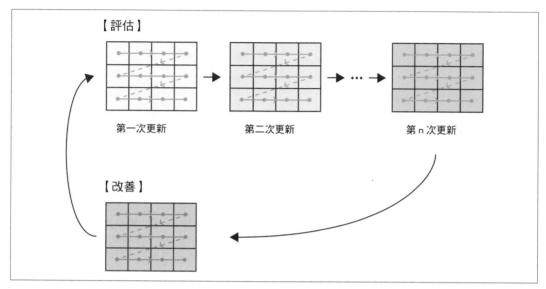

圖 4-20　利用迭代策略評估演算法更新

如圖 4-20 所示，反覆更新所有狀態的價值函數。更新收斂之後，進入「改善」（貪婪化）階段。另一種更新方法是一次只更新一種狀態，接著立即進入「改善」階段。這就是價值迭代法的核心概念，如下圖所示。

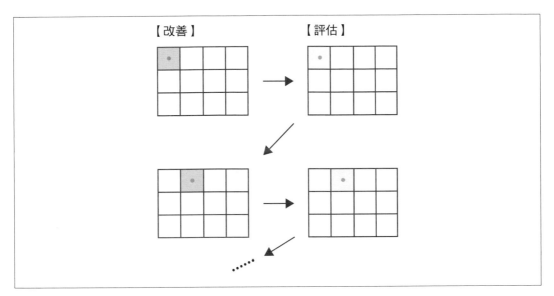

圖 4-21　依序重複每個狀態的改善與評估流程

圖 4-21 是結束一個狀態的改善階段後，立刻進入評估階段。評估階段只更新一個狀態的價值函數一次，接著改善其他位置（圖中是指左上第二個位置）然後評估。

　　圖 4-21 先改善左上的位置（狀態）。雖然這個例子先從改善階段開始，但是改善與評估階段會交替進行，無論先進行哪一個階段，都不會失去一般性。

接著我們使用公式整理**圖 4-21** 的概念。首先從改善階段開始，改善階段中的貪婪化可以表示為以下公式。

$$\mu(s) = \underset{a}{\arg\max} \sum_{s'} p(s'|s, a) \left\{ r(s, a, s') + \gamma V(s') \right\} \tag{4.8}$$

這裡以 $V(s)$ 代表目前狀態的價值函數。和公式（4.8）一樣，使用目前狀態、獎勵以及下一個狀態，透過 $\arg\max$ 進行計算。$\arg\max$ 可以決定一個行為，因此能以 $\mu(s)$ 表示確定性策略。

接著是評估階段。假設更新前的價值函數為 $V(s)$，更新後的價值函數為 $V'(s)$，DP 的更新公式（迭代策略評估演算法）如下所示。

$$V'(s) = \sum_{a,s'} \pi(a|s) p(s'|s,a) \left\{ r(s,a,s') + \gamma V(s') \right\} \tag{4.9}$$

公式（4.9）把策略 $\pi(a|s)$ 顯示為隨機性策略，可是一旦經過「改善」階段，策略可以顯示為貪婪策略。貪婪策略是確定性策略，只會選擇一個取得最大值的行動，因此公式（4.9）的策略可以當作確定性策略 $\mu(s)$ 處理。公式（4.9）簡化如下。

假設 $a = \mu(s)$

$$V'(s) = \sum_{s'} p(s'|s,a) \left\{ r(s,a,s') + \gamma V(s') \right\} \tag{4.10}$$

這是「評估」階段的價值函數更新公式，接著繼續編寫公式（4.8）與公式（4.10）。

【改善】 $\mu(s) = \underset{a}{\arg\max} \sum_{s'} p(s'|s,a) \left\{ r(s,a,s') + \gamma V(s') \right\}$

【評估】 假設 $a = \mu(s)$

$$V'(s) = \sum_{s'} p(s'|s,a) \left\{ r(s,a,s') + \gamma V(s') \right\}$$

相同計算

圖 4-22 在改善與評估階段進行的計算

檢視圖 4-22，可以發現在改善和評估階段，重複進行相同計算。更精準地說，在改善階段執行取得貪婪行動的計算後，再使用該貪婪行動執行相同計算。這種重複計算可以合併成一次，以公式表示，結果如下所示。

$$V'(s) = \max_a \sum_{s'} p(s'|s,a) \left\{ r(s,a,s') + \gamma V(s') \right\} \tag{4.11}$$

如公式（4.11）所示，使用取得最大值的 max 運算子，直接更新價值函數。由此可知，我們透過公式（4.11）省略了**圖 4-22** 中的重複計算。此外，公式（4.11）的關鍵是，沒有出現策略 μ。換句話說，不使用策略，就更新價值函數。因此，利用公式（4.11）取得最佳價值函數的演算法稱作「價值迭代法」（因為不需要策略，所以沒有「策略」兩個字）。價值迭代法利用這個公式，同時進行「評估」與「改善」。

 用以下公式可以表示貝爾曼最佳方程式。

$$v_*(s) = \max_a \sum_{s'} p(s'|s,a) \left\{ r(s,a,s') + \gamma v_*(s') \right\}$$

比較貝爾曼最佳方程式與公式（4.11），可以發現公式（4.11）是將貝爾曼最佳方程式轉換成「更新公式」的結果。

另外，公式（4.11）的更新公式也可以顯示成以下這樣。

$$V_{k+1}(s) = \max_a \sum_{s'} p(s'|s,a) \left\{ r(s,a,s') + \gamma V_k(s') \right\}$$

如上所示，以 V_k 代表更新 k 次的價值函數，以 V_{k+1} 表示 $k+1$ 次的價值函數。價值迭代法是從 $k=0$ 開始，依 $k=1$、2、3、…的順序更新價值函數 V_k 的演算法，它滿足 DP 的特色「不重複計算」。換句話說，在 $k=0$、1、2、3、…的 V_k 分別只計算一次（例如 V_3 不會計算兩次）。因此，價值迭代法是使用了 DP 的演算法（屬於一種 DP 演算法）。

價值迭代法在無限次更新後，可以取得最佳價值函數。不過，在實際的狀況中，必須在某個地方停止更新，其中一種方法就是使用臨界值。事先決定臨界值，當所有狀態的更新量低於該臨界值時，停止更新。

如果取得 $V_*(s)$，就可以按照以下公式取得最佳策略 $\mu_*(s)$。

$$\mu_*(s) = \mathrm{argmax}_a \sum_{s'} p(s'|s,a) \{ r(s,a,s') + \gamma V_*(s') \} \tag{4.12}$$

如公式（4.12）所示，求出貪婪策略，該策略就成為最佳策略。以上是價值迭代法的說明。

4.5.2　建置價值迭代法

接下來要建置價值迭代法。這次同樣假設要處理「3×4 網格世界」問題，這個問題的狀態轉移為確定性，所以價值函數的更新公式可以簡化如**圖** 4-23。

$$V'(s) = \max_a \sum_{s'} p(s'|s,a) \left\{ r(s,a,s') + \gamma V(s') \right\} \qquad (4.11)$$

↓　狀態轉移為確定性

假設 $s' = f(s,a)$

$$V'(s) = \max_a \left\{ r(s,a,s') + \gamma V(s') \right\} \qquad (4.13)$$

圖 4-23　狀態轉移為確定性時，價值迭代法之更新公式

接下來要編寫程式碼。首先根據公式（4.13），建置更新函數（只更新一次），程式碼如下所示。

ch04/value_iter.py

```python
def value_iter_onestep(V, env, gamma):
    for state in env.states():  # ①存取所有狀態
        if state == env.goal_state:  # 終點的價值函數始終為 0
            V[state] = 0
            continue

        action_values = []
        for action in env.actions():  # ②存取所有行動
            next_state = env.next_state(state, action)
            r = env.reward(state, action, next_state)
            value = r + gamma * V[next_state]  # ③新的價值函數
            action_values.append(value)

        V[state] = max(action_values)  # ④取出最大值
    return V
```

value_iter_onestep 函數包括價值函數 V 的環境 env、折扣率 gamma。上述程式碼在①依序存取所有狀態，接著在②依序存取所有行動，在③計算公式（4.13）的 max 運算子內容，在④取出最大值，設定為 V[state]。

最後，重複呼叫 value_iter_onestep 函數，直到更新收斂，我們可以按照以下方式建置 value_iter 函數。

ch04/value_iter.py

```python
def value_iter(V, env, gamma, threshold=0.001, is_render=True):
    while True:
        if is_render:
            env.render_v(V)

        old_V = V.copy()  # 更新前的價值函數
        V = value_iter_onestep(V, env, gamma)

        # 計算更新量的最大值
        delta = 0
        for state in V.keys():
            t = abs(V[state] - old_V[state])
            if delta < t:
                delta = t
        # 與臨界值做比較
        if delta < threshold:
            break
    return V
```

value_iter 函數重複呼叫前面建置的 value_iter_onestep 函數。根據價值函數的更新量大小，決定重複更新的次數。具體而言，持續更新到價值函數的更新量最大值小於臨界值（threshold）。value_iter 函數取得布林型 is_render 當作引數，當 is_render = True，在 while 迴圈中，每次更新時，都會繪製價值函數的值。

使用 value_iter 函數設計程式碼的結果如下所示。

ch04/value_iter.py

```python
from common.gridworld import GridWorld
from ch04.policy_iter import greedy_policy

V = defaultdict(lambda: 0)
env = GridWorld()
gamma = 0.9

V = value_iter(V, env, gamma)

pi = greedy_policy(V, env, gamma)
env.render_v(V, pi)
```

首先使用 `value_iter` 函數取得最佳價值函數。只要知道最佳價值函數，就可以將其貪婪化，取得最佳策略（請參考公式（4.12））。這個部分已經以 `greedy_policy` 函數建置完畢，執行上述程式碼，可以得到以下結果（影像）。

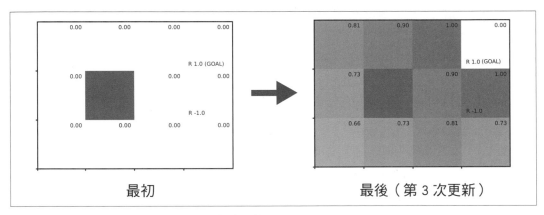

圖 4-24　使用價值迭代法的最初與最後價值函數

價值函數最初是從所有元素為 0 的字典開始，如**圖 4-24** 所示，經過 3 次更新之後，價值函數的值收斂，這就是最佳狀態價值函數。此外，根據最佳狀態價值函數取得貪婪策略時，可以獲得如**圖 4-25** 的策略。

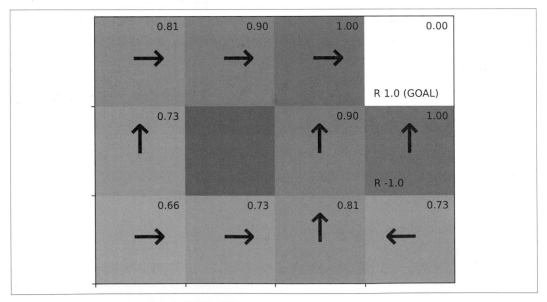

圖 4-25　最佳狀態價值函數取得的最佳策略

圖 4-25 是最佳狀態價值函數經過貪婪化後的策略，這就是最佳策略。的確，我們得到的策略是，向右上方移動到獎勵為 1.0 的「蘋果」位置。使用價值迭代法，可以快速取得最佳策略。

4.6　重點整理

這一章介紹了使用動態規劃法（DP），獲得最佳策略的方法。具體的演算法包括策略迭代法以及價值迭代法。策略迭代法會重複進行「評估」和「改善」兩個階段。在評估階段使用 DP 評估價值函數，評估價值函數之後，透過將價值函數貪婪化來改善策略。如果沒有改善，代表這是最佳策略。

價值迭代法是結合評估與改善的方法。具體而言，只用下面一個公式更新價值函數，再重複執行，即可取得最佳價值函數（知道最佳價值函數之後，也能取得最佳策略）。

$$V_{k+1}(s) = \max_a \sum_{s'} p(s'|s,a) \left\{ r(s,a,s') + \gamma V_k(s') \right\}$$

這一章建置了策略迭代法與價值迭代法等兩個演算法，套用在「網格世界」問題中，取得最佳策略。

第 5 章
蒙地卡羅法

上一章使用動態規劃法（DP）取得最佳價值函數與最佳策略。但是要使用這個方法，必須知道「環境模型（狀態轉移機率與獎勵函數）」。可惜，部分問題的環境模型是未知的，即便知道，使用 DP 法的計算量龐大，通常無法付諸實行。強化學習領域主要處理的問題是在不知道環境模型的狀態下，找到更好的策略。因此，代理人必須實際採取行動，從經驗中學習。

這一章的主題是**蒙地卡羅法（Monte Carlo Method）**。蒙地卡羅法是指重複取樣資料，再從中推測出結果的方法總稱。在強化學習使用蒙地卡羅法，可以從經驗中推測價值函數。這裡所謂的「經驗」是指環境與代理人實際互動獲得的資料。具體而言，「狀態、行動、獎勵」一連串的資料就是經驗。這一章的目標是根據代理人得到的經驗，推測價值函數。達成這個目標之後，再說明找出最佳策略的方法。

從這一章開始，終於要進入真正的強化學習問題。前面我們已經花了不少時間打好強化學習的重要基礎，如果你已經具備前面學過的知識，自然可以理解處理強化學習問題的方法，以及蒙地卡羅法的用法。

5.1 蒙地卡羅法的基本知識

前面我們已經處理了已知環境模型的問題。例如，在「網格世界」問題中，根據代理人的行動，已知下一個狀態的轉移位置與獎勵。以公式來說，可以存取狀態轉移機率 $p(s'|s, a)$ 與獎勵函數 $r(s, a, s')$（如果狀態轉移是確定性，也可以用 $s' = f(s, a)$ 函數表示）。這種已知環境模型的問題，代理人可以模擬「狀態、行動、獎勵」的轉移。

但是實際上,有許多問題我們無法瞭解環境的模型。例如,「商品的庫存管理」問題。此時,「商品的銷售數量」相當於環境的狀態轉移機率。可是,商品銷售受到許多複雜因素影響,要完全掌握,就現實層面而言並不可能。

即使理論上知道環境的狀態轉移機率,但是計算量(或程式設計)通常很龐大。為了讓你體會有多困難,這一節將以「骰子」為例,執行一些簡單的操作。

5.1.1　骰子的點數總和

這裡要思考擲兩顆骰子的問題。假設骰子每個點數的出現機率皆為 $\frac{1}{6}$。此時,請試著將骰子的點數總和顯示為機率分布。其中一種方法是繪製成遷移圖,如圖 5-1 所示。

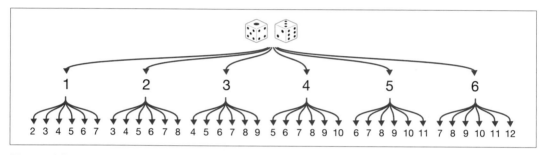

圖 5-1　擲兩顆骰子時的點數總和遷移圖(第一顆骰子的點數代表第一個轉移位置,下一個轉移位置代表兩顆骰子的點數總和)

繪製如圖 5-1 的遷移圖,最下面顯示所有「點數的總和」,共 36 種,統計之後,可以計算出機率分布。例如,圖 5-1 有兩種總和為 3 的情況,機率為 $\frac{2}{36}$。計算所有狀態,可以得到如圖 5-2 的機率分布。

骰子的點數總和	2	3	4	5	6	7	8	9	10	11	12
機率	$\frac{1}{36}$	$\frac{2}{36}$	$\frac{3}{36}$	$\frac{4}{36}$	$\frac{5}{36}$	$\frac{6}{36}$	$\frac{5}{36}$	$\frac{4}{36}$	$\frac{3}{36}$	$\frac{2}{36}$	$\frac{1}{36}$

圖 5-2　擲兩顆骰子時的點數總和機率分布

圖 5-2 顯示了骰子點數總和的機率分布。以下將使用這裡的機率分布計算期望值，程式碼如下。

```
ps = {2: 1/36, 3: 2/36, 4: 3/36, 5: 4/36, 6: 5/36, 7: 6/36,
      8: 5/36, 9: 4/36, 10: 3/36, 11: 2/36, 12: 1/36}

V = 0
for x, p in ps.items():
    V += x*p
print(V)  # 6.999999999999999
```

如上所示，輸入機率分布（骰子點數總和與其機率），計算期望值，結果為 6.999...（這次因數值計算的誤差，無法獲得正確答案 7）。只要知道機率分布，就可以計算期望值。

> 這裡計算期望值的原因是，強化學習以計算期望值為目標。複習一下，強化學習的目標是「收益」最大化，而收益的定義是「獎勵總和的期望值」。

5.1.2　分布模型與樣本模型

我們以「機率分布」顯示骰子的點數總和。換句話說，我們將擲骰子的實驗模組化為「機率分布」。這種當作機率分布顯示的模型稱作**分布模型**（**Distribution Model**）。

模型的顯示方法除了分布模型之外，還有**樣本模型**（**Sample Model**）。樣本模型只要可以取樣即可。以擲骰子為例，取樣是指實際擲骰子，觀察骰子的點數總和。分布模型以能明確維持機率分布為條件，而樣本模型的條件是必須可以取樣（**圖** 5-3）。

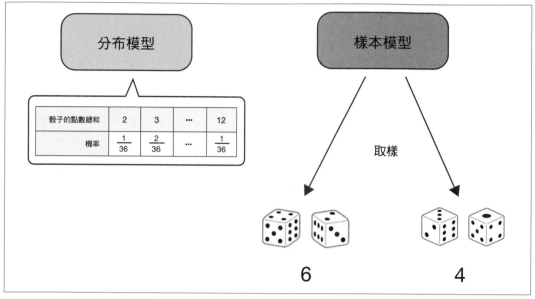

圖 5-3　分布模型（左圖）與樣本模型（右圖）

圖 5-3 的樣本模型可以得到具體的樣本資料，如 6 或 4 等。樣本模型不需要提供明確的機率分布，僅以能取樣為條件。但是，只要重複取樣，就可以得到如**圖 5-2** 的機率分布。

接著要實際建置樣本模型。和前面一樣，這次以「兩顆骰子」為例來建置樣本模型，程式碼如下所示。

ch05/dice.py

```python
import numpy as np

def sample(dices=2):
    x = 0
    for _ in range(dices):
        x += np.random.choice([1, 2, 3, 4, 5, 6])
    return x
```

這裡簡單說明一下程式碼。首先利用 np.random.choice([1, 2, 3, 4, 5, 6])，從 [1, 2, 3, 4, 5, 6] 的清單中，隨機選擇一個元素，這是擲一顆骰子的結果（樣本資料）。我們這次要擲兩顆骰子，所以重複兩次。接著使用已經建置的 sample 方法。

```
print(sample())  # 10
print(sample())  # 4
print(sample())  # 8
```

如上所示，每次執行的結果都不一樣，這樣就完成把兩顆骰子建置為「樣本模型」的步驟。由於不需要準備機率分布，所以建置方法很簡單。

就算有 10 顆骰子，也可以輕鬆建置出樣本模型，只要將引數改為 sample(10) 即可。然而，要建置 10 顆骰子的「分布模型」就很困難，即使想簡單完成，也得考慮 $6^{10} = 60466176$ 種組合。

接著使用樣本模型計算期望值。只要進行大量取樣，取得平均值即可，這就是蒙地卡羅法。雖然「輸入數字，取得平均值」是很簡單的方法，但是當樣本數量為無限大時，根據大數法則，平均值會收斂為正確的數值。

第 1 章吃角子老虎機問題是實際玩吃角子老虎機，使用平均值推測出吃角子老虎機的好壞（價值）。當時執行的方法，正是蒙地卡羅法。這一章的主題是把使用在吃角子老虎機問題中的蒙地卡羅法，應用在強化學習問題。

5.1.3　建置蒙地卡羅法

以下將編寫利用蒙地卡羅法計算期望值的程式碼。

```
trial = 1000

samples = []
for _ in range(trial):
    s = sample()
    samples.append(s)

V = sum(samples) / len(samples)  # 計算平均值
print(V)
```

執行結果

```
6.98
```

這裡要進行 1000 次取樣，計算出平均值。實際上是把每次的執行結果增加至 samples 清單中，最後計算平均值。上面的結果為 6.98，但是正確答案是 7，可以說接近正確值。雖然每次的執行結果不同，但是得到的結果約為 7。

增加樣本數量，可以提高蒙地卡羅法的可靠性，用專業術語來說，就是「變異數（variance）縮小」。變異數是與正確答案的偏差範圍，「5.5.2 重點取樣」將詳細說明變異數。

接著要思考每次得到樣本資料時，計算平均值的情況。只要使用以下程式碼，就可以輕易完成。

```python
trial = 1000

samples = []
for _ in range(trial):
    s = sample()
    samples.append(s)
    V = sum(samples) / len(samples)  # 每次計算平均值
    print(V)
```

和前面一樣，將樣本資料新增到清單中，利用該清單計算平均值。這次是在 for 迴圈計算平均值，雖然可以正確計算出來，但其實還有其他更有效率的建置方法。那就是在「1.3.2 計算平均值」介紹的「漸進式建置」，重點如下圖所示。

【一般方式】

$$V_n = \frac{s_1 + s_2 + \cdots + s_n}{n}$$

【漸進式方式】

$$V_n = V_{n-1} + \frac{1}{n}(s_n - V_{n-1})$$

圖 5-4　比較計算平均值的公式（第 n 次得到的樣本資料表示為 s_n，在得到 n 個樣本資料時的價值函數表示為 V_n）

使用**圖** 5-4 上、下公式（「漸進式方式」）計算平均值，可以得到相同的結果。如果要計算每次得到樣本資料時的平均值，漸進式方式比較有效率。接下來要使用漸進式方式計算平均值，程式碼如下所示。

ch05/dice.py

```python
trial = 1000
V, n = 0, 0

for _ in range(trial):
    s = sample()
    n += 1
    V += (s - V) / n  # 或 V = V + (s - V) / n
    print(V)
```

執行結果

```
4.0
6.0
5.333333333333333
...
6.959959959959965
6.960000000000005
```

執行上述程式碼，每次獲得樣本資料時，計算平均值。檢視結果可以得知，隨著樣本資料增加，平均值趨近正確值 7。

以上是蒙地卡羅法的基本概念。接下來要在強化學習問題上使用蒙地卡羅法。

5.2　用蒙地卡羅法進行策略評估

上一節介紹了蒙地卡羅法。蒙地卡羅法會實際取樣，再從這些樣本資料中，計算期望值。當然，這種方法也適用於強化學習問題。具體而言，可以透過代理人實際行動所獲得的經驗（樣本資料）推測價值函數。以下將在給予策略 π 時，使用蒙地卡羅法計算該策略的價值函數。這一節只進行「策略評估」，下一節開始將進行找出最佳策略的「策略控制」。

5.2.1　使用蒙地卡羅法計算價值函數

我們先複習價值函數，價值函數可以用以下公式表示。

$$v_\pi(s) = \mathbb{E}_\pi[G|s] \tag{5.1}$$

這裡以 G 代表從狀態 s 開始獲得的收益（收益是有折扣率的獎勵總和）。價值函數 $v_\pi(s)$ 定義了依策略 π 行動時，得到的收益期望值，如公式（5.1）所示。此次假設為回合制任務，在某個時間抵達終點。

接著使用蒙地卡羅法計算公式（5.1）的價值函數。讓代理人按照策略 π 實際採取行動，得到的實際收益將成為樣本資料。蒙地卡羅法就是大量收集這種樣本資料、計算平均值的方法，公式如下。

$$V_\pi(s) = \frac{G^{(1)} + G^{(2)} + \cdots + G^{(n)}}{n} \tag{5.2}$$

這裡以 G 表示從狀態 s 開始獲得的收益，以 $G^{(i)}$ 表示第 i 回合獲得的收益。如果要使用蒙地卡羅法進行計算，必須執行 n 回合，計算取得的樣本資料之平均值，如公式（5.2）所示。

 蒙地卡羅法只能使用於回合制任務。連續性任務沒有「結束」，所以無法確定公式（5.2）的 $G^{(1)}$、$G^{(2)}$ 等收益的樣本資料。

以下將以實際的例子說明蒙地卡羅法。假設代理人依照**圖 5-5** 採取行動。

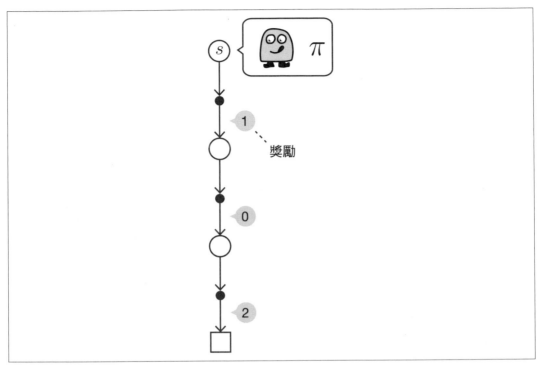

圖 5-5　代理人測試（〇代表狀態，●代表行動，□代表終點，數值代表實際得到的獎勵）

圖 5-5 繪製了代理人從狀態 s 開始，按照策略 π 採取行動的結果。**圖 5-5** 得到的獎勵是
1、0、2，假設這個任務的折扣率 γ 為 1，可以利用以下公式計算狀態 s 的收益。

$$G^{(1)} = 1 + 0 + 2 = 3$$

這是第一個樣本資料，此時可以推測出以下結果。

$$V_\pi(s) = G^{(1)} = 3$$

接著如下圖所示，進行第二回測試。

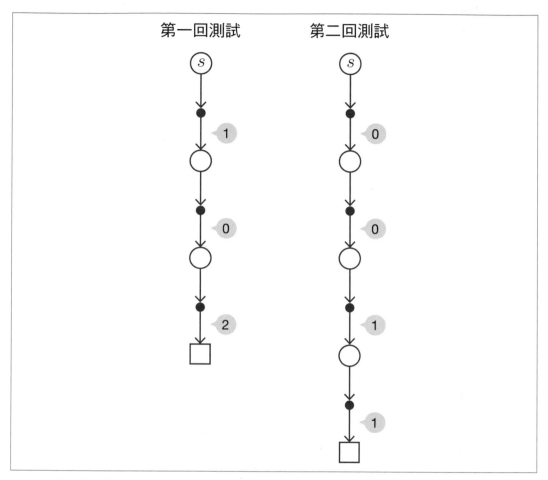

圖 5-6　代理人的第二回測試

這次從狀態 s 開始，得到 0、0、1、1 的獎勵。即使和上次一樣，從狀態 s 開始，得到的獎勵卻不同。這是因為代理人的策略可能為隨機性，環境的狀態轉移也可能是隨機性。假如其中一方為隨機性，每次測試時，得到的獎勵會隨機變動。我們可以對這種隨機變動的值（獎勵）使用蒙地卡羅法。

如**圖 5-6** 所示，第二回的收益是

$$G^{(2)} = 0 + 0 + 1 + 1 = 2$$

第一回的收益 $G^{(1)}$ 為 3，第二回的收益 $G^{(2)}$ 為 2，因此平均值為

$$\frac{G^{(1)} + G^{(2)}}{2} = \frac{3 + 2}{2} = 2.5$$

此時的 $V_\pi(s)$ 為 2.5。

實際採取行動，計算收益的平均值，可以趨近 $v_\pi(s)$，而增加測試次數能提高準確度。

5.2.2 計算所有狀態的價值函數

前面我們只對一個狀態使用蒙地卡羅法，計算該狀態的價值函數。接下來將計算**所有**狀態的價值函數。簡單來說，只要更改開始狀態，重複之前的流程，就可以完成。假設全部的狀態共有 A、B、C 三個，我們可以按照**圖 5-7** 計算每個狀態的值函數。

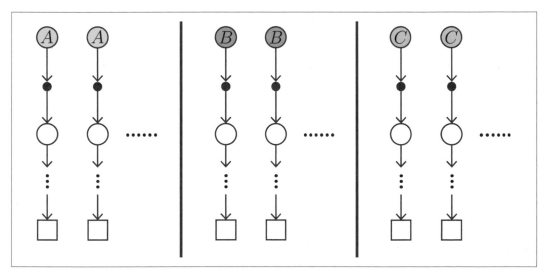

圖 5-7 由每個狀態開始計算收益

如圖 5-7 所示,從每個狀態開始實際行動,收集樣本資料,再取得每個狀態的收益平均值,即可得到價值函數。不過這種方法有計算效率的問題,更正確來說,必須改善「分別計算每個狀態的價值函數」。例如,從狀態 A 開始獲得的收益(樣本資料)只用來計算 $V_\pi(A)$,對計算其他價值函數沒有貢獻。

圖 5-7 的方法只能套用在可以從任意狀態開始的問題。例如,遊戲或模擬器可能讓代理人從任意位置開始行動,但是在現實生活中,要讓代理人從任意位置開始幾乎不可能。

接下來要介紹更有效率的方法。首先請思考以下例子。

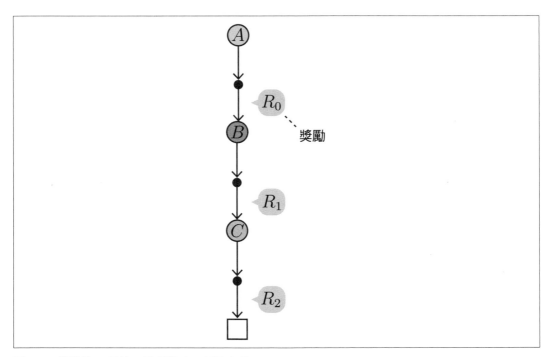

圖 5-8 從狀態 A 開始,按照策略 π 採取行動

圖 5-8 是從狀態 A 開始,按照策略 π 採取行動的結果。假設依照 A、B、C 的順序,經由狀態抵達終點,過程中獲得的獎勵是 R_0、R_1、R_2,任務的折扣率是 γ,因此可以用以下公式表示從狀態 A 開始獲得的收益。

$$G_A = R_0 + \gamma R_1 + \gamma^2 R_2$$

這是從狀態 A 開始時的收益。接著要注意從狀態 B 開始往下轉移的過程，如**圖 5-9** 所示。

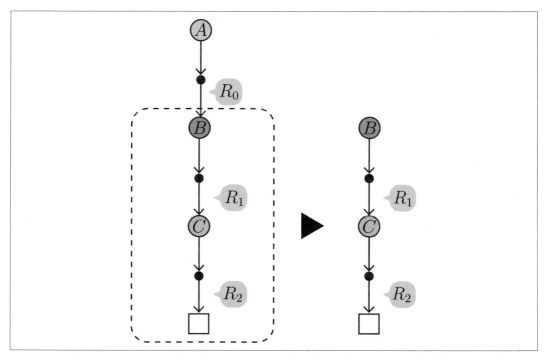

圖 5-9　從狀態 B 往下轉移

圖 5-9 可以視為從狀態 B 開始時的收益樣本資料。此時，得到獎勵 R_1、R_2，所以從狀態 B 開始獲得的收益是

$$G_B = R_1 + \gamma R_2$$

同樣地，從狀態 C 開始獲得的收益是

$$G_C = R_2$$

如此一來，在**圖 5-8** 的一次測試中，就可以得到三個狀態的收益（樣本資料）。

 即使代理人的開始位置固定，只要能在重複回合的過程中，經過所有狀態，就可以收集到所有狀態的收益樣本資料。假設代理人採取隨機性策略，重複多回之後，轉移到各種狀態，就能經過所有狀態，不需要將代理人的開始狀態設定在任意位置。

5.2.3　快速建置蒙地卡羅法

最後要補充以良好效率計算收益的方法。在**圖 5-8** 的例子中,我們必須計算以下三個收益。

$$G_A = R_0 + \gamma R_1 + \gamma^2 R_2$$
$$G_B = R_1 + \gamma R_2$$
$$G_C = R_2$$

這不是特別困難的計算,但是可以進一步改善,因此先按照以下方式變形公式。

$$G_A = R_0 + \gamma G_B$$
$$G_B = R_1 + \gamma G_C$$
$$G_C = R_2$$

這裡的重點是,使用 G_B 計算 G_A,使用 G_C 計算 G_B。善用這種方式,可以省略重複計算,但是得從後面開始,依照 G_C、G_B、G_A 的順序進行計算,公式如下所示。

$$G_C = R_2$$
$$G_B = R_1 + \gamma G_C$$
$$G_A = R_0 + \gamma G_B$$

如上述公式所示,先計算 G_C,接著使用 G_C 計算 G_B,再使用 G_B 計算 G_A。由後面開始依序計算收益可以省略重複計算。以上是利用蒙地卡羅法進行策略評估的說明。

5.3 建置蒙地卡羅法

這次要使用蒙地卡羅法處理第 4 章解決過的「3 × 4 網格世界」問題（**圖** 5-10）。

圖 5-10　3×4 網格世界

這次不使用環境模型（狀態轉移機率與獎勵函數）進行策略評估。因此，需要準備讓代理人實際採取行動的方法。本書在 GridWorld 類別準備了 step 方法。首先要說明 step 方法的用法。

5.3.1　step 方法

GridWorld 類別中有個 step 方法，使用 step 方法，可以讓代理人採取行動，範例如下。

```python
from common.gridworld import GridWorld

env = GridWorld()
action = 0  # 虛構的行動
next_state, reward, done = env.step(action)

print('next_state:', next_state)
print('reward:', reward)
print('done:', done)
```

執行結果

```
next_state: (1, 0)
reward: 0.0
done: False
```

step 方法可以從引數取得行動，寫成 env.step(action)，能對環境採取行動 action，
獲得 next_state、reward、done 三個值。next_state 為下一個狀態，reward 為獎勵，
done 為是否結束回合的旗標。檢視**圖 5-11**，就可以清楚瞭解 state、action、reward、
next_state 的關係。

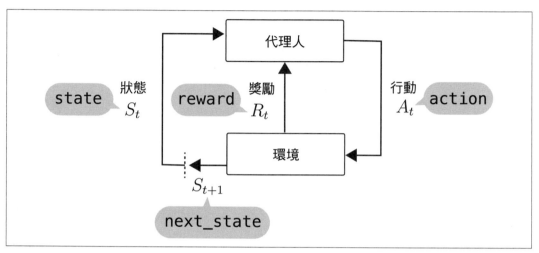

圖 5-11　程式碼與公式的對應關係

如**圖 5-11** 所示，假設目前時間為 t，S_t 對應 state，A_t 對應 action。代理人在時間 t
採取行動，可以獲得獎勵 R_t，接著轉移到下一個狀態 S_{t+1}。此時，獲得的獎勵 R_t 對應
reward，下一個狀態 S_{t+1} 對應 next_state。

 「3×4 網格世界」的狀態轉移為確定性，不過也可能出現隨機性的情況
（例如，代理人採取向右移動的行動時，有 80% 的機率向右移動，20%
的機率留在原地）。如果是機率性狀態轉移，即使在相同狀態採取相同行
動，step 方法傳回的值也會隨著每次呼叫而改變。

在 GridWorld 類別使用 step 方法讓代理人採取行動，取得樣本資料。GridWorld 類別也
準備了 reset 方法，使用此方法，可以將環境重置為原始狀態，範例如下。

```
env = GridWorld()
state = env.reset()
```

如上所示，reset 方法傳回原始狀態（state），以上就是 GridWorld 類別的補充說明。

5.3.2　建置代理人類別

接著要建置使用蒙地卡羅法進行策略評估的代理人。假設代理人按照隨機性策略採取行動，我們將代理人建置為 RandomAgent。以下先顯示程式碼的前半部分。

ch05/mc_eval.py

```python
class RandomAgent:
    def __init__(self):
        self.gamma = 0.9
        self.action_size = 4

        random_actions = {0: 0.25, 1: 0.25, 2: 0.25, 3: 0.25}
        self.pi = defaultdict(lambda: random_actions)
        self.V = defaultdict(lambda: 0)
        self.cnts = defaultdict(lambda: 0)
        self.memory = []

    def get_action(self, state):
        action_probs = self.pi[state]
        actions = list(action_probs.keys())
        probs = list(action_probs.values())
        return np.random.choice(actions, p=probs)
```

在初始化 __init__ 方法設定折扣率 gamma 與行動數量 action_size。接著建立採取隨機行動的機率分布 random_actions，並將其設定在策略 self.pi 中。self.V 代表價值函數，self.memory 儲存代理人實際採取行動獲得的經驗（「狀態、行動、獎勵」等資料串），self.cnts 以「漸進式建置」計算收益平均值。

接下來是 get_action(self, state) 方法，這個方法會取出 state 中的一個行動。裡面最重要的部分是 np.random.choice(actions, p=probs)，利用它可以依照機率分布 probs 取樣一個行動。

蒙地卡羅法的條件是讓代理人選擇行動，亦即可以取樣行動，所以除了以 self.pi 儲存行動的機率分布之外，還有其他方法。這個範例以「分布模型」建置代理人，你也可以利用「樣本模型」建置代理人。關於以樣本模型建置代理人的說明請參考「6.5 分布模型與樣本模型」。

以下是 RandomAgent 類別剩下的程式碼（後半部分）。

ch05/mc_eval.py

```python
class RandomAgent:
    ...
    def add(self, state, action, reward):
        data = (state, action, reward)
        self.memory.append(data)

    def reset(self):
        self.memory.clear()

    def eval(self):
        G = 0
        for data in reversed(self.memory):  # 回溯
            state, action, reward = data
            G = self.gamma * G + reward
            self.cnts[state] += 1
            self.V[state] += (G - self.V[state]) / self.cnts[state]
```

首先要說明記錄實際行動與獎勵的 add 方法。呼叫這個方法時，會把「狀態、行動、獎勵」（state、action、reward）整合成元組，增加到 self.memory 清單中，以下稍微補充說明何謂整合成元組。假設取得以下時間序列資料。

$$S_0, A_0, R_0, S_1, A_1, R_1, \cdots S_8, A_8, R_8, S_9$$

取得上述資料時，將以下面的形式儲存在程式碼中。

```python
# agent.memory
[(S0, A0, R0), (S1, A1, R1), ..., (S8, A8, R8)]
```

由於以 (state, action, reward) 為單位進行整合，所以形成上述資料格式。這裡必須注意到最後狀態（本例是指 S_9）不會儲存在 self.memory 清單中。不加入最後狀態的原因是最後狀態（在終點的狀態）的價值函數始終為 0。換句話說，不需要更新最後狀態的價值函數，因此不用加入 self.memory。

在 RandomAgent 類別中，執行蒙地卡羅法的是 eval 方法。先將收益 G 初始化為 0，接著回溯實際取得的 self.memory，並計算每個狀態的收益，然後以先前獲得的收益平均值計算每個狀態的價值函數。這裡以「漸進式方式」計算平均值，以上是 RandomAgent 類別的說明。

5.3.3　執行蒙地卡羅法

接著整合代理人的 RandomAgent 類別與環境 GridWorld 類別，程式碼如下。

ch05/mc_eval.py

```python
env = GridWorld()
agent = RandomAgent()

episodes = 1000
for episode in range(episodes):
    state = env.reset()
    agent.reset()

    while True:
        action = agent.get_action(state)
        next_state, reward, done = env.step(action)

        agent.add(state, action, reward)
        if done:
            agent.eval()
            break

        state = next_state

env.render_v(agent.V)
```

這裡執行了 1000 回合。開始執行時，先重置環境與代理人，讓代理人在 while 迴圈內採取行動，並記錄在過程中得到的「狀態、行動、獎勵」樣本資料。抵達終點時，根據取得的樣本資料，以蒙地卡羅法更新價值函數。最後跳出 while 迴圈，開始下一個回合。完成 1000 回合之後，利用 env.render_v(agent.V) 將價值函數視覺化。執行上述程式碼可以獲得以下的價值函數。

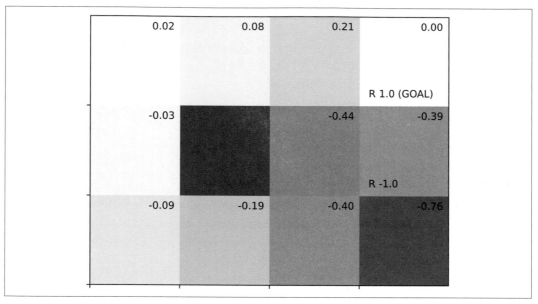

圖 5-12   以蒙地卡羅法取得的價值函數

這次評估了隨機性策略的價值函數。代理人的開始位置固定在左下方,不過由於是隨機性策略,會經過所有位置,因而能評估所有位置(狀態)的價值函數。

 代理人的開始位置固定,代理人的策略為確定性時,代理人只會經過特定狀態。此時,無法收集所有狀態的收益樣本資料。

附帶一提,將**圖 5-12** 與使用動態規劃法(DP)評估的結果做比較,結果如**圖 5-13** 所示。

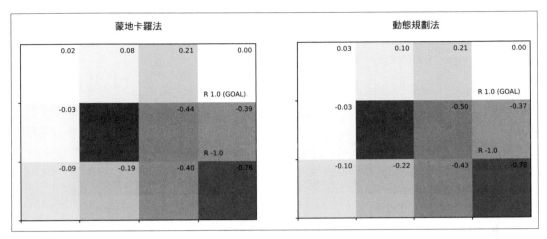

圖 5-13 蒙地卡羅法取得的價值函數（左圖）與動態規劃法取得的價值函數（右圖）

我們可以看到圖 5-13 右邊動態規劃法的結果是正確的，而使用蒙地卡羅法也得到幾乎一樣的結果。換句話說，我們即使不知道環境模型，也可以正確進行策略評估。

5.4 蒙地卡羅法的策略控制

上一節我們使用蒙地卡羅法進行「策略評估」。完成策略評估之後，要進行「策略控制」，找出最佳策略。這一節將說明使用蒙地卡羅法的策略控制，不過其中並沒有太多新的知識。我們已經在「4.3 策略迭代法」學過關鍵概念，就是重複交替評估與改善，以下先複習這個部分。

5.4.1 評估與改善

透過重複交替「評估」與「改善」得到最佳策略。在「評估」階段，評估策略，取得價值函數。接著在「改善」階段，將價值函數貪婪化以改善策略。重複交替這兩個過程，逐漸趨近最佳策略（和最佳價值函數）。

上一節使用了蒙地卡羅法進行評估策略。假設有一個策略 π，我們使用蒙地卡羅法取得了 $V_\pi(s)$，接著在改善階段進行貪婪化，公式如下。

$$\mu(s) = \underset{a}{\operatorname{argmax}} \, Q(s, a) \tag{5.3}$$

$$= \underset{a}{\operatorname{argmax}} \sum_{s'} p(s'|s, a) \left\{ r(s, a, s') + \gamma V(s') \right\} \tag{5.4}$$

在改善階段，選擇價值函數為最大值的行動（本書稱作「貪婪化」）。如果是 Q 函數（行動價值函數），會依照公式（5.3）選擇取得最大值的行動。此時，行動只有一個，可以顯示為 $\mu(s)$ 函數。此外，我們也可以使用價值函數 V 顯示成公式（5.4）。

我們在上一節進行了價值函數 V 的評估。假如要使用價值函數 V 改善策略，需要計算公式（5.4），可是公式（5.4）有一個問題。一般的強化學習問題無法得知環境模型 $p(s'|s,a)$ 和 $r(s,a,s')$。檢視公式（5.4）可以得知，如果不使用環境模型，就無法進行計算，因此使用公式（5.3）中的 Q 函數改善策略。公式（5.3）僅取出 Q 函數 $Q(s,a)$ 為最大值的行動 a，所以不需要環境模型。

如果要改善 Q 函數，必須對 Q 函數進行「評估」。上一節我們使用蒙地卡羅法評估了狀態價值函數，現在必須改成 Q 函數。因此將蒙地卡羅法的更新公式由 $V(s)$ 改成 $Q(s,a)$，如下所示。

【狀態價值函數的評估】

$$\text{一般方式：} V_n(s) = \frac{G^{(1)} + G^{(2)} + \cdots + G^{(n)}}{n}$$
$$\text{漸進式方式：} V_n(s) = V_{n-1}(s) + \frac{1}{n}\left\{ G^{(n)} - V_{n-1}(s) \right\}$$

【Q 函數的評估】

$$\text{一般方式：} Q_n(s,a) = \frac{G^{(1)} + G^{(2)} + \cdots + G^{(n)}}{n}$$
$$\text{漸進式方式：} Q_n(s,a) = Q_{n-1}(s,a) + \frac{1}{n}\left\{ G^{(n)} - Q_{n-1}(s,a) \right\} \tag{5.5}$$

假設第 n 回合獲得的收益為 $G^{(n)}$，第 n 回合結束時的狀態價值函數估計值為 $V_n(s)$。同樣地，在第 n 回合結束時的 Q 函數估計值為 $Q_n(s,a)$。如上述公式所示，不論是狀態價值函數或 Q 函數，都只有改變對象，使用蒙地卡羅法進行計算這一點維持不變。

5.4.2　建置使用蒙地卡羅法的策略控制

接著要建置使用蒙地卡羅法進行策略控制的代理人，這裡建置為 McAgnet 類別，以下是前半部分的程式碼。

```
class McAgent:
    def __init__(self):
        self.gamma = 0.9
```

```
        self.action_size = 4

        random_actions = {0: 0.25, 1: 0.25, 2: 0.25, 3: 0.25}
        self.pi = defaultdict(lambda: random_actions)
        self.Q = defaultdict(lambda: 0)  # 使用 Q 不是 V
        self.cnts = defaultdict(lambda: 0)
        self.memory = []

    def get_action(self, state):
        action_probs = self.pi[state]
        actions = list(action_probs.keys())
        probs = list(action_probs.values())
        return np.random.choice(actions, p=probs)

    def add(self, state, action, reward):
        data = (state, action, reward)
        self.memory.append(data)

    def reset(self):
        self.memory.clear()
```

這裡的程式碼與前面建置的 RandomAgent 類別幾乎一樣，唯一差別只有將 self.V 改成
self.Q。接著要建置主要的策略控制，程式碼如下所示。

```
def greedy_probs(Q, state, action_size=4):
    qs = [Q[(state, action)] for action in range(action_size)]
    max_action = np.argmax(qs)

    action_probs = {action: 0.0 for action in range(action_size)}
    # 此時，action_probs 是 {0:0.0, 1:0.0, 2:0.0, 3:0.0}
    action_probs[max_action] = 1 # ①
    return action_probs

class McAgent:
    ...
    def update(self):
        G = 0
        for data in reversed(self.memory):
            state, action, reward = data
            G = self.gamma * G + reward
            key = (state, action)
            self.cnts[key] += 1
            self.Q[key] += (G - self.Q[key]) / self.cnts[key]  # ②

            self.pi[state] = greedy_probs(self.Q, state)
```

首先，準備 greedy_probs 函數。之後可能會透過其他類別使用這個函數，因此把這個函數建置為外部函數，而不是代理人的方法。greedy_probs(Q, state) 函數會傳回行動的機率分布，這是取得貪婪化行動的機率分布。換句話說，在狀態 state 只取得 Q 函數最大值的動作機率分布。假設在某個狀態下，Q 函數的第 0 個動作為最大，greedy_probs 函數會傳回 {0: 1.0, 1: 0.0, 2: 0.0, 3: 0.0}。

update 方法會更新 self.Q。這裡的重點是，self.Q 的 key 是元組 (state, action)。根據公式（5.5），以「漸進式方式」更新 self.Q。當 self.Q 更新完畢，就會將 state 的策略貪婪化。

以上是 McAgent 類別的說明，實際上這裡的程式碼並不完美，有以下兩點需要改善。

- 程式碼➊：使用 ε-貪婪法非完全貪婪化
- 程式碼➋：以「固定值 α 方式」更新 Q

接著要說明這兩個修正點（及其理由）。

5.4.3　ε-貪婪法（第一個修正點）

代理人在改善階段將策略貪婪化。利用貪婪化，讓某個狀態採取的行動固定成一個（假如 Q 值皆相同，可以考慮採取多個行動）。假設將策略貪婪化，採取如圖 5-14 的行動。

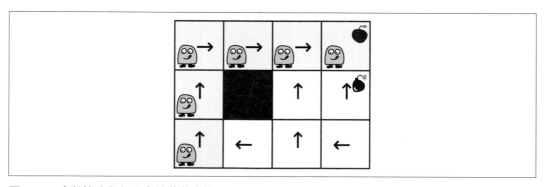

圖 5-14　貪婪策略與代理人的移動路徑

如圖 5-14 所示，只採取貪婪行動時，代理人的移動路徑固定為一個，無法收集所有狀態與行動組合的收益樣本資料。要解決這個問題，必須讓代理人進行「探索」。

這裡和在吃角子老虎機問題中說明的一樣,也會發生「利用與探索的權衡問題」。「利用」是從以往的經驗中,選擇你認為的最佳行動,而「探索」是嘗試行動,增加新的經驗,因此利用與探索具有權衡關係。

ε-貪婪法是一種讓代理進行「探索」的方法。透過在代理人的行動中,增加「些許」隨機性,讓代理人以較大的機率選擇 Q 函數為最大值的行動,以較低機率選擇隨機行動,藉此避免只選擇固定狀態或行動的問題(順利的話,可以經過所有狀態,涵蓋所有行動)。這樣做通常都能取得貪婪行動,得到接近最佳策略的結果。

以下將建置 ε-貪婪法版的 greedy_probs 函數,程式碼如下。

ch05/mc_control.py

```python
def greedy_probs(Q, state, epsilon=0, action_size=4):
    qs = [Q[(state, action)] for action in range(action_size)]
    max_action = np.argmax(qs)

    base_prob = epsilon / action_size
    action_probs = {action: base_prob for action in range(action_size)}
    # 此時的 action_probs 是 {0: ε/4, 1: ε/4, 2: ε/4, 3: ε/4}
    action_probs[max_action] += (1 - epsilon)
    return action_probs
```

這裡將之前完全貪婪化的機率分布變成 ε-貪婪法。這個問題的行動數量有四個,如果要利用 ε-貪婪法建立機率分布,必須先把所有的行動機率設定為 $\frac{\varepsilon}{4}$。在 Q 函數為最大值的行動中,增加 $1 - \varepsilon$ 的機率(圖 5-15)。

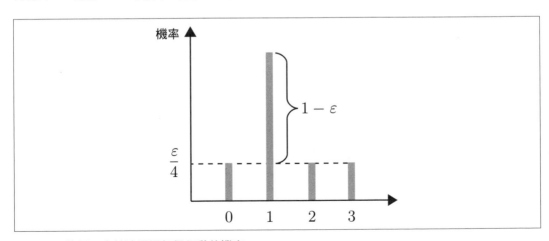

圖 5-15　使用 ε-貪婪法選擇每個行動的機率

為了可以重複使用這裡建置的 greedy_probs 函數，在 common.utils 也輸入相同程式碼。之後就能利用 from common.utils import greedy_probs 載入函數。

5.4.4　改成固定值 α 方式（第二個修正點）

接著是第二個修正點。以下先顯示該修正處的程式碼。

ch05/mc_control.py

```
# 修正前
# self.Q[key] += (g - self.Q[key]) / self.cnts[state]  # ②

# 修正後
alpha = 0.1
self.Q[key] += (g - self.Q[key]) * alpha  # ②
```

如上所示，以固定值 alpha 更新程式碼②的部分。修正前與修正後的差異如圖 5-16 所示。

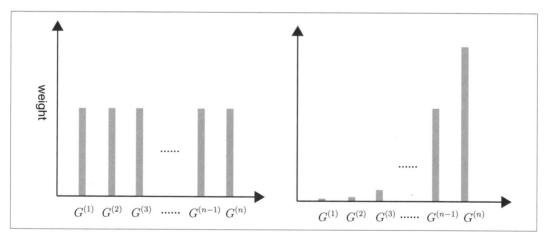

圖 5-16　「修正前的方式（左圖）」及「使用固定值 α 的方式（右圖）」對應各資料的權重

修正前的方式是針對到目前為止的樣本資料（$G^{(1)}$、$G^{(2)}$、$\cdots$、$G^{(n)}$），計算「相等的權重平均」，也稱作「樣本平均」。在樣本平均中，每個資料的權重都是 $\frac{1}{n}$。然而，以固定值 α 更新的方式是每個資料的權重會呈指數性增加，如圖 5-16 的右圖所示，也稱作「指數移動平均」。指數移動平均的資料愈新，權重愈大。

蒙地卡羅法的策略控制使用了指數移動平均，因為生成收益（的樣本資料）的機率分布會隨時間而變動。正確來說，策略隨著回合數增加而更新，因此產生收益的機率分布是變動的。用吃角子老虎機問題的術語來說，這是「非平穩狀態」。以非平穩狀態的機率分布生成樣本資料（收益）時，會使用指數移動平均，這一點已經在「1.5.1 處理非平穩問題的準備工作」中說明過。

 產生收益的過程中，會重複「環境的狀態轉移」與「代理人策略」等兩個隨機性過程。「環境的狀態轉移」的機率分布不變，且「代理人策略」的機率分布也沒有變化時，取樣的收益分布為「平穩」。可是，如果其中一邊出現變化，收益的機率分布會變成「非平穩」。這次我們重複改善策略，使得策略隨著回合累積而改變，收益的機率分布也因此發生變化。

5.4.5 ［修正版］建置使用蒙地卡羅法的策略迭代法

修改後的 McAgent 類別如下所示。

ch05/mc_control.py

```python
class McAgent:
    def __init__(self):
        self.gamma = 0.9
        self.epsilon = 0.1  # ε-貪婪法的 ε
        self.alpha = 0.1  # 更新 Q 值時的固定值 alpha
        self.action_size = 4

        random_actions = {0: 0.25, 1: 0.25, 2: 0.25, 3: 0.25}
        self.pi = defaultdict(lambda: random_actions)
        self.Q = defaultdict(lambda: 0)
        self.memory = []

    def get_action(self, state):
        action_probs = self.pi[state]
        actions = list(action_probs.keys())
        probs = list(action_probs.values())
        return np.random.choice(actions, p=probs)

    def add(self, state, action, reward):
        data = (state, action, reward)
        self.memory.append(data)

    def reset(self):
        self.memory.clear()
```

```
    def update(self):
        G = 0
        for data in reversed(self.memory):
            state, action, reward = data
            G = self.gamma * G + reward
            key = (state, action)
            self.Q[key] += (G - self.Q[key]) * self.alpha  # ①固定值
            self.pi[state] = greedy_probs(self.Q, state, self.epsilon)
```

首先，初始化時，增加參數 self.epsilon、self.alpha。self.epsilon 是 ε-貪婪法使用的參數，假設 self.epsilon 為 0.1，有 10% 的機率隨機選擇行動，有 90% 的機率選擇貪婪行動。self.alpha 是更新 Q 函數時使用的固定值，在程式碼的①使用固定值 self.alpha 更新 Q 函數。

以上是修正版的 McAgent 類別。McAgent 類別可以與 GridWorld 類別一起使用，程式碼如下所示。

ch05/mc_control.py

```
env = GridWorld()
agent = McAgent()

episodes = 10000
for episode in range(episodes):
    state = env.reset()
    agent.reset()

    while True:
        action = agent.get_action(state)
        next_state, reward, done = env.step(action)

        agent.add(state, action, reward)
        if done:
            agent.update()
            break

        state = next_state

env.render_q(agent.Q)
```

這裡進行 10000 回合的學習，最後利用 env.render_q(agent.Q)，將 Q 函數視覺化。執行上述程式碼，可以獲得以下影像。

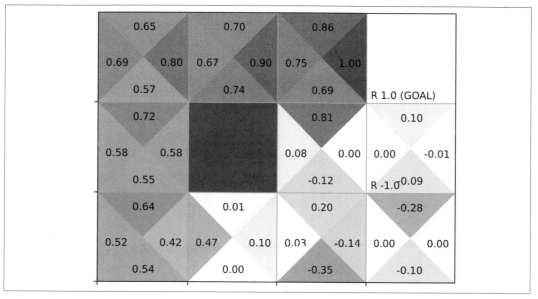

圖 5-17　Q 函數的視覺化結果

每一格有四個行動，所以 Q 函數視覺化之後，把每一格分成四個部分繪圖，如**圖 5-17**所示。檢視這張圖，可以瞭解避免負值獎勵，取得正值獎勵的行動，其 Q 函數會變大（每次執行的結果都不同）。從這個 Q 函數取出貪婪行動，結果如**圖 5-18**所示。

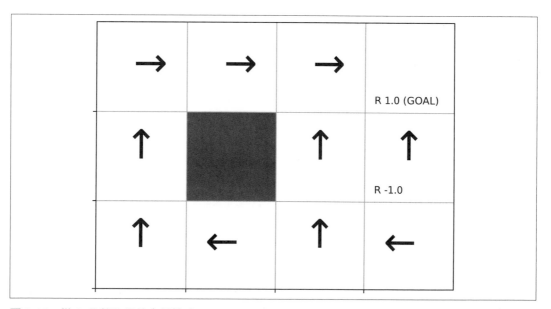

圖 5-18　從 Q 函數取得的貪婪策略

如上所示，從 Q 函數獲得的貪婪策略可以得到接近最佳策略的結果。事實上，透過 ε-貪婪法，代理人會在每一格採取隨機動作，但是貪婪行動占了大部分，因此即使採用這個策略，通常也能得到良好的結果。以上是以蒙地卡羅法進行策略控制的建置方法。

5.5　離線策略與重點取樣

上一節結合蒙地卡羅法與 ε-貪婪法，獲得了接近最佳策略的策略，可是這並不是完美的最佳策略。我們希望（盡可能）採取 Q 函數為最大值的行動，也就是說我們想進行「利用」，但是這樣無法「探索」，因此我們以小機率 ε 進行「探索」。換句話說，ε-貪婪法是一種「妥協」。以下將思考如何使用蒙地卡羅法，學習完美的最佳策略。在此之前，我們先說明線上策略與離線策略。

5.5.1　線上策略與離線策略

我們可以透過觀察別人的行動來提高自己的能力。例如，觀察其他網球選手的揮拍動作，有助於提高個人的揮拍技巧。以強化學習的術語來說，就是利用其他場所得到的經驗改善自己的策略，這種方法在強化學習中稱作**離線策略（off-policy）**。若是依照個人經驗來改善自己的策略，則稱作**線上策略（on-policy）**。

 以角色的觀點來看，代理人的策略有兩種，一種是成為評估和改善對象的策略，對這個策略進行評估再改善，這種策略稱為**目標策略（Target Policy）**。另一種策略是代理人實際採取行動時使用的策略，藉由這個策略生成「狀態、行動、獎勵」的樣本資料，這種策略稱為**行為策略（Behavior Policy）**。

到目前為止，我們沒有區分「目標策略」和「行為策略」。換句話說，「進行評估和改善的目標策略」與「實際採取行動時的行為策略」是一樣的。當「目標策略」和「行為策略」一致時，該策略稱為線上策略。如果將目標策略與行為策略分開思考，則稱作離線策略。這裡的 on、off 是中文「連接、分離」的意思。離線策略是指「目標策略與行為策略分離」。

這一節的主題是「離線策略」。以網球選手為例，根據其他策略（行為策略）獲得的經驗，評估、改善自己的策略（目標策略）。離線策略可以在行為策略進行「探索」，只在目標策略進行「利用」。但是如果要使用行為策略獲得的樣本資料，計算與目標策略有關的期望值，就得花一點功夫。此時，需要**重點取樣（Importance Sampling）**技巧，接下來將說明何謂重點取樣。

5.5.2 重點取樣

重點取樣是使用其他機率分布的樣本資料，計算機率分布期望值的方法。以下將利用一個簡單的例子，計算期望值 $\mathbb{E}_\pi[x]$，說明重點取樣。x 是隨機變數，x 的機率為 $\pi(x)$，使用以下公式可以表示期望值。

$$\mathbb{E}_\pi[x] = \sum x\pi(x)$$

在此複習一下，如果想使用蒙地卡羅法趨近期望值，要從機率分布 π 取樣 x，計算平均值，公式如下。

$$\text{sampling}: x^{(i)} \sim \pi \quad (i = 1, 2, \cdots, n)$$
$$\mathbb{E}_\pi[x] \simeq \frac{x^{(1)} + x^{(2)} + \cdots + x^{(n)}}{n}$$

$x^{(i)} \sim \pi$ 是指從機率分布 π 取樣第 i 個資料 $x^{(i)}$。

接下來要進入主題。我們要思考的問題是，從其他機率分布取樣 x。假設從機率分布 b（不是 π）取樣 x。此時，如何趨近期望值 $\mathbb{E}_\pi[x]$？解開問題的關鍵是以下這個變形公式。

$$\begin{aligned}
\mathbb{E}_\pi[x] &= \sum x\pi(x) \\
&= \sum x\frac{b(x)}{b(x)}\pi(x) \\
&= \sum x\frac{\pi(x)}{b(x)}b(x)
\end{aligned} \tag{5.6}$$

這裡的關鍵是加入 $\frac{b(x)}{b(x)}$。$\frac{b(x)}{b(x)}$ 始終為 1，所以等式（Equal）成立。如果和公式（5.6）一樣，變成 $\sum \cdots b(x)$ 時，可以當成機率分布 $b(x)$ 的期望值。實際將公式（5.6）變形之後，得到以下公式。

$$\begin{aligned}
\mathbb{E}_\pi[x] &= \sum x \frac{\pi(x)}{b(x)} b(x) \\
&= \mathbb{E}_b\left[x \frac{\pi(x)}{b(x)}\right]
\end{aligned} \tag{5.7}$$

這裡的關鍵是與機率分布 b 有關的期望值表示為 $\mathbb{E}_b$。此外，每個 x 都乘以 $\frac{\pi(x)}{b(x)}$ 也很重要。若顯示為 $\rho(x) = \frac{\pi(x)}{b(x)}$，可以當作在每個 x 乘以「權重」$\rho(x)$。根據上述說明，以公式（5.7）為基礎的蒙地卡羅法如下所示。

$$\text{sampling}: x^{(i)} \sim b \quad (i = 1, 2, \cdots, n)$$

$$\mathbb{E}_\pi[x] \simeq \frac{\rho(x^{(1)})x^{(1)} + \rho(x^{(2)})x^{(2)} + \cdots + \rho(x^{(n)})x^{(n)}}{n}$$

這樣就可以使用機率分布 b 而不是 π 取樣的資料計算 $\mathbb{E}_\pi[x]$。接下來要建置重點取樣，以圖 5-19 的機率分布為對象，進行重點取樣。

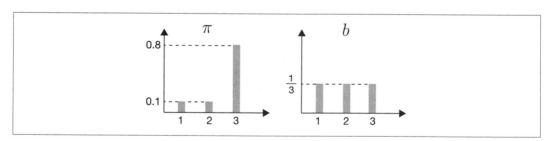

圖 5-19　機率分布 π 與 b

這裡的目標是計算期望值 $\mathbb{E}_\pi[x]$。最初使用一般的蒙地卡羅法計算機率分布 π 的期望值，程式碼如下所示。

ch05/importance_sampling.py

```python
import numpy as np

x = np.array([1, 2, 3])
pi = np.array([0.1, 0.1, 0.8])

# 期望值
```

```
e = np.sum(x * pi)
print('E_pi[x]', e)

# 蒙地卡羅法
n = 100
samples = []
for _ in range(n):
    s = np.random.choice(x, p=pi)  # 使用 pi 取樣
    samples.append(s)

mean = np.mean(samples)
var = np.var(samples)
print('MC: {:.2f} (var: {:.2f})'.format(mean, var))
```

執行結果

```
E_pi[x] 2.7
MC: 2.78 (var: 0.27)
```

首先代入定義公式，計算期望值，結果為 2.7（這是真值）。接著使用蒙地卡羅法進行計算。這裡只從機率分布 pi 取樣 100 個資料，計算平均值，因此使用 NumPy 的 np.mean 方法計算出平均值，結果為 2.78，接近真值。同時也使用 NumPy 的 np.var 方法計算「變異數」。變異數為 0.27，這個值可以當作與重點取樣結果比較時的參考。變異數代表資料的分散程度，期望值與變異數的關係如以下公式所示。

$$\mathrm{Var}[X] = \mathbb{E}\left[(X - \mathbb{E}[X])^2\right]$$

變異數是指「資料 X」與「X 的平均值 $\mathbb{E}[X]$」之差平方的期望值。直覺來說，代表資料的「分散程度」，如圖 5-20 所示。

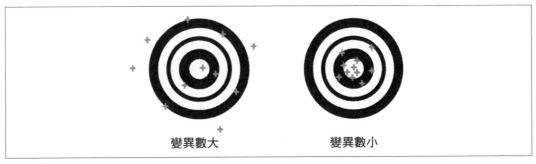

圖 5-20　把每個資料視為平面上的圓點時，變異數的示意圖（圓形中心為平均值）

接著要使用重點取樣計算期望值，程式碼如下所示。

```python
b = np.array([1/3, 1/3, 1/3])
n = 100
samples = []

for _ in range(n):
    idx = np.arange(len(b))  # [0, 1, 2]
    i = np.random.choice(idx, p=b)  # 使用 b 取樣
    s = x[i]
    rho = pi[i] / b[i]
    samples.append(rho * s)

mean = np.mean(samples)
var = np.var(samples)
print('IS: {:.2f} (var: {:.2f})'.format(mean, var))
```

執行結果

```
IS: 2.95 (var: 10.63)
```

這裡使用機率分布 b 進行取樣，但是取樣的對象是「b 的索引（[0，1，2]）」。因為計算權重 rho 時，使用了取樣的索引。

檢視上面的結果，平均值為 2.95，與真值 2.7 有些差異卻很接近。由於變異數為 10.63，可以得知資料的「分散程度」比使用蒙地卡羅法時更大（蒙地卡羅法的變異數為 0.27）。

5.5.3　縮小變異數

變異數愈小，愈能以較少的樣本數量，取得較精準的近似值。反之，變異數愈大，必須增加樣本數量，才可以取得較精準的近似值。接下來要說明以重點取樣縮小變異數的方法。首先使用**圖 5-21** 說明為什麼重點取樣的變異數會變大。

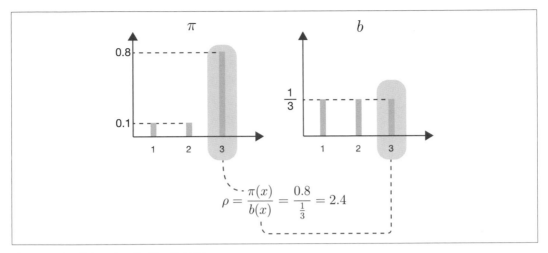

圖 5-21　從機率分布 b 取樣 3 的範例

圖 5-21 是選擇 3 當作樣本資料的範例。此時，權重 ρ 為 2.4，因此 3 乘以 2.4 倍。換句話說，雖然得到的數值是 3，其實是得到 $3 \times 2.4 = 7.2$。你可能覺得這種說法有點奇怪，不過這是有道理的，原因如下。

- 對機率分布 π 來說，3 是代表值，（本來）該值應該被大量取樣

- 可是在機率分布 b 中，數值 3 並未大量出現

- 為了彌補這個落差，取樣數值 3 時，乘上「權重」調整該值，使其變大

考量到機率分布 π 與 b 之間的差異，將取樣值乘以權重進行調整有其道理。可是取樣的數值明明是 3，卻要當作 7.2，如果這是第一個樣本資料，此時的估計值就會是 7.2。相對於真值 2.7，兩者有很大的差距。利用權重 ρ 調整實際得到的數值，變異數（與真值的差異）也會變大。

究竟該如何縮小變異數？其中一種方法是，讓兩個機率分布（b 與 π）變接近，這樣權重 ρ 的值會接近 1。我們來做個實驗，這次只更改前面程式碼中，機率分布 b 的值。

ch05/importance_sampling.py

```python
b = np.array([0.2, 0.2, 0.6])  # 更改機率分布
n = 100
samples = []

for _ in range(n):
    idx = np.arange(len(b))  # [0, 1, 2]
    i = np.random.choice(idx, p=b)
```

```
    s = x[i]
    rho = pi[i] / b[i]
    samples.append(rho * s)

mean = np.mean(samples)
var = np.var(samples)
print('IS: {:.2f} (var: {:.2f})'.format(mean, var))
```

執行結果

```
IS: 2.72 (var: 2.48)
```

如上所示，b 的機率分布為 `[0.2, 0.2, 0.6]`，調整 pi 的機率分布形狀，結果平均值為 `2.72`，更接近正確答案。此外，我們可以得知變異數為 `2.48`，比前面小。

進行重點取樣時，讓兩個機率分布變接近，可以縮小變異數。但是，強化學習的關鍵是，其中一個策略（機率分布）進行「探索」，另一個進行「利用」。滿足該條件，盡量讓兩個機率分布變接近，即可縮小變異數。

以上是重點取樣，使用重點取樣，可以建置離線策略。具體而言，使用從行動策略的機率分布中取樣的資料，可以計算與目標策略有關的期望值。詳細方法將在「附錄 A 離線策略蒙地卡羅法」中說明，這是屬於進階內容，有興趣的讀者請當作參考。

5.6　重點整理

在強化學習中，代理人依照環境實際採取行動，根據從中得到的經驗，找出更適合的策略，而強化學習領域的特色就是環境與代理人會互動。本章學習的是蒙地卡羅法，這種方法可以根據實際獲得的經驗，計算價值函數。

如果可以使用蒙地卡羅法評估 Q 函數，之後就能根據 Q 函數改善策略。透過重複交替評估與改善，可以獲得更好的策略。但是改善策略時，一旦完全貪婪化，就無法進行「探索」。這一章利用 ε-貪婪法而非完全貪婪化，取得利用與探索之間的平衡。強化學習的問題必須權衡利用與探索，同時找出最佳行動。

我們在這一章也說明過，代理人的策略包括目標策略與行為策略。利用行為策略實際採取行動，使用獲得的經驗，更新目標策略。目標策略與行動策略相同時，稱作線上策略。如果分別思考這個問題，則稱作離線策略。離線策略必須利用行為策略採取行動，使用該結果，計算目標對象的策略期望值，使其變成可能，這就是重點取樣。

第 6 章
TD 法

上一章說明了蒙地卡羅法。使用蒙地卡羅法，不需要環境模型，就可以評估策略，重複交替評估與改善，能獲得最佳策略（或趨近最佳策略）。可是蒙地卡羅法必須抵達回合的「終點」，否則無法更新價值函數。因為抵達回合的終點，才可以確定「收益」。

連續性任務無法使用蒙地卡羅法。就算是回合制任務，仍要花時間才可以結束回合時，蒙地卡羅法將需要更多時間才能更新價值函數。尤其是在回合的最初階段，代理人的策略通常為隨機，因而必須花更多時間。

以下要說明的「時間差分法」（TD 法）是不使用環境模型，每次採取行動時，就更新價值函數的方法。TD 法的 TD 是 Temporal Difference 的縮寫，中文是「時間差」。不用等待回合結束，每過一段時間，就進行策略評估與改善。

6.1　用 TD 法進行策略評估

時間差分法是結合前面的「蒙地卡羅法」與「動態規劃法」的方法。以下先複習前面這兩種方法，之後再導出 TD 法。為了簡單起見，以下將蒙地卡羅法簡稱為「MC 法」，動態規劃法簡稱為「DP 法」（動態規劃法一般簡稱為「DP」，但是這裡配合 TD 法、MC 法而寫成「DP 法」）。

6.1.1　導出 TD 法

以下先從「收益」開始複習。我們按照以下公式定義收益。

$$G_t = R_t + \gamma R_{t+1} + \gamma^2 R_{t+2} + \cdots \tag{6.1}$$

$$= R_t + \gamma G_{t+1} \tag{6.2}$$

假設從時間 t 開始，可以得到獎勵 R_t、R_{t+1}、$\cdots$。此時的收益是以含折扣率的獎勵總和來表示，如公式（6.1）。另外，我們可以透過遞迴，以 G_{t+1} 表示 G_t，如公式（6.2）所示。使用這裡的收益，按照以下方式定義價值函數。

$$v_\pi(s) = \mathbb{E}_\pi[G_t|S_t = s] \tag{6.3}$$

$$= \mathbb{E}_\pi[R_t + \gamma G_{t+1}|S_t = s] \tag{6.4}$$

如上述公式所示，價值函數定義為期望值。接下來這一節要說明

- 利用公式（6.3）導出使用 MC 法的手法
- 利用公式（6.4）導出使用 DP 法的手法

以下先介紹 MC 法。MC 法是透過實際取得的收益樣本資料平均值，趨近公式（6.3）的期望值，取代直接計算期望值。平均值包括樣本平均與指數移動平均兩種。如果要計算指數移動平均，每次獲得新的收益時，都以固定值 α 更新，公式如下所示。

$$V'_\pi(S_t) = V_\pi(S_t) + \alpha\left\{G_t - V_\pi(S_t)\right\} \tag{6.5}$$

假設目前的價值函數為 V_π，更新後的價值函數為 V'_π。公式（6.5）將目前的價值函數 V_π 往 G_t 的方向更新，利用 α 調整往 G_t 的更新量。

接著是 DP 法。DP 法是根據公式（6.4）計算期望值。與 MC 法不同，DP 法可以按照公式計算期望值，公式如下所示。

$$v_\pi(s) = \mathbb{E}_\pi[R_t + \gamma G_{t+1}|S_t = s] \tag{6.4}$$

$$= \sum_{a,s'} \pi(a|s)p(s'|s,a)\left\{r(s,a,s') + \gamma v_\pi(s')\right\} \tag{6.6}$$

如上所示，使用狀態轉移機率 $p(s'|s,a)$ 與獎勵函數 $r(s,a,s')$ 計算期望值。附帶一提，公式（6.6）是貝爾曼方程式。DP 法是以貝爾曼方程式的公式（6.6）為基礎，逐次更新價值函數，更新公式如下所示。

$$V'_\pi(s) = \sum_{a,s'} \pi(a|s)p(s'|s,a)\left\{r(s,a,s') + \gamma V_\pi(s')\right\} \tag{6.7}$$

公式（6.7）使用「下一個狀態的價值函數」更新「目前狀態的價值函數」。此時，重點在於考量到所有狀態轉移。DP 法的特色是比 MC 法明確（**圖 6-1**）。

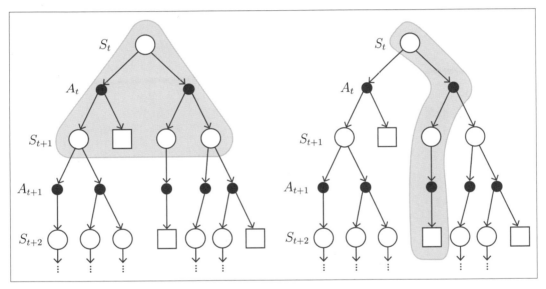

圖 6-1　比較 DP 法（左圖）與 MC 法（右圖）

圖 6-1 繪製了從狀態 S_t 開始轉移到所有狀態的過程。DP 法是使用下一個價值函數的估計值，更新目前價值函數的估計值，這個原理稱作「拔靴法（Bootstrapping）」。然而，MC 法是根據實際獲得的經驗，更新目前的價值函數。**圖 6-2** 的 TD 法是結合這兩種手法的方法。

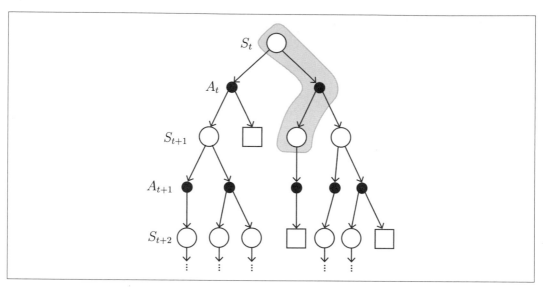

圖 6-2　TD 法的概念

如**圖 6-2** 所示，TD 法只使用下一個行動與價值函數更新目前的價值函數，這裡的重點有以下兩點。

- 和 DP 法一樣，可以利用拔靴法，逐次更新價值函數

- 和 MC 法一樣，不需要與環境有關的知識，使用取樣資料就能更新價值函數

接下來要從公式導出 TD 法。首先從以下公式開始說明。

$$v_\pi(s) = \sum_{a,s'} \pi(a|s)p(s'|s,a) \left\{ r(s,a,s') + \gamma v_\pi(s') \right\} \tag{6.6}$$

$$= \mathbb{E}_\pi[R_t + \gamma v_\pi(S_{t+1})|S_t = s] \tag{6.8}$$

公式（6.6）計算與所有選項有關的獎勵及價值函數 $r(s,a,s') + \gamma v_\pi(s')$。以期望值 $\mathbb{E}_\pi$ 的形式改寫此公式，就變成公式（6.8）。TD 法使用公式（6.8）更新價值函數時，利用樣本資料趨近 $R_t + \gamma v_\pi(S_{t+1})$。TD 法的更新公式如下所示。

$$V'_\pi(S_t) = V_\pi(S_t) + \alpha \left\{ R_t + \gamma V_\pi(S_{t+1}) - V_\pi(S_t) \right\} \tag{6.9}$$

公式（6.9）的 V_π 是價值函數的估計值，目的地（目標）是 $R_t + \gamma V_\pi(S_{t+1})$。這個目的地 $R_t + \gamma V_\pi(S_{t+1})$ 稱作 **TD 目標**。TD 法是往 TD 目標的方向更新 $V_\pi(S_t)$。

 這裡使用了下一步的資料當作 TD 目標。擴大這個概念，可以使用 n 步後的資料，如 2 步、3 步後的資料，這稱作「n 步 TD 法」。「附錄 B n 步 TD 法」將進一步說明這個部分，有興趣的讀者可以當作參考。

6.1.2　比較 MC 法與 TD 法

不知道環境模型時，可以使用的工具包括 MC 法與 TD 法兩種。這裡的問題是，該使用 MC 法？還是 TD 法？或哪一種方法的效果比較好？連續性任務無法使用 MC 法，所以選擇 TD 法。可是，回合制任務該如何選擇？可惜，沒有任何一個理論可以證明，哪一種方法在任何情況下都有較好的結果。不過現實生活中的多數問題都是 TD 法的學習速度較快（可以快速更新價值函數），只要檢視 MC 法與 TD 法以何者為目標，結果就一目瞭然（**圖 6-3**）。

【MC 法】　$V'_\pi(S_t) = V_\pi(S_t) + \alpha \left\{ G_t - V_\pi(S_t) \right\}$

【TD 法】　$V'_\pi(S_t) = V_\pi(S_t) + \alpha \left\{ R_t + \gamma V_\pi(S_{t+1}) - V_\pi(S_t) \right\}$

圖 6-3　比較 MC 法與 TD 法

如**圖 6-3** 所示，MC 法是以 G_t 為目標，往該方向更新 V_π。G_t 是抵達終點後，獲得收益的樣本資料。然而，TD 法的目標是根據下一步的資料進行計算。TD 法可以在每次時間往下一步時，更新價值函數，因而能有效率地進行學習。

MC 法的目標是長時間累積得到的結果，該值的「分散程度」大，也就是變異數（variance）大。然而，TD 方法是以下一步資料為基礎，所以變動幅度小，如**圖 6-4** 所示。

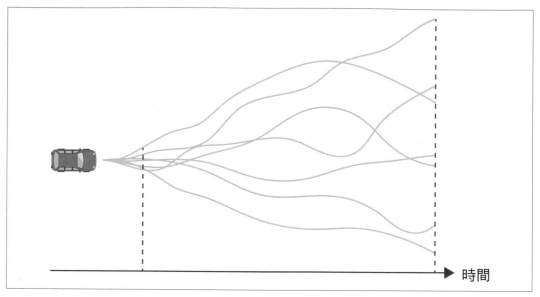

圖 6-4 隨時間累積,「分散程度」變大的示意圖

圖 6-4 繪製了汽車的移動狀態。汽車往前進,駕駛會隨機向右或向左轉動方向盤(或不動)。延伸的許多線條代表著有多種可能性。這裡要注意的是,隨著時間累積,移動目標的變動程度會變大。這個概念也可以套用在 MC 法與 TD 法的目標。MC 法的目標會隨著時間累積,而讓變異數變大。然而,TD 法的目標(=TD 目標)是以下一步的時間為基礎,因此變異數小。

TD 目標是 $R_t + \gamma V_\pi(S_{t+1})$,在 TD 目標中,使用了估計值 V_π。TD 法是「以估計值更新估計值」,也就是拔靴法。TD 目標含有估計值,並非正確值,專業術語稱作「偏差(bias)」,每次重複更新時,該偏差就會縮小,最後變成 0。可是 MC 法的目標沒有包含估計值,亦即 MC 法的目標「沒有偏差(bias)」。

6.1.3 建置 TD 法

接下來要建置 TD 法。針對擁有隨機策略的代理人,使用 TD 法評估策略,程式碼如下所示。

```python
# ch06/td_eval.py
class TdAgent:
    def __init__(self):
        self.gamma = 0.9
        self.alpha = 0.01
```

```
        self.action_size = 4

        random_actions = {0: 0.25, 1: 0.25, 2: 0.25, 3: 0.25}
        self.pi = defaultdict(lambda: random_actions)
        self.V = defaultdict(lambda: 0)

    def get_action(self, state):
        action_probs = self.pi[state]
        actions = list(action_probs.keys())
        probs = list(action_probs.values())
        return np.random.choice(actions, p=probs)

    def eval(self, state, reward, next_state, done):
        next_V = 0 if done else self.V[next_state]   # 終點的價值函數為 0
        target = reward + self.gamma * next_V

        self.V[state] += (target - self.V[state]) * self.alpha
```

TdAgent 類別與前面建置的代理人類別（第 5 章建置的 McAgent 類別等）有許多共通點。因此，這裡只說明以 TD 法進行策略評估的 eval 方法。連引數也一起顯示的 eval 方法為 eval(self, state, reward, next_state, done)，以狀態 state 採取行動 action，得到獎勵 reward，進入下一個狀態 next_state 時，會呼叫這個方法。此外，以引數取得代表回合是否結束（next_state 是否為終點）的旗標 done。

 價值函數是將來得到的獎勵總和。由於接下來沒有任何東西，所以終點的價值函數始終為 0。

接著要讓代理人實際採取行動，進行策略評估。這次將執行 1000 回合，程式碼如下所示。

ch06/td_eval.py

```
env = GridWorld()
agent = TdAgent()

episodes = 1000
for episode in range(episodes):
    state = env.reset()

    while True:
        action = agent.get_action(state)
        next_state, reward, done = env.step(action)
```

```
        agent.eval(state, reward, next_state, done) # 每回呼叫
        if done:
            break
        state = next_state

env.render_v(agent.V)
```

這個程式碼與上一章 MC 法的程式碼（ch05/mc_eval.py）幾乎一樣，主要差別在於，每次呼叫代理人的 eval 方法。TD 法是時間每前進一步就更新，而 MC 法是抵達終點時，才會呼叫 eval 方法。執行上述程式碼，結果如下所示。

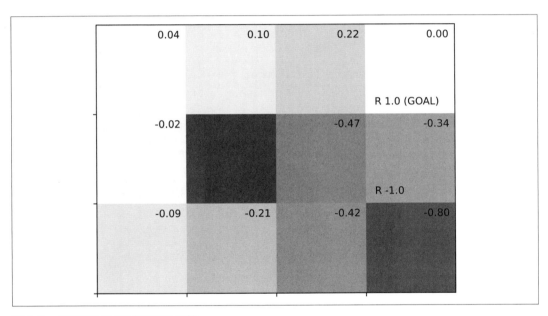

圖 6-5　使用 TD 法得到的價值函數

如圖 6-5 所示，我們對擁有隨機策略的代理人進行了價值函數評估。這個結果大致正確，我們使用 TD 法成功進行了策略評估。

6.2 SARSA

上一節使用 TD 法進行了策略評估。完成策略評估後，接著是策略控制（這個流程我們已經說明過許多次）。這裡同樣重複進行評估與改善的流程，趨近最佳策略。這次要加入「線上策略」的 SARSA 手法。SARSA 的唸法是「薩爾沙」。

「5.5 離線策略與重點取樣」說明過，策略控制的手法分成線上策略與離線策略兩種。這一節要說明線上策略，下一節開始將介紹離線策略。

6.2.1 線上策略 SARSA

上一節評估了價值函數 $V_\pi(s)$。進行策略控制時，必須以 $Q_\pi(s, a)$ 為對象而不是 $V_\pi(s)$。在改善階段，要將策略貪婪化，$V_\pi(s)$ 需要環境模型。然而，如果是 $Q_\pi(s, a)$，可以利用以下方式進行計算，不需要環境模型。

$$\mu(s) = \underset{a}{\operatorname{argmax}}\, Q_\pi(s, a)$$

這個部分已經在「5.4.1 評估與改善」說明過。

上一節導出與價值函數 $V_\pi(s)$ 有關的 TD 法，其更新公式為公式（6.9）。

$$V_\pi'(S_t) = V_\pi(S_t) + \alpha\left\{R_t + \gamma V_\pi(S_{t+1}) - V_\pi(S_t)\right\} \tag{6.9}$$

接著要更改 TD 法，從狀態價值函數 $V_\pi(S_t)$ 變成行動價值函數 $Q_\pi(S_t, A_t)$。因此將公式（6.9）的 $V_\pi(S_t)$ 改成 $Q_\pi(S_t, A_t)$，$V_\pi(S_{t+1})$ 改成 $Q_\pi(S_{t+1}, A_{t+1})$。

$$Q_\pi'(S_t, A_t) = Q_\pi(S_t, A_t) + \alpha\left\{R_t + \gamma Q_\pi(S_{t+1}, A_{t+1}) - Q_\pi(S_t, A_t)\right\} \tag{6.10}$$

公式（6.10）是以 Q 函數為對象的 TD 法更新公式。接下來要說明線上策略的策略控制方法。線上策略的代理人只有一個策略，正確來說，實際採取行動的策略（＝行動策略）與進行評估、改善的策略（＝目標策略）一致。

線上策略的行為策略與目標策略相同，所以在改善階段，無法完全貪婪化，不能進行「探索」，因此（妥協）使用 ε-貪婪法，這樣不僅可以進行「探索」，通常也能進行貪婪行動。

這裡假設代理人根據策略 π 採取行動。具體而言是在時間 t 與 $t+1$ 採取了**圖 6-6** 的行動。

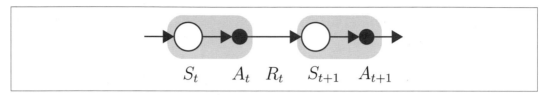

圖 6-6 時間 t 與 $t+1$ 的狀態與行動轉移

Q 函數把狀態與行動的資料組合當作一個單位。因此**圖 6-6** 將時間 t 的狀態與行動的資料組合顯示為 (S_t, A_t)，下一個時間的資料組合顯示為 (S_{t+1}, A_{t+1})，並建立群組。如果獲得如**圖 6-6** 的資料 $(S_t, A_t, R_t, S_{t+1}, A_{t+1})$，可以根據公式（6.10）立刻更新 $Q_\pi(S_t, A_t)$，完成更新時，即可立即進入「改善」階段。這個例子更新了 $Q_\pi(S_t, A_t)$，可能會更改狀態 S_t 的策略。具體而言，可以按照以下方式更新狀態 S_t 的策略。

$$\pi'(a|S_t) = \begin{cases} \underset{a}{\mathrm{argmax}}\ Q_\pi(S_t, a) & (1-\varepsilon\ \text{的機率}) \\ \text{隨機行動} & (\varepsilon\ \text{的機率}) \end{cases} \tag{6.11}$$

如公式（6.11）所示，有 ε 的機率選擇隨機行動，其餘選擇貪婪行動。利用貪婪行動改善策略，以隨機行動進行探索。使用 ε-貪婪法更新在狀態 S_t 選擇行動的方法。

持續交替使用公式（6.10）進行評估，使用公式（6.11）進行更新，藉此取得接近最佳策略的策略。這種演算法就是 SARSA，此名稱源自 TD 法使用的資料 $(S_t, A_t, R_t, S_{t+1}, A_{t+1})$ 的第一個字母。

6.2.2　建置 SARSA

接下來要建置 SARSA。這裡先建置 SarsaAgent 類別，如下所示。

ch06/sarsa.py

```python
from collections import defaultdict, deque
import numpy as np
from common.utils import greedy_probs

class SarsaAgent:
    def __init__(self):
        self.gamma = 0.9
        self.alpha = 0.8
```

```python
        self.epsilon = 0.1
        self.action_size = 4

        random_actions = {0: 0.25, 1: 0.25, 2: 0.25, 3: 0.25}
        self.pi = defaultdict(lambda: random_actions)
        self.Q = defaultdict(lambda: 0)
        self.memory = deque(maxlen=2)  # ①使用 deque

    def get_action(self, state):
        action_probs = self.pi[state]  # ②從 pi 選擇
        actions = list(action_probs.keys())
        probs = list(action_probs.values())
        return np.random.choice(actions, p=probs)

    def reset(self):
        self.memory.clear()

    def update(self, state, action, reward, done):
        self.memory.append((state, action, reward, done))
        if len(self.memory) < 2:
            return

        state, action, reward, done = self.memory[0]
        next_state, next_action, _, _ = self.memory[1]
        # ③下一個 Q 函數
        next_q = 0 if done else self.Q[next_state, next_action]

        # ④使用 TD 法更新
        target = reward + self.gamma * next_q
        self.Q[state, action] += (target - self.Q[state, action]) * self.alpha

        # ⑤改善策略
        self.pi[state] = greedy_probs(self.Q, state, self.epsilon)
```

SarsaAgent 類別與前面建置的代理人類別有許多共通之處，以下將依序說明程式碼的 ①～⑤。

1. 這裡使用 Python 標準函式庫 collections.deque。deque 的用法和清單一樣。如果加入的元素超過設定的最大元素數（maxlen），根據「First in First out（先進先出）」的原則，將刪除最舊的元素。使用 deque 可以只保留最近的兩個經驗資料。

2. SarsaAgent 類別是線上策略，因此只有一個策略。get_action(self, state) 方法會取出一個 state 中的行動，該行動是從策略 self.pi 中選擇的。

3. 如果 done 旗標為 True，代表已經抵達終點。終點的 Q 函數始終為 0，因為 Q 函數是未來可以獲得的獎勵總和，抵達終點代表前面空無一物。

4. 使用 SARSA 的公式（6.10）更新 self.Q。

5. 使用上一章建置的 greedy_probs 函數改善策略。這樣策略 self.pi 在狀態 state 的行動會變成 ε-貪婪法。

接下來將試著執行 SarsaAgent 類別。和前面一樣，同樣要挑戰「3×4 網格世界」的任務。這裡將進行 10000 回合的學習，最後利用 env.render_q(agent.Q) 把 Q 函數視覺化，程式碼如下所示。

ch06/sarsa.py

```python
env = GridWorld()
agent = SarsaAgent()

episodes = 10000
for episode in range(episodes):
    state = env.reset()
    agent.reset()

    while True:
        action = agent.get_action(state)
        next_state, reward, done = env.step(action)

        agent.update(state, action, reward, done)  # 每回合呼叫

        if done:
            # 抵達終點時也呼叫
            agent.update(next_state, None, None, None)
            break
        state = next_state

env.render_q(agent.Q)
```

這裡的重點是，呼叫 agent.update 方法的時機，亦即在 while 迴圈中，每次都會呼叫該方法。此外，agent.update 方法每呼叫兩次，才更新策略。因此，抵達終點時，會以 agent.update(next_state, None, None, None) 的形式，追加呼叫一次。執行上述程式碼，結果如下所示。

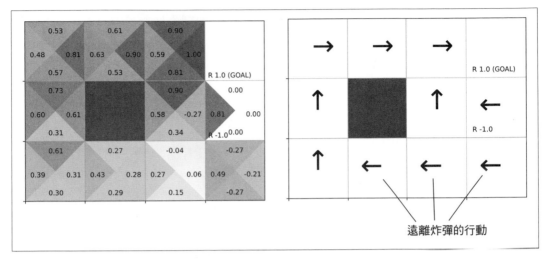

圖 6-7　使用 SARSA 得到的結果

圖 6-7 的結果隨著每次執行而不同，通常會得到好結果。圖 6-7 的策略只用箭頭顯示貪婪行動，不過其中會加入隨機行動 ε。由於策略有隨機性，因而會看到採取盡量遠離炸彈的行動。以上完成線上策略的 SARSA 的建置。

6.3　離線策略 SARSA

上一節建置了線上策略 SARSA，接著要說明離線策略。通常這裡出現的是「Q 學習」，但是本書先導出「離線策略 SARSA」，之後再進入「Q 學習」。

6.3.1　離線策略與重點取樣

離線策略的代理人有行為策略與目標策略兩種策略。在行為策略中，代理人會採取多種行動，廣泛收集樣本資料，並使用該樣本資料貪婪化更新目標策略。此時必須注意以下幾點。

- 行為策略與目標策略的機率分布愈相似，結果愈穩定。基於這一點，針對目前的 Q 函數，以 ε-貪婪法更新行為策略，以貪婪化更新目標策略。
- 由於兩種策略不同，所以使用重點取樣，藉由權重 ρ 進行調整。

接著我們將具體說明其內容。假設我們要更新 $Q_\pi(S_t, A_t)$，此時 SARSA 的更新公式如下。

$$Q'_\pi(S_t, A_t) = Q_\pi(S_t, A_t) + \alpha \left\{ R_t + \gamma Q_\pi(S_{t+1}, A_{t+1}) - Q_\pi(S_t, A_t) \right\} \tag{6.10}$$

以下是對應更新公式的備份圖。

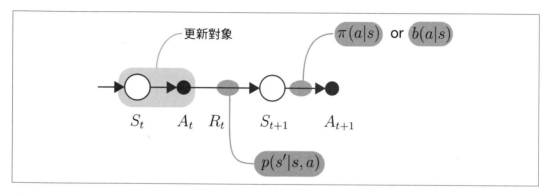

圖 6-8　對應 SARSA 更新公式的備份圖

如**圖 6-8** 所示，更新對象為資料組合 (S_t, A_t)，我們可以隨意選擇更新對象 (S_t, A_t)。根據選擇的資料組合，思考下一個時間 $t+1$ 的轉移。此時，透過環境的狀態轉移機率 $p(s'|s, a)$ 取樣下一個狀態 S_{t+1}。狀態 S_{t+1} 選擇的行動是按照目標策略 π（或行為策略 b）取樣。接著使用取得的樣本資料，根據公式（6.10）更新 $Q_\pi(S_t, A_t)$。此時，若要清楚顯示是依照策略 π 選擇行動，可以寫出以下的 SARSA 更新公式。

$$\text{sampling} : A_{t+1} \sim \pi$$

$$Q'_\pi(S_t, A_t) = Q_\pi(S_t, A_t) + \alpha \left\{ R_t + \gamma Q_\pi(S_{t+1}, A_{t+1}) - Q_\pi(S_t, A_t) \right\} \tag{6.12}$$

公式（6.12）表示往 $R_t + \gamma Q_\pi(S_{t+1}, A_{t+1})$ 的方向更新 $Q_\pi(S_t, A_t)$。$R_t + \gamma Q_\pi(S_{t+1}, A_{t+1})$ 稱作「TD 目標」。

接著要思考依照策略 b 取樣行動 A_{t+1}。此時，使用權重 ρ 調整 TD 目標（＝重點取樣）。權重 ρ 是「策略為 π 時，獲得 TD 目標的機率」與「策略為 b 時，獲得 TD 目標的機率」之比例，公式如下所示。

$$\rho = \frac{\pi(A_{t+1}|S_{t+1})}{b(A_{t+1}|S_{t+1})}$$

因此，離線策略 SARSA 的更新公式如下。

$$\text{sampling} : A_{t+1} \sim b$$

$$Q'_\pi(S_t, A_t) = Q_\pi(S_t, A_t) + \alpha \left\{ \rho \Big(R_t + \gamma Q_\pi(S_{t+1}, A_{t+1}) \Big) - Q_\pi(S_t, A_t) \right\} \qquad (6.13)$$

如上述公式所示，按照策略 b 取樣行動，利用權重 ρ 調整 TD 目標。

6.3.2　建置離線策略 SARSA

以下將建置離線策略 SARSA，程式碼如下所示。

ch06/sarsa_off_policy.py

```python
class SarsaOffPolicyAgent:
    def __init__(self):
        self.gamma = 0.9
        self.alpha = 0.8
        self.epsilon = 0.1
        self.action_size = 4

        random_actions = {0: 0.25, 1: 0.25, 2: 0.25, 3: 0.25}
        self.pi = defaultdict(lambda: random_actions)
        self.b = defaultdict(lambda: random_actions)
        self.Q = defaultdict(lambda: 0)
        self.memory = deque(maxlen=2)

    def get_action(self, state):
        action_probs = self.b[state]    # ①從行為策略取得
        actions = list(action_probs.keys())
        probs = list(action_probs.values())
        return np.random.choice(actions, p=probs)

    def reset(self):
        self.memory.clear()

    def update(self, state, action, reward, done):
        self.memory.append((state, action, reward, done))
        if len(self.memory) < 2:
            return

        state, action, reward, done = self.memory[0]
        next_state, next_action, _, _ = self.memory[1]

        if done:
            next_q = 0
```

```
        rho = 1
    else:
        next_q = self.Q[next_state, next_action]
        # ②計算權重 rho
        rho = self.pi[next_state][next_action] / self.b[next_state][next_action]

    # ③利用 rho 調整 TD 目標
    target = rho * (reward + self.gamma * next_q)
    self.Q[state, action] += (target - self.Q[state, action]) * self.alpha
    # ④改善每個策略
    self.pi[state] = greedy_probs(self.Q, state, 0)
    self.b[state] = greedy_probs(self.Q, state, self.epsilon)
```

以下將說明上述程式碼的①～④。

1. 在取出行動的 `get_action` 方法中，由 `self.b` 的機率分布取出行動。

2. 利用重點取樣計算權重 rho。根據目標策略 `self.pi` 與行為策略 `self.b` 的機率比例，計算權重 rho。

3. 函數的更新對象 TD 目標（`target`）乘以權重 rho。

4. 目標策略 `self.pi` 進行貪婪化改善，行為策略 `self.b` 進行 ε-貪婪法更新。

接著要使用這裡建置的 `SarsaOffPolicyAgent` 類別，解決網格世界的問題。移動代理人的程式碼和上一節一樣，因此下面只顯示結果。

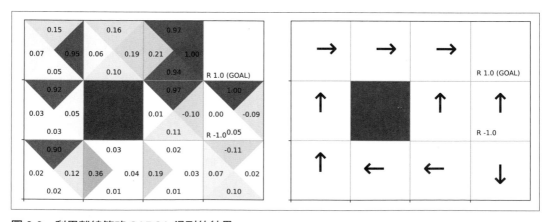

圖 6-9　利用離線策略 SARSA 得到的結果

每次執行的結果都不同。檢視**圖 6-9** 的結果，似乎仍有改善空間。這樣就完成離線策略 SARSA 的建置工作，接下來要說明方法。

6.4　Q 學習

上一節建置了離線策略 SARSA。因為是離線策略,所以代理人有行為策略與目標策略兩個策略。這兩個策略的功用不同,行為策略可以進行「探索」,目標策略可以進行「利用」,這樣(順利的話)就能獲得最佳策略。可是離線策略 SARSA 必須使用重點取樣,如果可以,最好盡量避免使用重點取樣。

重點取樣有結果容易變得不穩定的問題。尤其兩個策略的機率分布愈不相同,重點取樣的權重 ρ 愈會大幅變動,SARSA 更新公式的目標也會因此改變,所以 Q 函數的更新會變得不穩定。

Q 學習(Q-learning) 可以解決這個問題。Q 學習有以下三個特色。

- TD 法
- 離線策略
- 不使用重點取樣

導出 Q 學習之前,我們先確認「貝爾曼方程式」與 SARSA 的關係。之後以「貝爾曼最佳方程式」的形式導出 Q 學習。先由貝爾曼方程式導出 SARSA,再由貝爾曼最佳方程式導出 Q 學習(**圖 6-10**)。

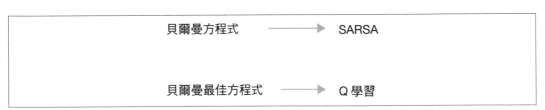

圖 6-10　貝爾曼方程式與 SARSA 的關係(上圖);貝爾曼最佳方程式與 Q 學習的關係(下圖)

6.4.1　貝爾曼方程式與 SARSA

以下先檢視 SARSA 與貝爾曼方程式的關係。這裡複習一下,假設策略 π 的 Q 函數為 $q_\pi(s, a)$,我們可以用以下公式表示貝爾曼方程式。

$$q_\pi(s,a) = \sum_{s'} p(s'|s,a) \left\{ r(s,a,s') + \gamma \sum_{a'} \pi(a'|s') q_\pi(s',a') \right\}$$

貝爾曼方程式有以下兩個重點。

- 根據環境的狀態轉移機率 $p(s'|s, a)$ 思考「下一步的所有狀態轉移」

- 根據代理人的策略 π 思考「下一步的所有行動」

檢視以下備份圖會更清楚。

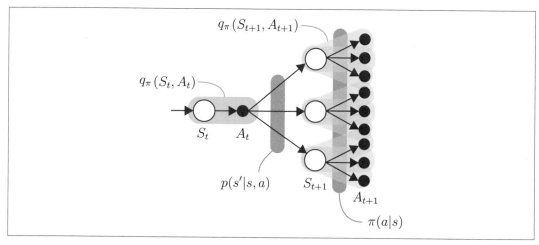

圖 6-11　Q 函數的貝爾曼方程式備份圖

如圖 6-11 所示，貝爾曼方程式考慮到下一個狀態與下一個行動的所有選項。根據這張圖來檢視 SARSA，可以把 SARSA 當作貝爾曼方程式的「取樣版」。「取樣版」是指使用某一個取樣資料，而不是所有的轉移狀態。SARSA 的備份圖如圖 6-12 所示。

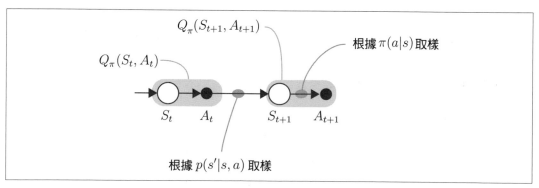

圖 6-12　SARSA 的備份圖

如**圖 6-12** 所示，SARSA 根據 $p(s'|s, a)$ 取樣下一個狀態 S_{t+1}，根據 $\pi(a|s)$ 取樣下一個行動 A_{t+1}。此時，SARSA 的 TD 目標為 $R_t + \gamma Q_\pi(S_{t+1}, A_{t+1})$，往這個目標的方向稍微更新 Q 函數。

接下來將進入主題。如果貝爾曼方程式對應的是 SARSA，那麼與貝爾曼**最佳**方程式對應的方法是？沒錯，就是 Q 學習！

6.4.2 貝爾曼最佳方程式與 Q 學習

在「4.5 價值迭代法」中，我們學習了價值迭代法。價值迭代法是把獲得最佳策略的「評估」與「改善」兩個階段整合成一個的手法。價值迭代法的重點是，根據貝爾曼最佳方程式，重複一個更新公式，藉此取得最佳策略。以下將思考依照貝爾曼最佳方程式更新，且將其變成「取樣版」的方法。

以下先檢視 Q 函數的貝爾曼最佳方程式。我們可以用下面的公式表示貝爾曼最佳方程式。

$$q_*(s, a) = \sum_{s'} p(s'|s, a) \left\{ r(s, a, s') + \gamma \max_{a'} q_*(s', a') \right\}$$

這裡以 $q_*(s, a)$ 表示最佳策略 π_* 的 Q 函數。貝爾曼最佳方程式與貝爾曼方程式不同，會使用 max 運算子。以備份圖顯示貝爾曼最佳方程式的結果如下。

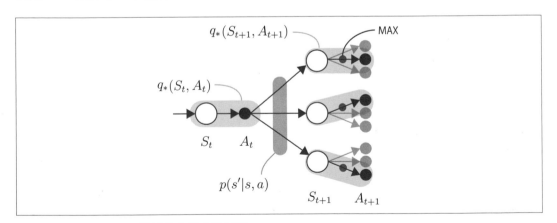

圖 6-13 Q 函數的貝爾曼最佳方程式備份圖

如圖 6-13 所示，行動 A_{t+1} 的 Q 函數為最大。接著將圖 6-13 改寫成「取樣版」。

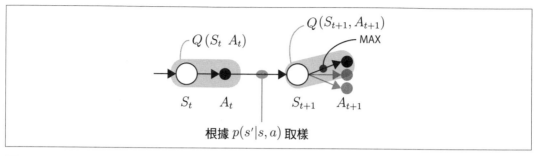

圖 6-14 取樣版貝爾曼方程式的備份圖

圖 6-14 使 用 的 方 法 是 Q 學 習。 在 Q 學 習 中， 估 計 值 $Q(S_t, A_t)$ 的 目 標 是 $R_t + \gamma \max_a Q(S_{t+1}, a)$，往這個目標方向更新 Q 函數，公式如下。

$$Q'(S_t, A_t) = Q(S_t, A_t) + \alpha \left\{ R_t + \gamma \max_a Q(S_{t+1}, a) - Q(S_t, A_t) \right\} \tag{6.14}$$

根據公式（6.14）重複更新 Q 函數，藉此趨近**最佳策略**的 Q 函數。

圖 6-14 的重點是（再次強調）依照 Q 函數的最大值選擇行動 A_{t+1}。不是根據某個策略取樣，而是利用 max 運算子選擇行動 A_{t+1}，因此（雖然是離線策略方法）不需要以重點取樣進行調整。

這裡歸納一下 Q 學習的重點。Q 學習是一種離線策略的方法，有目標策略與行為策略兩個策略，行為策略 b 進行「探索」，常用的行為策略是將目前的估計值 Q 函數經過 ε-貪婪化的策略。決定行為策略後，再按照該策略選擇行動，收集樣本資料。每次代理人採取行動時，根據公式（6.14）更新函數。以上就是 Q 學習。

6.4.3 建置 Q 學習

接著要建置 Q 學習，程式碼如下。

ch06/q_learning.py

```python
from collections import defaultdict
import numpy as np
from common.gridworld import GridWorld
from common.utils import greedy_probs

class QLearningAgent:
```

```python
    def __init__(self):
        self.gamma = 0.9
        self.alpha = 0.8
        self.epsilon = 0.1
        self.action_size = 4

        random_actions = {0: 0.25, 1: 0.25, 2: 0.25, 3: 0.25}
        self.pi = defaultdict(lambda: random_actions)
        self.b = defaultdict(lambda: random_actions)  # 行為策略
        self.Q = defaultdict(lambda: 0)

    def get_action(self, state):
        action_probs = self.b[state]  # 從行為策略取得
        actions = list(action_probs.keys())
        probs = list(action_probs.values())
        return np.random.choice(actions, p=probs)

    def update(self, state, action, reward, next_state, done):
        if done:
            next_q_max = 0
        else:
            next_qs = [self.Q[next_state, a] for a in range(self.action_size)]
            next_q_max = max(next_qs)

        target = reward + self.gamma * next_q_max
        self.Q[state, action] += (target - self.Q[state, action]) * self.alpha

        self.pi[state] = greedy_probs(self.Q, state, epsilon=0)
        self.b[state] = greedy_probs(self.Q, state, self.epsilon)
```

這裡要注意的部分是 update(self, state, action, reward, next_state, done) 的引數。Q 學習可以只用 state、action、reward、next_state、done 五個資訊更新 Q 函數，在 update 方法中，取出下一個狀態的 Q 函數最大值，接著根據最佳方程式，按照公式（6.14）更新 Q 函數。如果更新了 Q 函數，行為策略 self.b 會更新為 ε-貪婪策略，目標策略 self.pi 則更新為貪婪策略。

接著要執行 QLearningAgent 類別，程式碼如下。

ch06/q_learning.py

```python
env = GridWorld()
agent = QLearningAgent()

episodes = 10000
for episode in range(episodes):
    state = env.reset()
```

```
    while True:
        action = agent.get_action(state)
        next_state, reward, done = env.step(action)

        agent.update(state, action, reward, next_state, done)
        if done:
            break
        state = next_state

    env.render_q(agent.Q)
```

執行上述程式碼，繪製出 Q 函數的值與代理人的目標策略，結果如下。

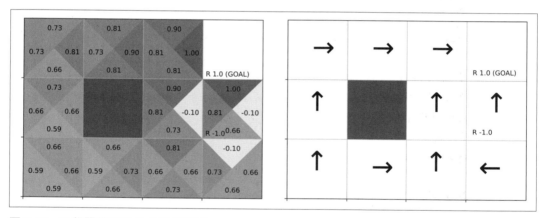

圖 6-15　Q 學習獲得的 Q 函數與策略

如圖 6-15 所示。每次的執行結果都不同，但是通常會得到最佳策略。圖 6-15 的結果也是最佳策略。這樣就完成 Q 學習的建置工作。

6.5　分布模型與樣本模型

前面我們學習了 TD 法，具體的演算法包括 SARSA 與 Q 學習。本章要說明的強化學習演算法已經結束，這個小節將補充說明建置代理人的方法。首先要介紹與建置代理人的方法有關的「分布模型」與「樣本模型」。截至目前為止，這一章建置的是分布模型，但是樣本模型比分布模型更容易建置。

6.5.1 分布模型與樣本模型

產生隨機行為的方法包括「分布模型」與「樣本模型」。在「5.1 蒙地卡羅法的基本知識」說明過，與環境有關的模型包括分布模型與樣本模型，同樣的概念也能套用在代理人上。我們可以透過「分布模型」或「樣本模型」其中一種方式，來建置決定代理人行動的方法。

分布模型是明確維持機率分布的模型。假設以分布模型建置隨機行動的代理人時，結果如下。

```python
from collections import defaultdict
import numpy as np

class RandomAgent:
    def __init__(self):
        random_actions = {0: 0.25, 1: 0.25, 2: 0.25, 3: 0.25}  # 機率分布
        self.pi = defaultdict(lambda: random_actions)

    def get_action(self, state):
        action_probs = self.pi[state]
        actions = list(action_probs.keys())
        probs = list(action_probs.values())
        return np.random.choice(actions, p=probs)  # 取樣
```

如上所示，每個狀態的行動機率分布是 `self.pi`。實際採取行動時，使用該機率分布取樣，這是以分布模型建置代理人的方法，明確維持機率分布就是分布模型的特色。

除了分布模型之外，另一種建置方法是樣本模型。樣本模型唯一的條件是可以取樣，不需要機率分布，所以比分布模型簡單。假設代理人採取隨機行動，可以按照以下方式建置樣本模型。

```python
class RandomAgent:
    def get_action(self, state):
        return np.random.choice(4)
```

這裡沒有機率分布，只是從四個行動中，隨機選擇一個行動。這個程式碼也可以建置採取隨機行動的代理人，由於不需要有明確的機率分布，因而能用較少的程式碼表示。

6.5.2 樣本模型版的 Q 學習

接下來要說明 Q 學習。首先從上一節建置的 Q 學習開始複習。當時我們把代理人建置為分布模型,以下再次顯示該程式碼。

```python
from collections import defaultdict
import numpy as np
from common.utils import greedy_probs

class QLearningAgent:
    def __init__(self):
        self.gamma = 0.9
        self.alpha = 0.8
        self.epsilon = 0.1
        self.action_size = 4

        random_actions = {0: 0.25, 1: 0.25, 2: 0.25, 3: 0.25}
        self.pi = defaultdict(lambda: random_actions)  # 目標策略
        self.b = defaultdict(lambda: random_actions)   # 行為策略
        self.Q = defaultdict(lambda: 0)

    def get_action(self, state):
        action_probs = self.b[state]
        actions = list(action_probs.keys())
        probs = list(action_probs.values())
        return np.random.choice(actions, p=probs)

    def update(self, state, action, reward, next_state, done):
        if done:
            next_q_max = 0
        else:
            next_qs = [self.Q[next_state, a] for a in range(self.action_size)]
            next_q_max = max(next_qs)

        target = reward + self.gamma * next_q_max
        self.Q[state, action] += (target - self.Q[state, action]) * self.alpha

        # pi 是貪婪法,b 是 ε-貪婪法
        self.pi[state] = greedy_probs(self.Q, state, epsilon=0)
        self.b[state] = greedy_probs(self.Q, state, self.epsilon)
```

這個程式碼要注意的地方是 self.pi 與 self.b 兩個策略。這兩個策略維持機率分布,因此屬於分布模型。此外,還要注意 update 方法中,更新 self.pi 與 self.b 的部分。

update 方法會更新策略 state 的機率分布。self.pi 是以貪婪化方式更新 Q 函數（self.Q）的策略，而 self.b 是以 ε-貪婪化更新 Q 函數的策略。

建置樣本模型之前，需要簡化上述程式碼當作準備工作，更改的部分有以下兩點。

- 刪除 self.pi

- 在 get_action 方法中更新 self.b

說明之前，先顯示以下程式碼。

```python
class QLearningAgent:
    def __init__(self):
        self.gamma = 0.9
        self.alpha = 0.8
        self.epsilon = 0.1
        self.action_size = 4

        random_actions = {0: 0.25, 1: 0.25, 2: 0.25, 3: 0.25}
        # self.pi = ...  # 不使用 self.pi
        self.b = defaultdict(lambda: random_actions)
        self.Q = defaultdict(lambda: 0)

    def get_action(self, state):
        # 在此時進行 ε-貪婪化
        self.b[state] = greedy_probs(self.Q, state, self.epsilon)

        action_probs = self.b[state]
        actions = list(action_probs.keys())
        probs = list(action_probs.values())
        return np.random.choice(actions, p=probs)

    def update(self, state, action, reward, next_state, done):
        if done:
            next_q_max = 0
        else:
            next_qs = [self.Q[next_state, a] for a in range(self.action_size)]
            next_q_max = max(next_qs)

        target = self.gamma * next_q_max + reward
        self.Q[state, action] += (target - self.Q[state, action]) * self.alpha
```

首先刪除目標策略 self.pi。self.pi 是以貪婪化更新 Q 函數（self.Q）的策略，之前每次呼叫 update 方法時，都會進行更新。但是目前其他程式碼不需要 self.pi，所以可以把 self.pi 刪除。如果需要目標策略，只要在必要時，將 Q 函數貪婪化即可。

接著是行為策略 self.b。前面的程式碼在 update 方法更新了 self.b，這裡改成呼叫 get_action 方法時，才更新 self.b。self.b 是以 ε-貪婪化更新 Q 函數的策略，只要有 Q 函數，隨時都可以建立 self.b。

接下來要將上面的程式碼改成「樣本模型」，程式碼如下。

ch06/q_learning_simple.py

```python
class QLearningAgent:
    def __init__(self):
        self.gamma = 0.9
        self.alpha = 0.8
        self.epsilon = 0.1
        self.action_size = 4
        self.Q = defaultdict(lambda: 0)

    def get_action(self, state):
        if np.random.rand() < self.epsilon:
            return np.random.choice(self.action_size)
        else:
            qs = [self.Q[state, a] for a in range(self.action_size)]
            return np.argmax(qs)

    def update(self, state, action, reward, next_state, done):
        if done:
            next_q_max = 0
        else:
            next_qs = [self.Q[next_state, a] for a in range(self.action_size)]
            next_q_max = max(next_qs)

        target = self.gamma * next_q_max + reward
        self.Q[state, action] += (target - self.Q[state, action]) * self.alpha
```

上一次更改的部分是刪除行為策略 self.b，並且在 get_action 方法中，直接使用 Q 函數選擇 ε-貪婪化的行動，而不使用 self.b。具體而言，以 self.epsilon（=0.1）的機率選擇隨機行動，其餘選擇 Q 函數值為最大的行動，這樣就可以進行 ε-貪婪化的行動選擇。

如你所見，上述程式碼並沒有讓策略維持為機率分布（正確來說，不保留策略本身），這就是建置為樣本模型的方式。由於不需要保留機率分布，所以能輕易完成建置。下一章開始要使用類神經網路擴大 Q 學習，但是仍會以這裡介紹的樣本模型為基礎來說明。

6.6　重點整理

這一章學習了 TD 法。TD 法（與蒙地卡羅法一樣）是根據代理人實際行動後的結果來評估價值函數。TD 法的特色是只使用「現在」與「下一個」資料更新價值函數。然而，蒙地卡羅法是代理人抵達終點才更新價值函數。因此，我們可以期待 TD 法能更快速地更新價值函數。

TD 法的策略控制有兩個代表性的演算法，一個是 SARSA，另一個是 Q 學習。SARSA（一般而言）屬於線上策略的方法。利用 TD 法評估 Q 函數，以 ε-貪婪化改善策略。藉由 ε-貪婪化進行「探索」與「利用」。此外，SARSA 也可以擴大成離線策略。

這一章根據貝爾曼最佳方程式導出 Q 學習，Q 學習屬於離線策略的方法，不使用重點取樣，即可更新 Q 函數。透過 Q 學習，可以有效率又穩定地更新 Q 函數。在強化學習領域，Q 學習是非常重要的演算法，我們終於獲得了這個重要的武器。

第 7 章
類神經網路與 Q 學習

到目前為止，我們只處理狀態與行動規模較小的問題。例如在「3 × 4 網格世界」問題中，只有 12 個狀態與 4 個行動可以選擇，因此 Q 函數全部的選項為 12 × 4＝48 個，這種小型問題可以把 Q 函數儲存成表格（Python 的程式是儲存為字典）。但是，現實中的問題比較複雜，狀態和行動可能有非常多選項。面對這種問題，如果按照前面的方式，把 Q 函數儲存成表格並不實際。

以西洋棋為例，棋子的排列組合有 10 的 123 次方，代表狀態有這麼多數量，實際上不可能把這些狀態都儲存成表格。而且問題是，必須獨立評估與改善表格內的每個元素，要經歷數量如此龐大的狀態非常不切實際。

利用緊湊性函數趨近 Q 函數可以解決這個問題，其中最有效的方法就是深度學習。到目前為止，結合強化學習與深度學習已經有許多創新的成果，因此接下來我們將進入深度強化學習的領域。

這一章將先說明 DeZero 深度學習框架的用法，再使用 DeZero 學習類神經網路的基本知識。之後，利用類神經網路建置上一章已經說明過的 Q 學習。

深度學習是指增加類神經網路的「層數」後的結果。本書在用語方面並未特別區分「深度學習」與「類神經網路」。

7.1 DeZero 的基本知識

接下來的幾個小節將利用程式碼說明類神經網路（深度學習）。首先介紹深度學習的框架，接著解決機器學習的基本問題（線性迴歸），最後建置類神經網路。

本書的主題是「強化學習」，因此接下來要說明的深度學習相關內容僅當作「工具」使用。如果你已經有深度學習方面的知識，可以放心略過，直接進入「7.4 Q 學習與類神經網路」。

本書會使用名為 DeZero 的深度學習框架。DeZero 是這個系列的第三本書《Deep Learning ❸：用 Python 進行深度學習框架的開發實作》製作的框架。

圖 7-1　《Deep Learning ❸：用 Python 進行深度學習框架的開發實作》與 DeZero

DeZero 是以 PyTorch 為基礎，重視「易讀性」所設計的框架，即使你是第一次使用 DeZero 也不用擔心。如果你使用過 PyTorch 或 TensorFlow 等最近出現的深度學習框架，應該可以立刻掌握 DeZero。以下將簡單說明 DeZero 的用法。

本書使用 DeZero 說明深度學習，不過 DeZero 類似 PyTorch 的「方言」，可以輕易把 DeZero 的程式碼改寫成 PyTorch 的程式碼。此外，本書的說明網頁（GitHub）也提供 PyTorch 版的程式碼，如果你想使用 PyTorch，請參考該網頁提供的程式碼。

7.1.1 使用 DeZero

首先要安裝 DeZero。DeZero 可以使用 pip 輸入以下指令進行安裝。

```
$ pip install dezero
```

安裝完畢後,即可使用 DeZero。我們先從 Variable 類別開始檢視,Variable 是封裝 NumPy 多維陣列(np.ndarray)的類別,用法如下。

```
import numpy as np
from dezero import Variable

x_np = np.array(5.0)
x = Variable(x_np)


y = 3 * x ** 2
print(y)
```

執行結果

```
variable(75.0)
```

這裡由 dezero 模組載入 Variable 類別。根據 x = Variable(x_np),x 是 Variable 實例。之後可以像處理一般的 np.ndarray 進行計算。上述程式碼執行 y = 3 * x ** 2 之後,立即得到 75.0 的結果。

接下來要呼叫 backward 方法來計算微分。在上面的程式碼之後,執行以下程式碼。

```
y.backward()
print(x.grad)
```

執行結果

```
variable(30.0)
```

輸出 y 是 Variable 實例,對輸出 y 呼叫 backward 方法,可以執行**誤差反向傳播法 (Backpropagation)**,計算每個變數的微分。此外,上述程式碼執行了 y = 3 * x ** 2 的計算,公式為 $y = 3x^2$。其微分是 $\frac{dy}{dx} = 6x$,因此代入 $x = 5$ 時,結果為 30,與上面一致。

7.1.2 多維陣列（張量）與函數

機器學習很常處理多維陣列（張量）。多維陣列是用來統一處理多個數值（元素）的資料結構。元素的排列有「方向」，該方向稱作「維度」或「軸」。**圖 7-2** 是多維陣列的範例。

圖 7-2　多維陣列

圖 7-2 自左起依序是 0 維陣列、一維陣列、二維陣列，分別稱作「純量」、「向量」、「矩陣」。純量只表示一個數值，向量是沿著一個軸排列數值，矩陣是沿著兩個軸排列數值。此外，多維陣列也稱作張量。此時，**圖 7-2** 的範例自左起依序稱作 0 階張量、一階張量、二階張量。

接著要說明向量的內積。假設有兩個向量，$\mathbf{a} = (a_1, ..., a_n)$ 與 $\mathbf{b} = (b_1, ..., b_n)$，此時向量的內積定義為公式（7.1）。

$$\mathbf{a} \cdot \mathbf{b} = a_1 b_1 + a_2 b_2 + \cdots + a_n b_n \tag{7.1}$$

如公式（7.1）所示，將兩個向量之間對應的元素乘積相加的結果，就是向量的內積。

公式中的顯示方式是，如果為純量，顯示成 a、b，若是向量或矩陣，則以粗體 $\mathbf{a}$、$\mathbf{b}$ 顯示。

最後要說明矩陣乘積。矩陣乘積是按照**圖 7-3** 的步驟進行計算。

$$\overbrace{1 \times 5 + 2 \times 7}$$
$$\begin{pmatrix} 1 & 2 \\ 3 & 4 \end{pmatrix} \begin{pmatrix} 5 & 6 \\ 7 & 8 \end{pmatrix} = \begin{pmatrix} 19 & 22 \\ 43 & 50 \end{pmatrix}$$
$$\mathbf{a} \qquad \mathbf{b} \quad = \quad \mathbf{c}$$

圖 7-3　矩陣乘積的計算方法

如**圖 7-3** 所示，矩陣乘積是計算左側矩陣「水平排列向量」與右側矩陣「垂直排列向量」的內積，結果會儲存在新矩陣對應的元素內。例如 **a** 第一列與 **b** 第一行的計算結果儲存在 **c** 第一列第一行的元素，**a** 第二列與 **b** 第一行的結果儲存在 **c** 第二列第一行的元素內⋯⋯等。

接下來要使用 DeZero 計算向量內積與矩陣乘積。這裡是使用 dezero.functions 套件中的 matmul 函數。

ch07/dezero1.py

```python
import numpy as np
from dezero import Variable
import dezero.functions as F

# 向量內積
a = np.array([1, 2, 3])
b = np.array([4, 5, 6])
a, b = Variable(a), Variable(b)  # 可以省略
c = F.matmul(a, b)
print(c)

# 矩陣乘積
a = np.array([[1, 2], [3, 4]])
b = np.array([[5, 6], [7, 8]])
c = F.matmul(a, b)
print(c)
```

執行結果

```
variable(32)
variable([[19 22]
          [43 50]])
```

這裡要計算向量內積與矩陣乘積，因此和上面一樣以 import dezero.functions as F 載入，就可以把 DeZero 函數當作 F.matmul 使用。向量內積與矩陣乘積都可以使用 F.matmul 函數。

DeZero 函數可以直接處理 np.ndarray 實例（此時，會在 DeZero 內部轉換為 Variable 實例）。因此，上面程式碼中的 a、b，即使沒有明確轉換成 Variable 實例，也能以 np.ndarray 實例的狀態直接輸入 F.matmul()。

此外，使用矩陣或向量進行計算時，最重要的是要注意「形狀」。例如，計算矩陣乘積時，關係如**圖 7-4** 所示。

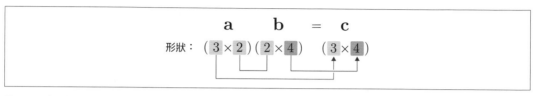

圖 7-4　矩陣乘積要讓對應維度（軸）的元素數一致

在**圖 7-4** 的範例中，3×2 的矩陣 **a** 與 2×4 的矩陣 **b** 之乘積，產生 3×4 的矩陣 **c**。此時，如圖所示，必須讓矩陣 **a** 與 **b** 對應維度（軸）的元素數一致。矩陣 **c** 是由矩陣 **a** 的列數與矩陣 **b** 的行數構成。

7.1.3　最佳化

接下來，我們將使用 DeZero 解決一個簡單的問題。這裡希望找出用以下公式表示的函數最小值。

$$y = 100(x_1 - x_0^2)^2 + (x_0 - 1)^2$$

這個函數稱作 Rosenbrock 函數。Rosenbrock 函數很難探索真實的最小值，而且函數的形狀具有某些特徵，因此常當作最佳化的指標性問題。我們的目標是找出讓 Rosenbrock 函數的輸出變成最小的 x_0 與 x_1。在此先揭曉答案，Rosenbrock 函數的最小值在 $(x_0, x_1) = (1, 1)$。我們將使用 DeZero，確認是否可以實際找到最小值。

> 尋找取得函數最小值（或最大值）的「函數引數（輸入）」稱作**最佳化**，
> 我們的目標是使用 DeZero 解決最佳化問題。

首先要利用公式 $\frac{\partial y}{\partial x_0}$ 與 $\frac{\partial y}{\partial x_1}$，計算 Rosenbrock 函數在 $(x_0, x_1) = (0.0, 2.0)$ 的微分。DeZero 可以按照以下方式執行計算。

```python
import numpy as np
from dezero import Variable

def rosenbrock(x0, x1):
    y = 100 * (x1 - x0 ** 2) ** 2 + (x0 - 1) ** 2
```

```
    return y

x0 = Variable(np.array(0.0))
x1 = Variable(np.array(2.0))

y = rosenbrock(x0, x1)
y.backward()
print(x0.grad, x1.grad)
```

執行結果

```
variable(-2.0) variable(400.0)
```

如上所示，最初只要以 Variable 封裝數值資料（np.ndarray 實例），再按照公式編寫程式碼即可。之後，呼叫 y.backward() 就可以自動計算微分。

執行上述程式碼，x0 和 x1 的微分（$\frac{\partial y}{\partial x_0}$ 與 $\frac{\partial y}{\partial x_1}$）分別為 -2.0 和 400.0。此時，將這兩個微分整合成向量形式 (-2.0, 400.0) 稱為**梯度（Gradient）**或梯度向量。以上面的例子來說，是指在 (x0, x1) = (0.0, 2.0)，y 值增加最快的方向是 (-2.0, 400.0)。相對而言，梯度乘以負值的方向 (2.0, -400.0) 代表 y 值下降最快的方向。

如果是形狀複雜的函數，通常梯度指出的方向未必是最大值（或最小值未必在梯度的相反方向上）。但是如果限制在局部的點上，梯度會指出函數輸出為最大的方向。沿著梯度方向前進一定的距離，然後在該位置計算梯度，不斷重複這個步驟，即可逐漸趨近目標位置（最大值或最小值），這就是**梯度下降法（Gradient Descent）**。

接著將梯度下降法套用在我們的問題上，我們的問題是找出 Rosenbrock 函數的「最小值」，所以要往梯度乘以負值的方向前進，考慮到這一點，程式碼如下所示。

ch07/dezero2.py

```
x0 = Variable(np.array(0.0))
x1 = Variable(np.array(2.0))

lr = 0.001  # 學習率
iters = 10000  # 重複次數

for i in range(iters):
    print(x0, x1)
    y = rosenbrock(x0, x1)
```

```
    x0.cleargrad()
    x1.cleargrad()
    y.backward()

    x0.data -= lr * x0.grad.data
    x1.data -= lr * x1.grad.data

print(x0, x1)
```

如上所示，重複更新的次數設定為 `iters`（這裡的 `iters` 是 `iterations` 的縮寫），並先設定要乘以梯度的值，上面的例子設定為 `lr = 0.001`，`lr` 是 `learning rate` 的第一個字母，意思是學習率。實際的變數更新是在 `x0.data -= lr * x0.grad.data` 執行。

請注意 `x0` 和 `x0.grad` 都是 `Variable` 實例。實際的資料（`np.ndarray`）位於 `x0.data` 與 `x0.grad.data`，這裡只是更新資料，所以直接對 `.data` 屬性進行計算。如果對 `Variable` 實例進行計算，後續會因為反向傳播而進行不必要的計算。

> 上述程式碼的 for 迴圈中，重複使用 Variable 實例 x0 與 x1 計算梯度，使得 x0.grad 或 x1.grad 不斷累加微分值，因此我們在計算新的微分時，必須重置前面累加的微分。進行反向傳播之前，呼叫每個變數的 cleargrad 方法重置微分。

試著執行上述程式碼，更新 (x0, x1) 的值，最後得到以下結果。

執行結果

```
variable(0.9944984367782456) variable(0.9890050527419593)
```

這次問題的答案是 (1.0, 1.0)，所以上面的結果不完全正確，卻也得到了近似值。

DeZero 的基本說明到此結束，接下來將使用 DeZero 解決機器學習的問題。

7.2　線性迴歸

機器學習是使用「資料」解決問題，不是由人類思考如何解決問題，而是透過收集到的「資料」，讓電腦發現（學習）解決問題的方法。因此，機器學習的本質是從「資料」中找到解決方法。以下將使用 DeZero 解決機器學習的問題。首先，我們要建置機器學習中最基本的「線性迴歸」。

7.2.1 玩具資料集

接著要使用 DeZero 解決實際的問題。首先，建立實驗用的小型資料集，這種小型資料集稱作**玩具資料集（Toy Dataset）**。此次考量到重現性，選擇以固定的亂數種子來產生資料，如下所示。

```python
import numpy as np

np.random.seed(0)  # 固定種子
x = np.random.rand(100, 1)
y = 5 + 2 * x + np.random.rand(100, 1)
```

如上所示，建立由 x 與 y 兩個變數形成的資料集。此時，點群位於直線上，在 y 加上當作雜訊的亂數。繪製 (x, y) 的點，結果如圖 7-5 所示。

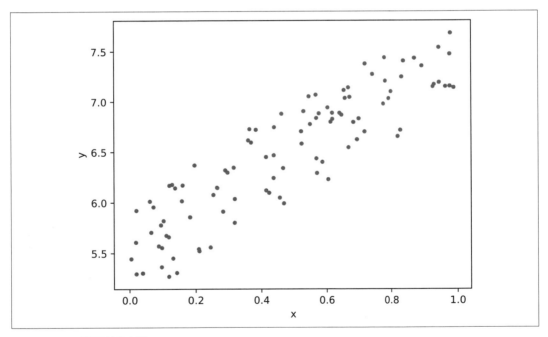

圖 7-5　加入雜訊的資料集

如**圖 7-5** 所示，x 與 y 有「線性」關係，但是其中含有雜訊。我們的目標是建立可以由 x 值預測 y 值的模型（公式）。

> 由 x 值預測實數值 y 稱作「迴歸（regression）」。若預測該模型為「線性（直線）」時，就稱作「線性迴歸」。

7.2.2 線性迴歸理論

接下來的目標是找到適合給予資料的函數。我們假設 y 與 x 的關係是線性，所以可以用公式 $y = Wx + b$ 表示（假設 W 為純量），直線 $y = Wx + b$ 可以顯示為**圖 7-6**。

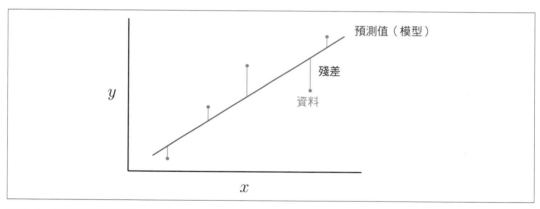

圖 7-6 線性迴歸的範例

如**圖 7-6** 所示，我們的目標是找到適合資料的直線 $y = Wx + b$，因此要盡量減少資料與預測值的差距，此差距稱作「殘差（Residual）」。我們用以下公式定義模型的預測值與資料「適合度」的指標。

$$L = \frac{1}{N} \sum_{i=1}^{N} (Wx_i + b - y_i)^2 \tag{7.2}$$

公式（7.2）假設全部共有 N 個點，計算 (x_i, y_i) 各點的平方差再相加，接著除以 N 計算平均值，這個公式稱作**均方誤差（Mean Squared Error）**。公式（7.2）假設 $\frac{1}{N}$ …，不過有時也會定義為 $\frac{1}{2N}$ …，不論哪一種，使用梯度下降法解答問題時，都可以透過調整學習率來解決相同的問題設定。

評估模型「好壞」的函數稱作**損失函數（Loss Function）**，因此線性迴歸
可以描述為「使用均方誤差當作損失函數」。

我們的目標是找出以公式（7.2）表示損失函數變成最小的 W 與 b，這個問題與函數最佳化有關。上一節我們使用梯度下降法解決了這個問題，以下也將使用梯度下降法，找到最小化公式（7.2）的參數。

7.2.3　建置線性迴歸

接下來要使用 DeZero 建置線性迴歸。以下把程式碼分成前半與後半兩個部分，首先顯示的是前半部分的程式碼。

ch07/dezero3.py

```python
import numpy as np
from dezero import Variable
import dezero.functions as F

# 玩具資料集
np.random.seed(0)
x = np.random.rand(100, 1)
y = 5 + 2 * x + np.random.rand(100, 1)
x, y = Variable(x), Variable(y)  # 可以省略

W = Variable(np.zeros((1, 1)))
b = Variable(np.zeros(1))

def predict(x):
    y = F.matmul(x, W) + b
    return y
```

這裡以 Variable 實例生成當作參數的 W 與 b（W 為大寫）。假設 W 的形狀是 (1, 1)，b 的形狀是 (1,)。此外，上述程式碼定義了 predict 函數，並使用矩陣乘積的 matmul 函數進行計算。使用矩陣乘積可以一次計算多個資料（上述例子有 100 個資料），此時形狀變化如下所示。

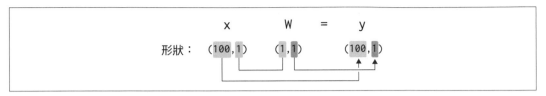

圖 7-7　矩陣乘積的形狀變化（省略 b 的加法運算）

我們從**圖 7-7** 可以得知，對應維度的元素數一致，結果 y 的形狀為 (100, 1)。換句話說，有 100 個資料的 x 要分別乘以 W。這樣只要計算一次，就可以求出所有資料的預測值。x 的資料維度是 1，如果資料維度是 D，W 的形狀為 (D, 1) 時，可以對每個資料進行計算。假設 D=4，會按照**圖 7-8** 計算矩陣乘積。

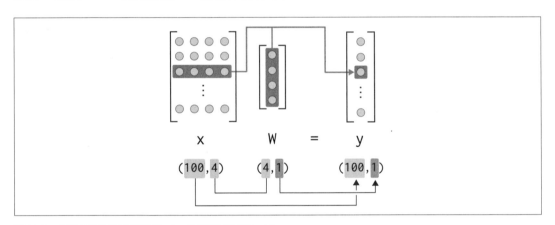

圖 7-8　矩陣乘積的形狀變化（x 的資料維度為 4）

如**圖 7-8** 所示，讓 x.shape[1] 與 W.shape[0] 一致，可以正確算矩陣乘積。此時，將利用 W 分別計算 100 個資料的「向量內積」，後半部分的程式碼如下所示。

ch07/dezero3.py

```python
def mean_squared_error(x0, x1):
    diff = x0 - x1
    return F.sum(diff ** 2) / len(diff)

lr = 0.1
iters = 100

for i in range(iters):
    y_pred = predict(x)
    loss = mean_squared_error(y, y_pred)
```

```
    # 或 loss = F.mean_squared_error(y, y_pred)
    W.cleargrad()
    b.cleargrad()
    loss.backward()

    W.data -= lr * W.grad.data
    b.data -= lr * b.grad.data

    if i % 10 == 0:  # 每10次輸出
        print(loss.data)

print('====')
print('W =', W.data)
print('b =', b.data)
```

執行結果

```
42.296340129442335
0.24915731977561134
0.10078974954301652
0.09461859803040694
0.0902667138137311
0.08694585483964615
0.08441084206493275
0.08247571022229121
0.08099850454041051
0.07987086218625004
====
W = [[2.11807369]]
b = [5.46608905]
```

這裡要建置計算均方誤差的函數 mean_squared_error(x0, x1)，實際上只要用 DeZero 函數建置公式（7.2）即可，接著利用梯度下降法更新參數。DeZero 已經準備了計算平均誤差的函數 F.mean_squared_error。

執行上述程式碼可以發現，損失函數的輸出值逐漸減少，最後得到 W = [[2.11807369]]、b = [5.46608905] 的結果，這種利用參數得到的直線圖如圖 7-9 所示，請當作參考。

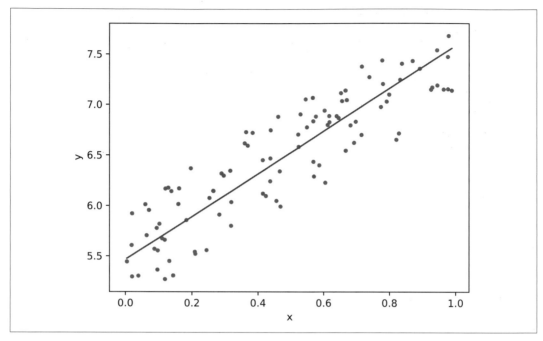

圖 7-9　學習後的模型

如圖 7-9 所示，結果獲得了適合資料的模型。我們使用 DeZero 建置了正確的線性迴歸，到此線性迴歸已建置完畢。

7.3　類神經網路

上一節使用 DeZero 建置線性迴歸，並可以正常操作。完成線性迴歸的建置後，要擴充成類神經網路就很簡單了。我們將調整上一節的程式碼，使用 DeZero 建置類神經網路。

7.3.1 非線性資料集

上一節使用了排列在直線上的資料集。以下將利用下面的程式碼產生更複雜的資料集。

```python
import numpy as np

np.random.seed(0)
x = np.random.rand(100, 1)
y = np.sin(2 * np.pi * x) + np.random.rand(100, 1)
```

這裡使用 sin 函數生成資料，繪製出 (x，y) 的點，結果如圖 7-10 所示。

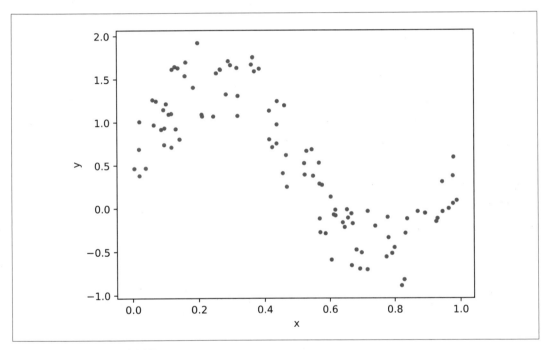

圖 7-10　本節使用的資料集

如圖 7-10 所示，x 與 y 沒有線性關係。線性迴歸當然無法對應這種非線性的資料集。此時，該類神經網路登場。

7.3.2 線性轉換與活化函數

上一節以簡單的資料集為對象,建置了線性迴歸。在該線性迴歸中執行的計算只有(損失函數除外)「矩陣乘積」與「加法運算」,以下是節錄的程式碼。

```
y = F.matmul(x, W) + b
```

如上所示,計算輸入 x 與參數 W 之間的矩陣乘積,然後加上 b,這種轉換稱作**線性轉換**(**Linear Transformation**)或**仿射轉換**(**Affine Transformation**)。DeZero 準備了進行線性轉換的 F.linear 函數,具體用法如下。

```
y = F.linear(x, W, b)
```

 嚴格來說,線性轉換是指 y=F.matmul(x, W),不包含 b 的加法運算。但是在類神經網路領域,通常把包含 b 的加法運算稱作線性轉換(本書也沿用這個原則)。線性轉換在類神經網路中對應**全連接層**,而參數 W 稱作**權重**(**weight**),參數 b 稱作**偏權值**(**bias**)。

線性轉換是針對輸入資料進行線性轉換。然而,類神經網路是針對線性轉換的輸出進行非線性轉換。進行非線性轉換的函數稱作活化函數,典型的函數包括 sigmoid 函數、ReLU 函數等(**圖 7-11**)。

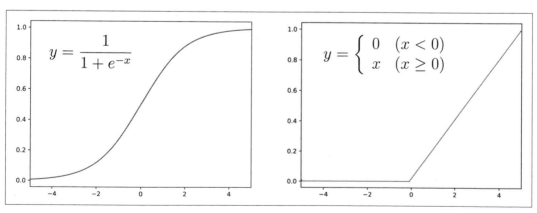

圖 7-11 sigmoid 函數(左圖)與 ReLU 函數(右圖)

如**圖 7-11** 所示，sigmoid 函數與 ReLU 函數是非線性函數（不是「直線」的函數）。類神經網路會在每個張量的元素套用如**圖 7-11** 的非線性轉換。DeZero 可以把 sigmoid 函數當作 **F.sigmoid** 函數，ReLU 函數當作 **F.relu** 函數使用。

7.3.3 建置類神經網路

一般的類神經網路會交替使用「線性轉換」與「活化函數」。例如，按照以下方式可以建置雙層類神經網路（這裡省略了生成參數的程式碼）。

```python
W1, b1 = Variable(...), Variable(...)
W2, b2 = Variable(...), Variable(...)

def predict(x):
    y = F.linear(x, W1, b1)
    y = F.sigmoid(y)
    y = F.linear(y, W2, b2)
    return y
```

如上所示，依序套用「線性轉換」與「活化函數」，這是類神經網路推論（predict）用的程式碼。當然，要正確進行推論，必須經過「學習」才行。在類神經網路的學習中，進行推論處理之後，增加損失函數，再找出讓損失函數的輸出最小化的參數。接下來，我們要使用實際的資料集，讓類神經網路進行學習，程式碼整理如下。

```python
import numpy as np
from dezero import Variable
import dezero.functions as F

# 資料集
np.random.seed(0)
x = np.random.rand(100, 1)
y = np.sin(2 * np.pi * x) + np.random.rand(100, 1)

# ①權重初始化
I, H, O = 1, 10, 1
W1 = Variable(0.01 * np.random.randn(I, H))
b1 = Variable(np.zeros(H))
W2 = Variable(0.01 * np.random.randn(H, O))
b2 = Variable(np.zeros(O))

# ②類神經網路的推論
def predict(x):
    y = F.linear(x, W1, b1)
    y = F.sigmoid(y)
```

```
        y = F.linear(y, W2, b2)
        return y

lr = 0.2
iters = 10000

# ③類神經網路的學習
for i in range(iters):
    y_pred = predict(x)
    loss = F.mean_squared_error(y, y_pred)

    W1.cleargrad()
    b1.cleargrad()
    W2.cleargrad()
    b2.cleargrad()

    loss.backward()

    W1.data -= lr * W1.grad.data
    b1.data -= lr * b1.grad.data
    W2.data -= lr * W2.grad.data
    b2.data -= lr * b2.grad.data
    if i % 1000 == 0:  # 每1000次輸出
        print(loss.data)
```

執行結果

```
0.8165178492839196
0.24990280802148895
...
0.07618764131185574
```

首先在程式碼的①執行參數的初始化。這裡的 I（=1）對應輸入層的維度，H（=10）對應隱藏層的維度，O（=1）對應輸出層的維度，I 與 O 的值為 1，這是根據本次的問題設定（輸入資料的維度為 1，輸出資料的維度為 1）自動決定。H 是超參數，可以設定成 1以上的任意整數。另外，參數以 0 向量（`np.zeros(...)`）初始化，權重以小的隨機值（`0.01 * np.random.randn(...)`）初始化。

類神經網路必須把權重的預設值設定為隨機，原因請參考《Deep Learning：用 Python 進行深度學習的基礎理論實作》的「6.2.1 權重的預設值變成 0？」。

接著在②進行類神經網路的推論，之後在③更新參數。③的程式碼除了增加參數之外，其餘和上一節的程式碼一模一樣。執行上述程式碼，開始讓類神經網路進行學習，學習後的類神經網路就能預測**圖 7-12** 的曲線。

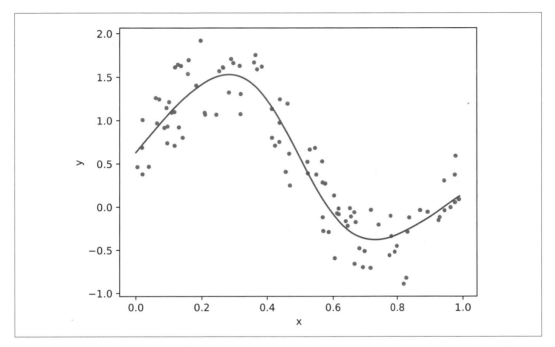

圖 7-12　學習後的類神經網路

如**圖 7-12** 所示，成功顯示 sin 函數的曲線。建置線性迴歸時，使用活化函數與線性轉換，連非線性關係也能正確學習。為了簡化這裡的程式碼，以下將說明 DeZero 準備的模組。首先要介紹「層」與「模型」。

7.3.4　層與模型

DeZero 準備了可以輕鬆建置類神經網路的類別。首先，我們要說明在 `dezero.layers` 套件中的「層（layer）」，這個類別包含管理及初始化參數的功能。以下會用到執行線性轉換的 `Linear` 類別，`Linear` 類別在初始化時，可以取得以下引數。

```
Linear(out_size, nobias=False, dtype=np.float32, in_size=None)
```

out_size 為輸出大小（輸出資料的維度），nobias 為是否使用偏權值的旗標，dtype 為
資料類型，in_size 為輸入大小（輸入資料的維度）。

> 在 Linear 類別的內部，把線性轉換使用的權重與偏權值初始化，並用於
> 實際的線性轉換計算中。這裡的權重與偏權值是根據初始化 Linear 類別
> 時，所傳遞的 in_size 與 out_size 生成的。如果 in_size 為 None，傳遞
> 資料時（給予進行線性轉換的輸入 x 時），會取得輸入大小，並在當下自
> 動進行權重與偏權值的初始化。

接下來要檢視使用 Linear 層的程式碼。

```python
import numpy as np
import dezero.layers as L

linear = L.Linear(10)  # 只設定輸出大小

batch_size, input_size = 100, 5
x = np.random.randn(batch_size, input_size)
y = linear(x)

print('y shape:', y.shape)
print('params shape:', linear.W.shape, linear.b.shape)

for param in linear.params():
    print(param.name, param.shape)
```

執行結果

```
y shape: (100, 10)
params shape: (5, 10) (10,)
W (5, 10)
b (10,)
```

如上所示，利用 linear = L.Linear(10) 生成之後，會以 y = linear(x) 進行線性轉
換計算。透過 linear.W 與 linear.b 可以存取在 linear 實例內部的權重與偏權值，
linear.params() 能存取所有參數。

在 DeZero 使用這些階層，可以像「樂高積木」一樣排列組合，建構出類神經網路。還
能和下面的範例一樣，將類神經網路定義為一個類別（PyTorch 也會使用這種作法）。

```
from dezero import Model
import dezero.layers as L
import dezero.functions as F

class TwoLayerNet(Model):
    def __init__(self, hidden_size, out_size):
        super().__init__()
        self.l1 = L.Linear(hidden_size)
        self.l2 = L.Linear(out_size)

    def forward(self, x):
        y = F.relu(self.l1(x))
        y = self.l2(y)
        return y
```

如上所示，繼承 Model 類別，建置模型。初始化時，生成所需的層，並在 forward 方法
輸入實際的處理（類神經網路的正向傳播）。繼承 Model 類別可以管理模型擁有的所有
參數。例如，採取以下用法。

```
model = TwoLayerNet(10, 1)

# 存取所有參數
for param in model.params():
    print(param)

# 重置所有參數的梯度
model.cleargrads()
```

如上所示，使用 model.params() 可以依序存取所有參數。此外，這裡還準備了重置所有
參數梯度的 model.cleargrads() 方法。

這次要使用 dezero.Model 與 dezero.layers，執行 sin 函數的非線性資料學習，程式碼
如下。

```
import numpy as np
from dezero import Model
import dezero.layers as L
import dezero.functions as F

# 生成資料集
np.random.seed(0)
x = np.random.rand(100, 1)
y = np.sin(2 * np.pi * x) + np.random.rand(100, 1)
```

```
lr = 0.2
iters = 10000

class TwoLayerNet(Model):
    def __init__(self, hidden_size, out_size):
        super().__init__()
        self.l1 = L.Linear(hidden_size)
        self.l2 = L.Linear(out_size)

    def forward(self, x):
        y = F.sigmoid(self.l1(x))
        y = self.l2(y)
        return y

model = TwoLayerNet(10, 1)

for i in range(iters):
    y_pred = model.forward(x)   # 或使用 model(x) 執行相同操作
    loss = F.mean_squared_error(y, y_pred)

    model.cleargrads()
    loss.backward()

    for p in model.params():
        p.data -= lr * p.grad.data

    if i % 1000 == 0:
        print(loss)
```

結果和上次一樣。但是這次把類神經網路當成一個類別,所以更新參數與重置梯度的程式碼比較簡潔。

7.3.5　Optimizer(最佳化方法)

最後要介紹更新模型參數的 Optimizer 類別。在剛才建置的程式碼使用 Optimizer 類別,結果如下所示。

ch07/dezero4.py

```
import numpy as np
from dezero import Model
from dezero import optimizers
import dezero.layers as L
import dezero.functions as F
```

```
# 生成資料集
np.random.seed(0)
x = np.random.rand(100, 1)
y = np.sin(2 * np.pi * x) + np.random.rand(100, 1)

lr = 0.2
iters = 10000

class TwoLayerNet(Model):
    def __init__(self, hidden_size, out_size):
        super().__init__()
        self.l1 = L.Linear(hidden_size)
        self.l2 = L.Linear(out_size)

    def forward(self, x):
        y = F.sigmoid(self.l1(x))
        y = self.l2(y)
        return y

model = TwoLayerNet(10, 1)
optimizer = optimizers.SGD(lr)  # 生成 Optimizer
optimizer.setup(model)

for i in range(iters):
    y_pred = model(x)
    loss = F.mean_squared_error(y, y_pred)

    model.cleargrads()
    loss.backward()

    optimizer.update()  # 利用 Optimizer 更新
    if i % 1000 == 0:
        print(loss)
```

以下只說明與前面程式碼不同的部分。首先利用 from dezero import optimizers 載入 optimizers 套件。optimizers 套件有各式各樣的最佳化方法，這裡以 optimizer = optimizers.SGD(lr) 生成稱作 SGD 的最佳化方法。SGD 和前面一樣，沿著梯度方向，將參數更新 lr 倍。

 SGD 是 Stochastic Gradient Descent 的縮寫，中文稱作隨機梯度下降法。這裡所謂的「隨機（Stochastic）」是指從成為對象的資料中，隨機選出資料，再對該資料執行梯度下降法。深度學習通常會從原始資料中，隨機選取資料，再執行梯度下降法。

生成 optimizer 之後，在 optimizer.setup(model) 儲存模型，可以讓 optimizer 更新參數。（每次）呼叫 optimizer.update() 時，就會更新參數。使用 optimizer，能把更新參數的工作交給 optimizer 處理。

使用梯度的最佳化方法有很多種，典型的方法包括 Momentum、AdaGrad [6]、AdaDelta [7]、Adam [8] 等。dezero.optimizers 套件已經建置了這些代表性的最佳化方法，可以輕易切換。假設想在上面的程式碼中，使用 Adam 手法，只要改寫以下程式碼即可。

```
# optimizer = optimizers.SGD(lr)
optimizer = optimizers.Adam(lr)
```

使用 optimizer 可以輕易切換最佳化方法。DeZero 與類神經網路的說明到此告一段落。

7.4　Q 學習與類神經網路

上一章說明了 TD 法，同時也介紹強化學習中，最知名的演算法「Q 學習」。這一節的主題是「融合」Q 學習與類神經網路，強化學習與深度學習結合，帶來了許多創新，我們終於要進入融合強化學習與深度學習的世界，首先要說明類神經網路的前處理。

7.4.1　類神經網路的前處理

類神經網路處理「分類資料」時，最常使用轉換成 one-hot 向量的手法。分類資料就像是服裝尺寸「S／M／L」或血型「A／B／O／AB」，而前處理是把這種分類資料轉換成 one-hot。one-hot 向量是指只有一個元素為 1，其他元素為 0 的向量。例如，(0, 0, 1) 代表 L，(0, 1, 0) 代表 M，像這樣轉換成 one-hot 向量。

在「3 × 4 網格世界」的問題中，狀態顯示成 (0, 0) 或 (0, 1)。此狀態是以代理人的位置為 (y, x) 的資料格式來表示，屬於全部 12 個位置的其中一個，因此可以視為「分類資料」。這裡將「3 × 4 網格世界」的狀態轉換成 one-hot 向量，進行前處理，程式碼如下。

```python
import numpy as np

def one_hot(state):
    HEIGHT, WIDTH = 3, 4
    vec = np.zeros(HEIGHT * WIDTH, dtype=np.float32)
    y, x = state
```

```
    idx = WIDTH * y + x
    vec[idx] = 1.0
    return vec[np.newaxis, :]   # 新增一個批次用的軸

state = (2, 0)
x = one_hot(state)

print(x.shape)  # (1, 12)
print(x)  # [[0. 0. 0. 0. 0. 0. 0. 0. 1. 0. 0. 0.]]
```

one_hot 函數取得 state，並轉換成 one-hot 向量。在 one_hot 函數中，先準備有 $3 \times 4 = 12$ 個元素的向量（值皆為 0）。接著依照 state，把對應的元素設定為 1.0。假設要執行批次處理，利用 vec[np.newaxis, :] 增加新軸，one_hot 函數傳回的張量形狀就會變成 (1, 12)（原本 vec 的形狀是 (12,)）。

類神經網路可以把資料整合成「批次」處理。假設一次要處理 100 個資料，可以輸入形狀為 (100, 12) 的資料。

7.4.2　代表 Q 函數的類神經網路

這裡先複習一下。前面我們把 Q 函數建置為表格（Python 是建置為字典（defaultdict））。例如，以下這樣的程式碼。

```
from collections import defaultdict

Q = defaultdict(lambda: 0)
state = (2, 0)
action = 0

print(Q[state, action])  # 0.0
```

Q 是輸入成對資料 (state, action)，並輸出 Q 函數的值。換句話說，針對每一個 (state, action) 的成對資料，個別儲存 Q 函數的值。

接下來要把顯示為表格的 Q 函數「轉換」成類神經網路。首先，必須確定類神經網路的輸入與輸出。這裡有幾個選項可以選擇，其中最具代表性的是 **圖 7-13** 的兩個網路結構。

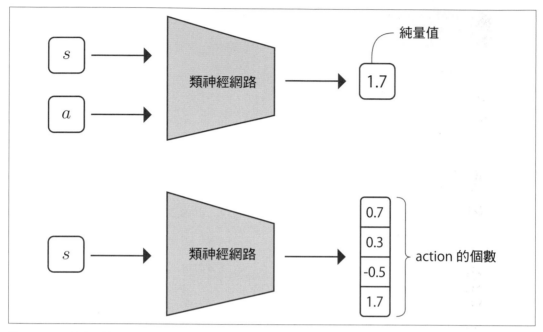

圖 7-13 兩個類神經網路的結構

第一個結構是輸入狀態與行動的網路（**圖 7-13** 的上圖）。此時，只輸出一個 Q 函數的值（這裡不考慮批次處理，只思考輸入一個資料的情況）。另一個結構是只輸入狀態，依照行動的選項數量輸出 Q 函數值的網路（**圖 7-13** 的下圖）。假設有四個行動選項，則輸出有四個元素的向量。

這裡舉了兩個網路結構，但是第一個網路結構有計算成本的問題。具體而言，計算某個狀態的 Q 函數最大值，其計算成本非常龐大，若顯示成公式，是指 $\max_a Q(s, a)$ 的計算成本。

Q 學習必須計算 $\max_a Q(s, a)$，在狀態 s 找出 Q 函數為最大值的行動。第一個網路結構必須依照行動的選項數量進行類神經網路的正向傳播，計算 Q 函數的值。假如行動的數量有四個，就得進行四次正向傳播，計算每個行動的 Q 函數。然而，第二個網路結構只要進行一次正向傳播，即可得到所有行動的 Q 函數，計算效率比較好。

接下來要建置第二個網路結構（只輸入狀態的網路結構）。這裡要建置由兩層全連接層形成的類神經網路，程式碼如下。

```python
from dezero import Model
import dezero.functions as F
import dezero.layers as L

class QNet(Model):
    def __init__(self):
        super().__init__()
        self.l1 = L.Linear(100)  # 中間層的大小
        self.l2 = L.Linear(4)  # 行動數量

    def forward(self, x):
        x = F.relu(self.l1(x))
        x = self.l2(x)
        return x

qnet = QNet()

state = (2, 0)
state = one_hot(state)  # 轉換成 one-hot 向量

qs = qnet(state)
print(qs.shape)  # (1, 4)
```

按照 DeZero 的作法，繼承 Model 類別，建置類神經網路的模型。初始化時，會生成所需的各層，我們只要在 DeZero 設定生成各層的輸出大小即可。上面的例子生成輸出大小為 100 與 4 的兩個線性轉換層。接著將正向傳播進行的處理寫在 forward 方法中，在 forward 方法執行類神經網路的主要處理。

這樣就可以把 Q 函數轉換成類神經網路。接下來，我們要使用這個類神經網路建置 Q 學習的演算法。

7.4.3 類神經網路與 Q 學習

在使用類神經網路建置 Q 學習之前，我們先複習一下 Q 學習。上一章說明過，在 Q 學習中，可以用以下公式更新 Q 函數。

$$Q'(S_t, A_t) = Q(S_t, A_t) + \alpha \left\{ R_t + \gamma \max_a Q(S_{t+1}, a) - Q(S_t, A_t) \right\} \tag{7.3}$$

按照這個公式，$Q(S_t, A_t)$ 的值會往目標 $R_t + \gamma\max_a Q(S_{t+1}, a)$ 的方向更新。此時，利用 α 調整往目標方向前進的程度。

假設以 T 代表目標 $R_t + \gamma\max_a Q(S_{t+1}, a)$，公式（7.3）可以顯示成以下這樣。

$$Q'(S_t, A_t) = Q(S_t, A_t) + \alpha\left\{T - Q(S_t, A_t)\right\} \tag{7.4}$$

公式（7.4）可以解釋成輸入為 S_t, A_t 時，更新 Q 函數，讓輸出為 T。套用到類神經網路，相當於輸入為 S_t, A_t 時，進行學習，使輸出為 T。換句話說，T 可以當成是正確答案標籤。由於 T 是純量，因此我們可以當成是迴歸問題。

根據上述說明，建置進行 Q 學習的代理人。這裡把程式碼分成兩個部分，首先是前半部分的程式碼。

ch07/q_learning_nn.py

```python
class QLearningAgent:
    def __init__(self):
        self.gamma = 0.9
        self.lr = 0.01
        self.epsilon = 0.1
        self.action_size = 4

        self.qnet = QNet()
        self.optimizer = optimizers.SGD(self.lr)
        self.optimizer.setup(self.qnet)

    def get_action(self, state):
        if np.random.rand() < self.epsilon:
            return np.random.choice(self.action_size)
        else:
            qs = self.qnet(state)
            return qs.data.argmax()
```

在 QLearningAgent 類別的初始化中，會將類神經網路與 Optimizer 初始化，接著在 Optimizer 設定類神經網路。

在 get_action 方法，利用 ε-貪婪法選擇行動，也就是以 ε 的機率選擇隨機行動，其餘選擇 Q 函數為最大值的行動。假設 get_action(self, state) 的 state 輸入轉換成 one-hot 向量的狀態。以下是 QLearningAgent 類別後半部分的程式碼。

ch07/q_learning_nn.py

```
class QLearningAgent:
    ...

    def update(self, state, action, reward, next_state, done):
        if done:
            next_q = np.zeros(1)  # [0.]
        else:
            next_qs = self.qnet(next_state)
            next_q = next_qs.max(axis=1)
            next_q.unchain()

        target = self.gamma * next_q + reward
        qs = self.qnet(state)
        q = qs[:, action]
        loss = F.mean_squared_error(target, q)

        self.qnet.cleargrads()
        loss.backward()
        self.optimizer.update()

        return loss.data
```

在 update 方法更新 Q 函數。首先，計算下一個狀態中，最大的 Q 函數值（next_q）。如果 done 為 True，亦即 next_state 是終點時，next_state 的 Q 函數始終為 0，所以 next_q 設定為 0（正確來說是 np.zeros(1)）。

next_q 的功用是建立正確答案標籤。在監督式學習中，不需要與正確答案標籤有關的梯度，所以執行 next_q.unchain()，把 next_q 排除在反向傳播的對象之外（unchain 的意思是「解開鎖鏈」）。next_q 變成一般的數值，之後即使進行反向傳播，也不會計算與 next_q 有關的梯度，可以省略多餘的計算。

接著要計算 target，取得目前狀態的 Q 函數（q），再計算 target 與 q 的均方誤差，當作損失函數。最後，根據 DeZero 的作法進行反向傳播，更新參數。

上述程式碼使用 if 陳述式，依照 done 旗標切換 target 的計算，但是我們也可以不使用 if 陳述式，改用以下程式碼。

```python
class QLearningAgent:
    ...

    def update(self, state, action, reward, next_state, done):
        done = int(done)  # 0 or 1
        next_qs = self.qnet(next_state)
        next_q = next_qs.max(axis=1)
        next_q.unchain()
        target = reward + (1 - done) * self.gamma * next_q

        ...
```

在 Python 將 bool 類型轉換成 int 類型時，True 會轉換為 1，False 會轉換為 0。把使用 (1 - done) 的部分當作 done = int(done)，上面的程式碼會得到和前面一樣的結果。這個程式碼可以運用在下一章以小批次進行學習的情況。

以上就是 QLearningAgent 類別的程式碼。接著代理人的程式碼如下。

ch07/q_learning_nn.py

```python
env = GridWorld()
agent = QLearningAgent()

episodes = 1000  # 回合數
loss_history = []

for episode in range(episodes):
    state = env.reset()
    state = one_hot(state)
    total_loss, cnt = 0, 0
    done = False

    while not done:
        action = agent.get_action(state)
        next_state, reward, done = env.step(action)
        next_state = one_hot(next_state)

        loss = agent.update(state, action, reward, next_state, done)
        total_loss += loss
        cnt += 1
```

```
        state = next_state

    average_loss = total_loss / cnt
    loss_history.append(average_loss)
```

假設回合數為 1000 回合，記錄每回合的平均損失，結果如**圖 7-14**。

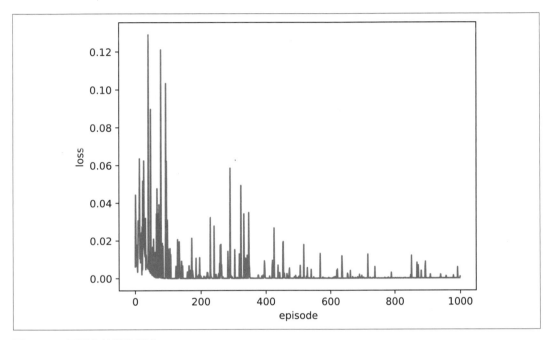

圖 7-14　每回合的損失變化

使用類神經網路進行強化學習的學習時，即使繪製出損失圖，通常無法得到穩定的結果。雖然**圖 7-14** 的變化幅度大，但是整體而言，可以得知損失會隨著每一回合逐漸變小。下圖同時顯示了上述程式碼最後得到的 Q 函數，以及將 Q 函數進行貪婪化的策略。

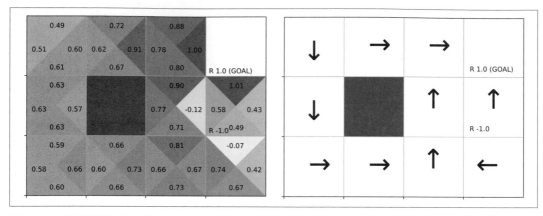

圖 7-15　使用類神經網路進行 Q 學習得到的 Q 函數與策略

每次的結果都不同，但是大致獲得良好的結果。**圖 7-15** 並非最佳策略，不過增加回合數，可以穩定得到趨近最佳策略的策略。到此就完成使用神經網路進行 Q 學習的建置步驟。

7.5　重點整理

本章介紹了使用 DeZero 框架建置類神經網路的方法。DeZero 是根據和 PyTorch 一樣的現代深度學習框架概念而設定的框架。使用 DeZero，可以和 NumPy 的 ndarray 一樣處理資料，還能使用反向傳播計算微分，可以輕鬆建置使用微分更新參數的梯度下降法等。

本章使用 DeZero 解決了線性迴歸等機器學習的基本問題，同時也證明以非線性資料集建置的類神經網路可以正確學習。DeZero 提供了「layer」、「Optimizer」等有助於建置類神經網路的類別，使用這些類別，能輕鬆建置類神經網路。

本章最後建置了使用神經網路的 Q 學習。基本原理和上一章學過的 Q 學習相同，如果你已經瞭解 Q 學習的結構，要套用在類神經網路上並不難。我們已經進入結合強化學習與深度學習的深度強化學習世界，即使狀態或行動大小擴大，也不用擔心。

第 8 章
DQN

本章的主題是 DQN（Deep Q Network），DQN 使用了 Q 學習與類神經網路。上一章說明了結合 Q 學習與類神經網路的方法，而 DQN 是再加上「經驗重播」與「目標網路」的新技術。這一章將學習這些技術，驗證建置後的效果，同時還會介紹擴充 DQN 的方法（「Double DQN」、「優先經驗重播」、「Dueling DQN」）。

即使是電玩遊戲這麼複雜的任務，DQN 也可以順利完成，進而帶動現在深度強化學習的熱潮。基於這一點，我們可以說 DQN 是深度學習研究的里程碑。儘管 DQN 在 2013 年發表，距今已經有一些時日，但是現在仍有許多以 DQN 為基礎的方法提出，DQN 依舊是重要的演算法之一。

這一章將不再以「網格世界」為例，改處理更實際的問題。具體而言，要使用 OpenAI Gym 工具處理「CartPole」問題。首先要介紹 OpenAI Gym 的用法。

8.1　OpenAI Gym

OpenAI Gym 是開放原始碼的函式庫，如**圖 8-1** 所示，提供各種強化學習的任務（環境）。

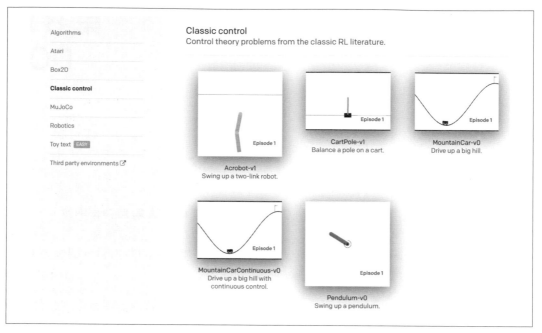

圖 8-1　OpenAI Gym [9] 的任務清單畫面

OpenAI Gym 在許多任務有共同的介面，可以輕易切換強化學習的任務。在強化學習的相關論文中，常使用 OpenAI Gym 當作基準（其中最常使用 OpenAI Gym 的「Atari」遊戲）。以下將說明 OpenAI Gym 的基本用法。

8.1.1　OpenAI Gym 的基本知識

首先，安裝 OpenAI Gym 的 gym 模組。請使用 pip 指令進行安裝。

```
$ pip install gym
```

只要在終端機上執行一行指令，就可以安裝完畢。接下來要使用 gym 模組，雖然 OpenAI Gym 準備了各種環境，但是這裡選擇設定 CartPole-v0。首先從以下程式碼開始。

```
import gym

env = gym.make('CartPole-v0')
```

這樣可以生成「CartPole」環境。「CartPole」是如**圖 8-2** 所示，調整木棒，避免傾倒的平衡遊戲。

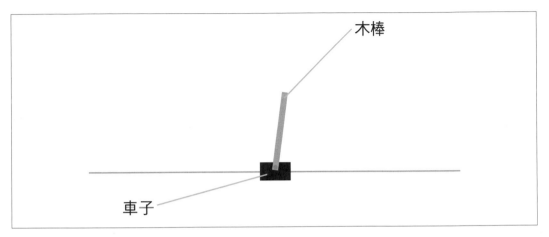

圖 8-2　CartPole

向右或向左移動**圖 8-2** 中的車子，藉此維持木棒的平衡。結束 CartPole 的條件是木棒失去平衡（木棒的角度超過一定數值），或車子的移動位置超出一定範圍。

 CartPole 有版本 0（`CartPole-v0`）與版本 1（`CartPole-v1`）。版本 0 的上限是 200 步，如果可以在 200 步內維持平衡，即可結束遊戲，而版本 1 的上限是 500 步。

接下來要繼續執行以下程式碼。

```python
state = env.reset()
print(state)  # 預設狀態

action_space = env.action_space
print(action_space)  # 行動的維度
```

執行結果

```
[ 0.03454657 -0.01361909 -0.02143636  0.02152179]
 Discrete(2)
```

這裡利用 state = env.reset() 取得最初的「狀態」，檢視其輸出，可以得知是四個元素的陣列，這四個元素從頭開始分別代表

- 車子的位置
- 車子的速度
- 木棒的角度
- 木棒的角速度

我們可以從 env.action_space 取得行動的維度（取得行動的數量）。此輸出是名為 Discrete(2) 的獨立類別實例，代表有兩個行動選項。具體而言，0 對應讓車子向左移動的行動，1 對應讓車子向右移動的行動。接下來要實際採取行動，讓時間往前進。

```
action = 0  # or 1
next_state, reward, done, info = env.step(action)
print(next_state)
```

執行結果

```
[ 0.03454657 -0.01361909 -0.02143636  0.02152179]
```

如上所示，利用 env.step(action) 採取行動，結果得到以下四個資料。

- 下一個狀態（next_state）
- 獎勵（reward）
- 是否結束的旗標（done）
- 增加的資料（info）

reward 是純量（float）。這次的任務是在維持平衡的過程中，持續給予獎勵 1，在 info 儲存有助於除錯的有用資料（例如，包含了環境的模型）。但是執行、評估強化學習的演算法時，基本上不會使用 info。

8.1.2 隨機代理人

以上是與 OpenAI Gym 有關的必備知識。接下來，我們要把程式碼整合在一起並試著執行。假設為隨機代理人（隨機行動的代理人），試著移動一回合，程式碼如下。

```
ch08/gym_play.py
```

```python
import numpy as np
import gym

env = gym.make('CartPole-v0')
state = env.reset()
done = False

while not done:
    env.render()
    action = np.random.choice([0, 1])
    next_state, reward, done, info = env.step(action)
env.close()
```

這裡使用 while 陳述式，在回合結束之前，持續行動，行動是隨機取樣 0 或 1。OpenAI Gym 可以利用 env.render() 將任務視覺化，這次的例子會顯示以下視窗。

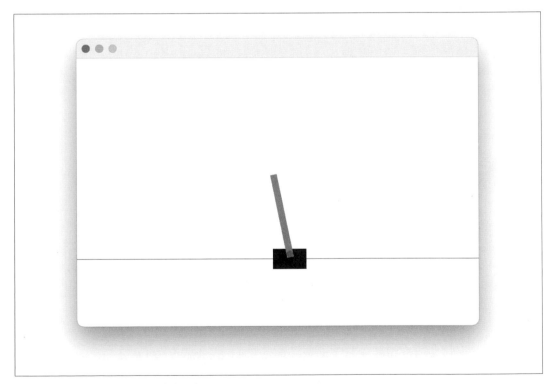

圖 8-3　CartPole 的成像圖（繪圖）

這次採取隨機行動，所以一下子就失去平衡。下一節將使用 DQN 挑戰 CartPole。

【補充說明】狀態與觀測

在 OpenAI Gym 的文件中,使用「觀測(observation)」一詞取代「狀態(state)」。 OpenAI Gym 的 API 也以「觀測」為基礎來命名(例如:`env.observation_space` 等)。

狀態與觀測不同。狀態是與環境有關的「完整描述(資訊)」。知道狀態之後,可以利用馬可夫決策過程,確定下一個狀態與獎勵的機率分布。然而,觀測是狀態的「部分描述」。請想成代理人只能看見部分問題(世界)(例如撲克或麻將),比較容易理解。

部分任務中的狀態等於觀測,但是考量到有各式各樣的強化學習任務,使用「觀測」比「狀態」適合。因此,在 OpenAI Gym 使用了「觀測」一詞。本書只處理狀態等於觀測的問題,所以和前面一樣,仍使用「狀態」。

8.2　DQN 的核心技術

Q 學習使用估計值來更新估計值(這個原理稱作「拔靴法(Bootstrapping)」)。由於 Q 學習(廣義而言為 TD 法)是使用還不正確的估計值來更新現在的某個估計值,因而容易不穩定。如果在其中加入類神經網路這種高表現力的函數趨近方法,結果會更不穩定。

類神經網路的優點是表現力高,卻也可能變成缺點。其中一個缺點是,(可能)過度擬合學習資料,這稱作**過度學習(Overfitting)**。

DQN 是結合 Q 學習與類神經網路的方法,特色是為了穩定類神經網路的學習,使用了稱作**經驗重播(Experience Replay)**與**目標網路(Target Network)**的技術(還有運用其他技術,後面會再說明)。有了這些技術,DQN 首度成功完成電玩遊戲等複雜的任務。以下將依序介紹 DQN 的兩個核心技術。首先從經驗重播開始說明。

8.2.1　經驗重播(Experience Replay)

有很多使用類神經網路成功解決「監督式學習」問題的例子,但是在 2013 年 DQN 出現之前,幾乎沒有使用神經網路成功解決「強化學習」問題的例子(唯一的例外是使用類神經網路成功進行雙陸棋學習 [10])。為什麼很難在強化學習的演算法(尤其是 Q 學

習）使用類神經網路呢？如何才能成功使用 Q 學習與類神經網路？解決問題的線索就藏
在「監督式學習」與「Q 學習」的差別中。

我們先複習一下監督式學習。這裡以手寫數字影像 MNIST 為例來說明監督式學習。
MNIST 主要用於類別分類問題，資料集的內容為成對給予的影像資料與正確答案標
籤，使用 MNIST 在類神經網路進行學習的一般流程如**圖 8-4** 所示。

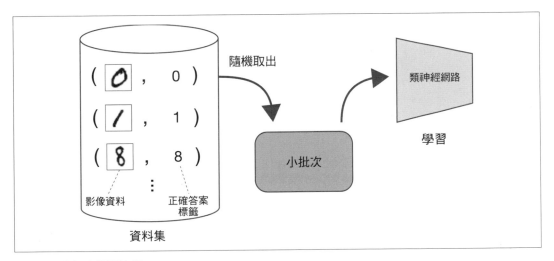

圖 8-4　監督式學習流程

如**圖 8-4** 所示，隨機從訓練用的資料集取出部分資料，取出的資料稱作**小批次**，使用小
批次可以更新類神經網路的參數。建立小批次時，必須注意資料有沒有偏差（例如，避
免小批次只包含數字「2」的影像等）。在類神經網路的學習中，通常會從資料集中，隨
機取出部分資料，避免資料偏差。

接下來是 Q 學習。在 Q 學習中，每當代理人依照環境採取行動時，就會生成資料。具
體而言，使用時間 t 獲得的 $E_t = (S_t, A_t, R_t, S_{t+1})$ 更新 Q 函數。這裡將 E_t 稱作「經驗資
料」，隨著時間 t 推移，可以得到經驗資料，但是這些經驗資料之間存在強烈的相關性
（例如，E_t 與 E_{t+1} 之間存在強烈的相關性）。換句話說，Q 學習是使用高度相關（有偏
差）的資料進行學習。這是監督式學習與 Q 學習的第一個差別，而**經驗重播**是用來弭平
這個差異的技術。

經驗重播的概念很簡單。首先，把代理人的經驗資料 $E_t = (S_t, A_t, R_t, S_{t+1})$ 儲存在「緩衝區」（緩衝區是暫存資料的記憶裝置）。更新 Q 函數時，從緩衝區隨機取出經驗資料（如**圖 8-5** 所示）。

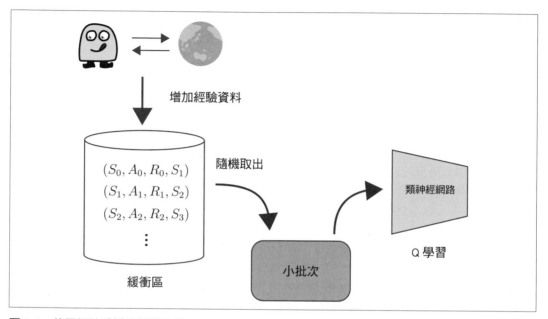

圖 8-5　使用經驗重播的學習流程

利用經驗重播，減弱經驗資料之間的相關性，獲得偏差較小的資料。由於可以重複使用經驗資料，所以資料的運用效率良好。

 除了 Q 學習之外，其他強化學習的演算法也可以使用經驗重播。但是只有離線策略的演算法才可以使用經驗重播。線上策略只能使用當下策略得到的資料，也就是說，無法使用過去收集到的經驗資料，因此不能使用經驗重播。

接下來要說明經驗重播的建置方法。

8.2.2　建置經驗重播

實際上，經驗重播的緩衝區無法儲存無限大的資料，必須事先決定大小。例如，設定最大可以儲存 50,000 個經驗資料。假如增加了超過最大值的資料時，將從最舊的資料開始依序刪除，這樣可以將最新的資料儲存在緩衝區。Python 標準函式庫中的 collections.deque 很適合這種以「First in First out（先進先出）」的方式儲存資料的用途。

接著要以 ReplayBuffer 類別名稱建置經驗重播的機制，程式碼如下。

ch08/replay_buffer.py

```python
from collections import deque
import random
import numpy as np

class ReplayBuffer:
    def __init__(self, buffer_size, batch_size):
        self.buffer = deque(maxlen=buffer_size)
        self.batch_size = batch_size

    def add(self, state, action, reward, next_state, done):
        data = (state, action, reward, next_state, done)
        self.buffer.append(data)

    def __len__(self):
        return len(self.buffer)

    def get_batch(self):
        data = random.sample(self.buffer, self.batch_size)

        state = np.stack([x[0] for x in data])
        action = np.array([x[1] for x in data])
        reward = np.array([x[2] for x in data])
        next_state = np.stack([x[3] for x in data])
        done = np.array([x[4] for x in data]).astype(np.int32)
        return state, action, reward, next_state, done
```

首先，以初始化引數取得 buffer_size 與 batch_size。buffer_size 是緩衝區的大小，而 batch_size 是小批次的大小。緩衝區初始化為 self.buffer = deque(maxlen=buffer_size)。使用 deque，可以像清單一樣增加資料。如果增加的資料超過最大值，將會從最舊的資料開始依序刪除。

add 方法可以增加經驗資料。增加至緩衝區的資料 (state, action, reward, next_state, done) 將視為一個「整體」，後面的 __len__ 方法能使用 len 函數得知緩衝區的大小。假設 replay_buffer = ReplayBuffer(50000, 32)，透過 len(replay_buffer) 可以取得增加至緩衝區的資料大小。

最後是 get_batch 方法，這是使用緩衝區中的資料建立小批次的方法。具體而言，是從 self.buffer 隨機取出資料，轉換為方便類神經網路處理的 np.ndarray 實例，程式碼的內容請參考**圖** 8-6。

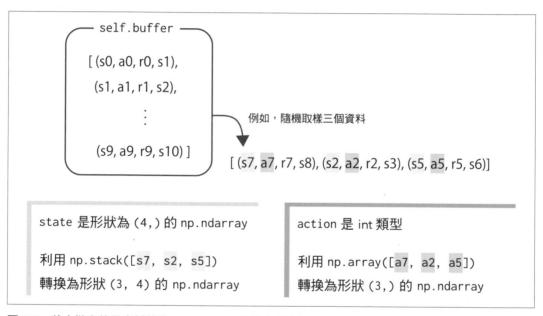

圖 8-6　將小批次的元素轉換為 np.ndarray 的程式碼範例

接著我們要在 CartPole 的環境使用經驗重播，程式碼如下。

ch08/replay_buffer.py

```python
import gym

env = gym.make('CartPole-v0')
replay_buffer = ReplayBuffer(buffer_size=10000, batch_size=32)

for episode in range(10):
    state = env.reset()
    done = False
```

```
    while not done:
        action = 0
        next_state, reward, done, info = env.step(action)
        replay_buffer.add(state, action, reward, next_state, done)
        state = next_state

state, action, reward, next_state, done = replay_buffer.get_batch()
print(state.shape)  # (32, 4)
print(action.shape)  # (32,)
print(reward.shape)  # (32,)
print(next_state.shape)  # (32, 4)
print(done.shape)  # (32,)
```

這裡進行了 10 回合。每一回合只採取第 0 號行動，把得到的資料新增至 replay_buffer，最後以 replay_buffer.get_batch() 取出小批次。如輸出結果所示，我們可以知道批次大小（這裡是指 32）的資料是以 np.ndarray 實例取出。

經驗重播到此建置完畢。接下來要說明 Q 學習使用的另一個核心技術「目標網路」。

8.2.3　目標網路（Target Network）

以下也將比較監督式學習與 Q 學習。監督式學習會在學習資料中加上正確答案標籤。此時，輸入的正確答案標籤不變。假設有一個輸入影像 MNIST，該影像的正確答案標籤為「7」，其標籤始終為「7」。在類神經網路的學習途中，當然不會出現標籤由「7」變成「4」的情況。

那麼，Q 學習呢？在 Q 學習中，更新 Q 函數，讓 $Q(S_t, A_t)$ 的值變成 $R_t + \gamma \max_a Q(S_{t+1}, a)$，這個部分稱作「TD 目標」。TD 目標相當於監督式學習中的正確答案標籤。可是 TD 目標的值會隨著 Q 函數的更新而變動，這就是監督式學習與 Q 學習的差別。使用目標網路技巧固定 TD 目標的值，可以消除這個差異。

以下將具體說明建置目標網路的方法。首先準備代表 Q 函數的自訂網路（假設稱作 qnet），同時再準備另一個結構一樣的網路（稱作 qnet_target）。qnet 透過一般的 Q 學習進行更新，而 qnet_target 定期與 qnet 的權重同步，其他權重的參數固定不變。之後，使用 qnet_target 計算 TD 目標的值，可以避免訓練標籤的 TD 目標變動。當屬於訓練標籤的 TD 目標（維持）固定不變，就能穩定類神經網路的學習。

目標網路是固定 TD 目標值的技巧，但是 TD 目標如果完全沒有更新，就無法繼續 Q 函數的學習，所以每隔一段時間要定期（例如，每 100 回合）更新目標網路。

8.2.4　建置目標網路

接下來要透過程式碼檢視目標網路。下一節我們把重點放在建置整個 DQN 上，這裡先顯示 DQNAgent 代理人的部分程式碼。

ch08/dqn.py

```python
import copy
from dezero import Model
from dezero import optimizers
import dezero.functions as F
import dezero.layers as L

class QNet(Model):
    def __init__(self, action_size):
        super().__init__()
        self.l1 = L.Linear(128)
        self.l2 = L.Linear(128)
        self.l3 = L.Linear(action_size)

    def forward(self, x):
        x = F.relu(self.l1(x))
        x = F.relu(self.l2(x))
        x = self.l3(x)
        return x

class DQNAgent:
    def __init__(self):
        self.gamma = 0.98
        self.lr = 0.0005
        self.epsilon = 0.1
        self.buffer_size = 10000
        self.batch_size = 32
        self.action_size = 2

        self.replay_buffer = ReplayBuffer(self.buffer_size, self.batch_size)
        self.qnet = QNet(self.action_size)
        self.qnet_target = QNet(self.action_size)
        self.optimizer = optimizers.Adam(self.lr)
        self.optimizer.setup(self.qnet)  # 設定 qnet
```

```
    def sync_qnet(self):
        self.qnet_target = copy.deepcopy(self.qnet)

    def get_action(self, state):
        if np.random.rand() < self.epsilon:
            return np.random.choice(self.action_size)
        else:
            state = state[np.newaxis, :]  # 增加批次的維度
            qs = self.qnet(state)
            return qs.data.argmax()
```

首先要建置類神經網路的 QNet 類別。代理人的 DQNAgent 類別有 self.qnet 與 self.qnet_target 兩個類神經網路（兩者皆為構造相同的網路）。在 optimizer 設定 self.qnet，就可以用 self.qnet 更新權重參數（self.qnet_target 的權重參數不會隨著 optimizer 而更新）。

接下來是 sync_qnet 方法。這是用來同步類神經網路的方法，裡面我們使用了 Python 標準函式庫中的 copy.deepcopy 方法。deepcopy 的意思是「深拷貝」，用於完全複製所有資料的情況。這裡建立與 self.qnet 一模一樣的拷貝，當作 self.qnet_target。

 copy 模組包括「淺拷貝（copy.copy）」與「深拷貝（copy.deepcopy）」。淺拷貝考量到資料效率，只拷貝含物件的資料「參照」。假如這裡使用了淺拷貝，兩個類神經網路就會共用相同的權重參數。

最後是在 DQNAgent 類別更新權重參數的方法，程式碼如下。

ch08/dqn.py

```
class DQNAgent:
    ...

    def update(self, state, action, reward, next_state, done):
        self.replay_buffer.add(state, action, reward, next_state, done)
        if len(self.replay_buffer) < self.batch_size:
            return

        state, action, reward, next_state, done = self.replay_buffer.get_batch()
        qs = self.qnet(state)  # ①
        q = qs[np.arange(self.batch_size), action]  # ②

        next_qs = self.qnet_target(next_state)  # ③
        next_q = next_qs.max(axis=1)
        next_q.unchain()
```

```
            target = reward + (1 - done) * self.gamma * next_q  # ④

            loss = F.mean_squared_error(q, target)

            self.qnet.cleargrads()
            loss.backward()
            self.optimizer.update()
```

呼叫 update 方法時，會先在緩衝區（self.replay_buffer）增加經驗資料，把超過小批次大小的經驗資料儲存在緩衝區，再從中取出當作小批次的資料。以下將依序說明程式碼①到④的部分。

1. state 是形狀為 (32, 4) 的 np.ndarray（批次大小為 32，狀態大小為 4）。把 32 個資料一起給予類神經網路（self.qnet），輸出 qs 的形狀會變成 (32, 2)。在 CartPole 的任務中，行動大小為 2，可以輸出每個行動的 Q 函數。

2. action 是形狀為 (32,) 的 np.ndarray，action 儲存了代理人採取的行動。例如，[0, 1, 0, 0, ... , 1] 這樣的資料。我們從 qs 取出對應 action 的元素，如圖 8-7 所示。這裡可以用程式碼 qs[np.arange(32), action] 執行處理。

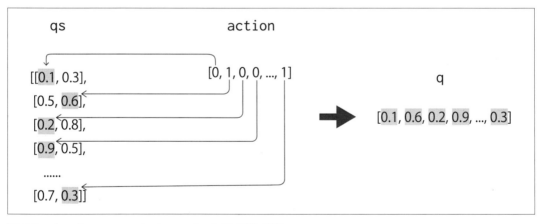

圖 8-7　在 qs[np.arange(32), action] 執行的處理

3. 利用 next_qs=self.qnet_target(next_state) 計算下一個狀態的 Q 函數。這裡的重點是使用 self.qnet_target（不是 self.qnet）進行計算。之後利用 next_q = next_qs.max(axis=1) 取出下一個狀態的 Q 函數。設定 axis=1，可以取出每個批次資料的最大值。

4. done 是代表是否結束的旗標。但是在 **1 – done** 的計算中,會(默默地)從 bool 類型轉換成 int 類型,把 **1 - done** 當作「mask」使用,計算 TD 目標。

以上是 `DQNAgent` 類別的程式碼,DQN 使用的核心技術到此全部說明完畢。接下來,將在 CartPole 問題實際執行 DQN。

8.2.5　執行 DQN

以下將使用 `DQNAgent` 類別處理 CartPole 問題,程式碼如下。

ch08/dqn.py

```python
episodes = 300
sync_interval = 20
env = gym.make('CartPole-v0')
agent = DQNAgent()
reward_history = []

for episode in range(episodes):
    state = env.reset()
    done = False
    total_reward = 0

    while not done:
        action = agent.get_action(state)
        next_state, reward, done, info = env.step(action)

        agent.update(state, action, reward, next_state, done)
        state = next_state
        total_reward += reward

    if episode % sync_interval == 0:
        agent.sync_qnet()

    reward_history.append(total_reward)
```

這裡總共執行了 300 回合,每 20 回合呼叫一次 `agent.sync_qnet()`,同步目標網路,其他與前面的程式碼大同小異。

接著執行上述程式碼(需要花幾分鐘才能完成)。`reward_history` 記錄了每回合得到的獎勵總和,繪製成圖表的結果如下(每次執行的結果都不同)。

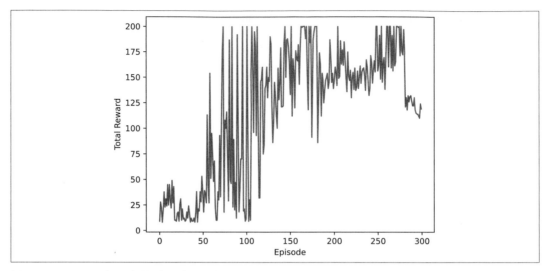

圖 8-8　CartPole 每回合的獎勵總和變化

圖 8-8 的水平軸是回合數，垂直軸是獎勵總和。以這次的任務為例，獎勵總和是指木棒維持平衡的時間（時間步長）。我們可以從**圖 8-8** 得知，獎勵總和會隨著每回合而增加。但是圖表的變動很大，很難從這張圖做出判斷。評估強化學習的演算法時，單憑一次實驗結果就做判斷很危險，比較好的作法是，重複執行相同實驗，平均得到的結果再做評估。下圖是相同實驗執行 100 回合，將結果平均後的圖表。

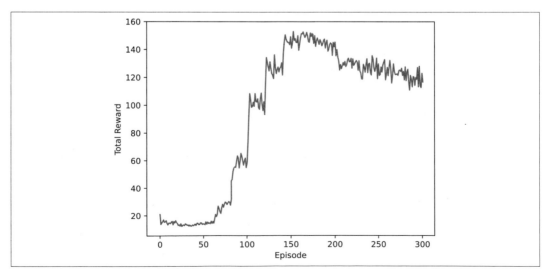

圖 8-9　執行 100 回實驗的平均結果

如**圖 8-9** 所示，剛開始立刻失去平衡，但是超過 50 回合之後，開始掌握「訣竅」，到了 150 回合順利進行學習，之後就小幅下降，但是檢視整張圖，可以知道往好的方向進行學習。

學習途中的代理人利用 ε-貪婪法採取行動，換句話說，以 ε 的機率隨機採取行動。接著讓學習後的代理人採取貪婪行動，程式碼如下。

ch08/dqn.py

```python
agent.epsilon = 0  # greedy policy
state = env.reset()
done = False
total_reward = 0

while not done:
    action = agent.get_action(state)
    next_state, reward, done, info = env.step(action)
    state = next_state
    total_reward += reward
    env.render()
print('Total Reward:', total_reward)
```

執行結果

```
Total Reward: 116
```

根據上面的結果，學習後的代理人透過貪婪行動，在 116 步內維持平衡。雖然每次結果不同（CartPole 的初始狀態每次都有些不同），但是結果大概都超過 100。儘管仍無法完全維持平衡，也往正確的方向學習。調整超參數，尤其是增加回合數，應該可以得到更好的結果。

超參數是我們事先設定的值。這次的程式碼中，以下項目相當於超參數。

- 折扣率 γ（`gamma = 0.98`）
- 學習率（`lr = 0.0005`）
- ε-貪婪法的 ε（`epsilon = 0.05`）
- 經驗重播的批次大小（`buffer_size = 100000`）
- 小批次的大小（`batch_size = 32`）
- 回合數（`episodes = 300`）
- 同步的時機（`sync_interval = 20`）
- 類神經網路的結構（類神經網路的層數、Linear 層的節點大小等）

8.3 DQN 與 Atari

DQN 是論文「Playing Atari with Deep Reinforcement Learning」[11] 提出的方法。標題中的 Atari 是製作電腦遊戲的公司名稱，在強化學習領域，指的是 Atari 過去製作的遊戲軟體「Atari」。

 DQN 在 2013 年發表之後，2015 年的科學雜誌《Nature》刊登了與 DQN 有關的論文（標題為「Human-level control through deep reinforcement learning」[12]）。在該篇論文中，證明 DQN 在玩遊戲方面，可以達到和人類一樣的等級。

我們使用 DQN 成功學習了 CartPole，不過若是像「Atari」這種更難的遊戲呢？這裡有好消息和壞消息。好消息是，調整前面建置的 DQN 程式碼，就可以成功學習 Atari 遊戲。壞消息是，Atari 的學習需要很長一段時間（使用 GPU 可以快速學習，但是仍需要花費一整天）。因此，這裡不提供使用於 Atari 的 DQN 程式碼，只說明與上一節的 DQN 有何差異。

8.3.1 Atari 的遊戲環境

OpenAI Gym 也準備了 Atari 的遊戲環境。如果要使用 Atari，必須另外安裝（詳細的安裝方法請參考 OpenAI Gym 的文件）。此外，Atari 準備了各式各樣的遊戲，以下將以圖 8-10 的「Pong」遊戲為例來說明。

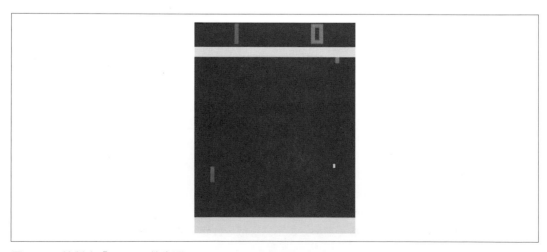

圖 8-10　繪製出「Pong」的畫面

「Pong」是擊球遊戲，如圖 8-10 所示。敵人上下移動左邊的板子，使用者上下移動右邊的板子。球超過敵人的陣地時，分數增加。這裡把遊戲畫面當作狀態（具體而言，是寬度 210、長度 160 的 RGB 影像）給予代理人。

「Pong」遊戲同樣可以使用上一節介紹的 DQN 解決，但是這個遊戲比 CartPole 更複雜，所以要進行調整，接下來將針對這個部分加以說明。

8.3.2　前處理

截至目前為止，本書說明的強化學習理論都是以 MDP（馬可夫決策過程）為前提。MDP 在決定最佳行動時，需要的資料包含「目前的狀態」。可惜，「Pong」並未滿足MDP 的條件，單憑圖 8-10 的影像無法知道球往哪個方向前進。這種問題稱作 **POMDP（部分觀測馬可夫決策過程：Partially Observable Markov Decision Process）**。

如果是「Pong」這種電玩遊戲，可以輕易將 POMDP 轉換成 MDP，方法是使用連續影格。在 DQN 的論文 [12] 中，將四個連續的影格影像疊在一起，把它當作一個「狀態」處理。使用連續影像，可以知道狀態轉移（也能知道球的動作），就能和前面一樣，當作 MDP 處理。

現在正積極地研究 POMDP 的強化學習。在 POMDP 中，只考慮目前的觀測並不夠，必須將過去的觀測一併考量進去再決定行動。在 POMDP使用 **RNN（Recurrent Neural Network）**是一個有效的方法，利用 RNN，可以沿用之前輸入的資料進行計算。

在 DQN 的論文中，重疊影格之前，進行了固定處理。具體而言，是執行以下的前處理。

- 裁剪影像的周圍（因為影像周圍有多餘的元素）
- 轉換成灰階影像（黑白影像）
- 調整影像大小
- 正規化（將影像元素轉換為 0.0 到 1.0 之間的值）

執行這些前處理之後，再進行堆疊四個影格的步驟。

8.3.3　CNN

上一節在 CartPole 使用了由全連接層形成的類神經網路。然而，處理 Atari 的影像資料時，**CNN（卷積神經網路：Convolutional Neural Network）**的效果比較好。CNN 是使用卷積運算（卷積層）的類神經網路。在 DQN 的論文中，運用了**圖 8-11** 的 CNN 結構。

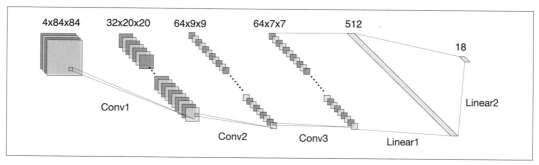

圖 8-11　在 DQN 使用的 CNN

如**圖 8-11** 所示，接近輸入層時使用卷積層，接近輸出層時使用全連接層，最後的輸出層只根據任務輸出行動的數量。此外，這裡使用 ReLU 函數當作活化函數。

8.3.4　其他技巧

除了前面說明的部分，DQN 的論文也使用了以下的技巧。這些技巧不僅可以用在 DQN，對其他的強化學習演算法也有效果。

使用 *GPU*

Atari 遊戲要處理影像資料，所以資料量大，學習所需的計算量也變多。如果要加速運算，使用 GPU（或 TPU）進行平行計算的效果比較好。附帶一提，DeZero 也有使用 GPU 進行計算的功能。

調整 ε

在強化學習中，利用與探索的平衡很重要。考量到價值函數的可靠性會隨著代理人的經驗增加而提高，按照回合數的比例減少探索的數量比較合理。換句話說，在初期階段，讓代理人大量探索，隨著學習進度而減少探索（增加利用）。如果要使用 ε-貪婪法達成這個概念，可以按照代理人累積行動的數量逐漸減少 ε。在 DQN 的論文中，採用了前 100 萬步讓 ε 從 1.0 到 0.1 線性減少，之後固定為 $\varepsilon = 0.1$ 的方式（如圖 8-12）。

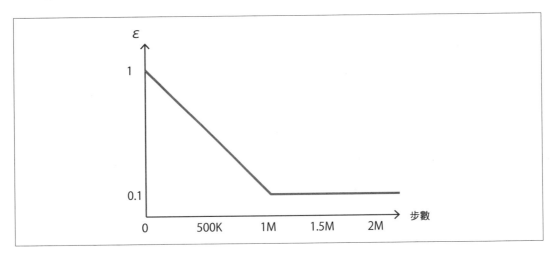

圖 8-12 在 DQN 的 ε 變化

獎勵剪裁（*Reward Clipping*）

在 DQN 的論文中，將獎勵範圍調整成 −1.0 到 1.0 之間，統一獎勵的規模，讓學習更穩定。但是「Pong」的獎勵是 −1、0、1 其中一種，獎勵的規模合適，即使不進行獎勵剪裁，也不會影響效能。

透過上述技巧，DQN 可以成功學會如何玩「Pong」遊戲。論文中，DQN 成長到輕鬆擊敗電腦對手的地步。除了「Pong」，其他遊戲（「Breakout」或「Pac-Man」等）也幾乎不用更改程式碼，就可以執行，並且順利成長至能玩遊戲。就這一點而言，DQN 具有很高的通用性。

8.4 擴充 DQN

DQN 是深度強化學習中知名的演算法之一。自 DQN 出現之後，提出了許多讓 DQN 發展的方法，以下將介紹其中最知名的三種方法。

8.4.1 Double DQN

第一個方法是 Double DQN [13]。開始說明之前，我們先複習一下 DQN。DQN 使用了「目標網路」的技巧，除了主要網路，還使用了一個參數不同的網路（＝目標網路）。這裡分別用 θ 與 θ' 表示這兩個網路的參數，並以 $Q_\theta(s,a)$、$Q_{\theta'}(s,a)$ 代表透過這兩個網路呈現的 Q 函數。此時，利用以下公式表示更新 Q 函數使用的目標。

$$R_t + \gamma \max_a Q_{\theta'}(S_{t+1}, a)$$

在 DQN 學習讓 $Q_\theta(s,a)$ 的值趨近上述公式的值，這個值稱作「TD 目標」。然而，問題在於 $\max_a Q_{\theta'}(S_{t+1}, a)$。具體而言，對含有誤差的估計值（$Q_{\theta'}$）使用 max 運算子，將會導致評估高於使用真實的 Q 函數計算的結果。Double DQN 可以解決這個問題，Double DQN 把以下公式當作 TD 目標。

$$R_t + \gamma Q_{\theta'}(S_{t+1}, \underset{a}{\operatorname{argmax}} \, Q_\theta(S_{t+1}, a))$$

重點在於，使用 $Q_\theta(s,a)$ 選擇最大值的行動，從 $Q_{\theta'}(s,a)$ 取得實際值。分別使用兩個 Q 函數，可以解決高估問題，讓學習變穩定。具體而言，何謂高估？用什麼原理解決這個問題？在「附錄 C 理解 Double DQN」有詳細說明，有興趣的讀者請當作參考。

8.4.2 優先經驗重播

DQN 使用的經驗重播，經驗 $E_t = (S_t, A_t, R_t, S_{t+1})$ 儲存在緩衝區，學習時，從緩衝區隨機取出、使用經驗資料，而**優先經驗重播（Prioritized Experience Replay）**[14] 是將經驗重播進一步發展後的結果。顧名思義，這是根據優先順序選擇經驗資料，而不是隨機選擇。

經驗資料的優先順序是如何決定？我們想到的是以下公式。

$$\delta_t = \left| R_t + \gamma \max_a Q_{\theta'}(S_{t+1}, a) - Q_\theta(S_t, A_t) \right|$$

如上述公式所示，取得 TD 目標 $R_t + \gamma\max_a Q_{\theta'}(S_{t+1}, a)$ 與 $Q_\theta(S_t, A_t)$ 的差分，計算絕對值 δ_t。δ_t 愈大，修正量也愈大，亦即必須學習的量較多。反之，δ_t 愈小，代表已經是良好的參數，學習量比較少。

優先經驗重播在經驗資料儲存在緩衝區時，也會計算 δ_t，並且將包含 δ_t 的經驗資料 $(S_t, A_t, R_t, S_{t+1}, \delta_t)$ 增加到緩衝區。從緩衝區取出經驗資料時，使用 δ_t 計算選擇每個經驗資料的機率。假設有 N 個經驗資料儲存在緩衝區，可以用以下公式表示選擇第 i 個經驗資料的機率。

$$p_i = \frac{\delta_i}{\sum_{k=0}^{N} \delta_k}$$

按照機率 p_i，從緩衝區選出經驗資料。使用優先經驗重播，會優先選用學習量較多的資料，因而能快速學習。

8.4.3 Dueling DQN

最後要介紹 Dueling DQN [15]。Dueling DQN 是一種強化類神經網路結構的方法，此方法的關鍵在於**優勢函數（Advantage function）**。優勢函數是由 Q 函數與價值函數的差分定義而成，可以用以下公式表示。

$$A_\pi(s,a) = Q_\pi(s,a) - V_\pi(s) \tag{8.1}$$

公式（8.1）的優勢函數代表行動 a 與策略 π 相比有多優秀（或差勁），思考以下幾點就可以理解。

- $Q_\pi(s,a)$ 是在狀態 s 採取「特定行動 a」，之後按照 π 採取行動時，得到的收益期望值
- $V_\pi(s)$ 是從狀態 s 開始皆按照策略 π 採取行動時，得到的收益期望值

換句話說，$Q_\pi(s,a)$ 與 $V_\pi(s)$ 的差別在於，在狀態 s 採取行動 a，還是按照策略 π 選擇行動。因此，優勢函數可以解釋成比較「行動 a」與「依照策略 π 選擇行動」的優劣指標。

此外，利用公式（8.1）的優勢函數也可以計算 Q 函數。公式（8.1）的優勢函數變形如下。

$$Q_\pi(s,a) = A_\pi(s,a) + V_\pi(s) \tag{8.2}$$

Dueling DQN 以類神經網路表示公式（8.2），結構如**圖 8-13** 所示。

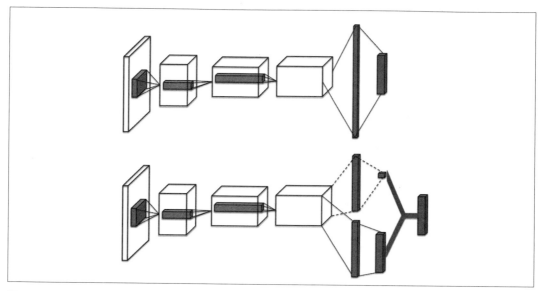

圖 8-13 DQN（上圖）與 Dueling DQN（下圖）的比較（此圖引用自論文 [15]）

如**圖 8-13** 所示，以網路共用到中途為止的計算，再分成優勢函數 $A(s, a)$ 與價值函數 $V(s)$，最後將兩個相加，輸出 $Q(s, a)$，這種結構是 Dueling DQN 的特色。

將優勢函數與價值函數分開學習有什麼好處？無論採取何種行動，結果幾乎不變的狀態有其優勢。例如，**圖 8-14** 的「Pong」遊戲情況。

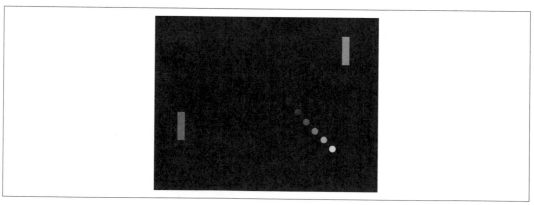

圖 8-14 球進入我方陣地前的畫面

圖 8-14 無論採取何種行動，結果都會輸（負值獎勵）。DQN 在狀態 s 實際採取行動 a，學習 $Q(s, a)$。如**圖 8-14** 所示，即使是任何行動都已經決定結果的狀態，若沒有嘗試所有行動，就不會學習 $Q(s, a)$。然而，Dueling DQN 是透過價值函數 $V(s)$ 進行計算，價值函數是狀態 s 的價值（不考慮行動）。因此，經歷過**圖 8-14** 的狀態，就會學習 $V(s)$，沒有嘗試其他行動也可以改善 $Q(s, a)$ 的趨近效能，能藉此促進學習。

以上介紹了三個擴充 DQN 的方法。在「10.3 DQN 系列的進階演算法」中，將介紹以 DQN 為基礎，進一步發展的演算法。

8.5　重點整理

本章學習了 DQN。DQN 的關鍵技術是經驗重播和目標網路。經驗重播是重複使用經驗資料的機制，藉由經驗重播，可以提高資料的使用效率，減少樣本之間的相關性。目標網路是由另一個網路計算 TD 目標的技術，使用其他網路，可以固定 TD 目標，進而穩定神經網路的學習。

雖然 DQN 已經出現一段時間，但是 DQN 仍然是一種很重要的方法，至今仍有許多以 DQN 為基礎的方法出現。這一章介紹了三種擴充 DQN 的方法，包括 Double DQN、優先經驗重播、Dueling DQN。

本章也介紹了 OpenAI Gym。Gym 準備了各式各樣的任務，由於介面共用，可以輕易切換各種任務。這一章使用 DQN 解決了 Gym 中的「CartPole」任務，同時也說明執行 Atari 的必要技術。

第 9 章
策略梯度法

我們已經介紹過 Q 學習、SARSA、蒙地卡羅法等方法，這些可以大致歸類為**價值基礎法（Value-based Method）**。這裡所謂的「價值」是指行動價值函數（Q 函數）、狀態價值函數。價值基礎法是將價值函數模型化，學習價值函數，「經由」價值函數獲得策略。

 價值基礎法通常是根據**一般策略迭代法**的概念，找出最佳策略。具體而言，透過重複價值函數的評估與改善策略流程，逐漸趨近最佳策略。

除了價值基礎法之外，也有不經由價值函數，直接表示策略的方法，那就是**策略基礎法（Policy-based Method）**。其中，利用類神經網路將策略模型化，使用梯度讓策略最佳化的方法稱作**策略梯度法（Policy Gradient Method）**。

現在有各式各樣以策略梯度法為基礎的演算法。本章先介紹最單純的策略梯度法，再透過改善這種單純的梯度法流程，導出稱作 REINFORCE 的演算法。接著改善 REINFORCE，導出有基準線的 REINFORCE，以及 Actor-Critic 等方法。

9.1 最單純的策略梯度法

策略梯度法是使用梯度更新策略的方法總稱，雖然有許多策略梯度法的演算法，但是這裡要導出的是最單純的策略梯度法。從下一節開始，將以前面學過的方法為基礎，進行改善，同時介紹新的方法。

9.1.1 導出策略梯度法

我們以 $\pi(a|s)$ 代表隨機策略。$\pi(a|s)$ 是在狀態 s 採取行動 a 的機率,這裡要使用類神經網路把策略模組化,因此統一用符號 θ 代表類神經網路的所有權重參數(θ 是把所有參數的元素排成一行的向量),$\pi_\theta(a|s)$ 代表類神經網路的策略。

接著使用策略 π_θ 設定目標函數。設定目標函數之後,可以找到將目標函數最大化的參數 θ,這個步驟稱作「最佳化」,是類神經網路的學習過程。

在最佳化問題中,我們設定目標函數取代常用的損失函數。損失函數是利用梯度下降法找出最小值,而目標函數是利用梯度上升法找出最大值。梯度下降法是往梯度乘以負值的方向更新參數,而梯度上升法是往梯度乘以正值的方向更新參數。不過,在目標函數加上負值,就能當作損失函數處理(反之亦然),因此就本質而言,損失函數和目標函數的作用是一樣的。

接著使用策略 π_θ 設定目標函數。首先要確定問題設定。這裡我們要思考回合任務,利用策略 π_θ 選擇行動的問題,假設我們可以得到「狀態、行動、獎勵」形成的時間序列資料。

$$\tau = (S_0, A_0, R_0, S_1, A_1, R_1, \cdots, S_{T+1})$$

τ 也稱作**軌道(Trajectory)**。此時,使用折扣率 γ,可以按照以下公式設定收益(return)。

$$G(\tau) = R_0 + \gamma R_1 + \gamma^2 R_2 + \cdots + \gamma^T R_T$$

這裡為了清楚顯示可以由 τ 計算收益而表示為 $G(\tau)$。此時,我們用以下公式代表目標函數 $J(\theta)$。

$$J(\theta) = \mathbb{E}_{\tau \sim \pi_\theta}[G(\tau)]$$

收益 $G(\tau)$ 是隨機變動的,所以該期望值為目標函數。上述公式把期望值的下標字顯示為「$\tau \sim \pi_\theta$」,代表 τ 是由 π_θ 生成的。

除了代理人的策略之外，τ 的生成過程也與環境 $p(s'|s, a)$ 及 $r(s, a, s')$ 有關。但是我們只能控制代理人的策略，因此只表示「$\tau \sim \pi_\theta$」，如 $\mathbb{E}_{\tau \sim \pi_\theta}[\cdots]$。

決定目標函數之後，接著要計算梯度。這裡以 ∇_θ 表示與參數 θ 有關的梯度，我們的目標是計算 $\nabla_\theta J(\theta)$。這一章省略導出過程，只在公式（9.1）顯示結果。導出過程將在「D.1 導出策略梯度法」說明，有興趣的讀者請參考該內容。

$$\nabla_\theta J(\theta) = \nabla_\theta \mathbb{E}_{\tau \sim \pi_\theta} [G(\tau)]$$
$$= \mathbb{E}_{\tau \sim \pi_\theta} \left[\sum_{t=0}^{T} G(\tau) \nabla_\theta \log \pi_\theta(A_t|S_t) \right] \tag{9.1}$$

公式（9.1）的重點是，∇_θ 在 $\mathbb{E}$ 之中（以 $\nabla_\theta \log \pi_\theta(A_t|S_t)$ 計算梯度）。後面會詳細說明，只要計算出 $\nabla_\theta J(\theta)$，就會更新類神經網路的參數。雖然有各種最佳化方法，但是我們可以用以下公式表示最簡單的方法。

$$\theta \leftarrow \theta + \alpha \nabla_\theta J(\theta)$$

如上述公式所示，往梯度方向只更新 α 的參數 θ，α 代表學習率，這是屬於梯度上升法的方法。

9.1.2 策略梯度法的演算法

公式（9.1）中的 $\nabla_\theta J(\theta)$ 代表期望值，可以使用蒙地卡羅法計算出來。蒙地卡羅法是透過多次取樣來取得平均值，這次假設讓策略 π_θ 的代理人實際採取行動，得到 n 個軌道 τ。此時，可以計算每個 τ 在公式（9.1）的期望值（$\sum_{t=0}^{T} G(\tau) \nabla_\theta \log \pi_\theta(A_t|S_t)$），並求出平均值，就能趨近 $\nabla_\theta J(\theta)$，公式如下。

$$\text{sampling} : \tau^{(i)} \sim \pi_\theta \quad (i = 1, 2, \cdots, n)$$
$$x^{(i)} = \sum_{t=0}^{T} G(\tau^{(i)}) \nabla_\theta \log \pi_\theta \left(A_t^{(i)}|S_t^{(i)} \right)$$
$$\nabla_\theta J(\theta) \simeq \frac{x^{(1)} + x^{(2)} + \cdots + x^{(n)}}{n}$$

假設 $\tau^{(i)}$ 代表第 i 回合得到的軌道，$A_t^{(i)}$ 代表在第 i 回合時間 t 的行動，$S_t^{(i)}$ 代表狀態。

此外，請思考蒙地卡羅法的樣本數量為 1，亦即上面公式中 $n=1$ 的情況。此時，可以將公式簡化如下。

$$\text{sampling}: \tau \sim \pi_\theta$$

$$\nabla_\theta J(\theta) \simeq \sum_{t=0}^{T} G(\tau) \nabla_\theta \log \pi_\theta(A_t|S_t) \tag{9.2}$$

本章為了簡單起見，說明以公式（9.2）為對象的策略梯度法。公式（9.2）是計算所有時間（$t=0\sim T$）的 $\nabla_\theta \log \pi_\theta(A_t|S_t)$，並在每個梯度乘以當作「權重」的收益 $G(\tau)$，計算總和。將此計算過程視覺化的結果如**圖 9-1** 所示。

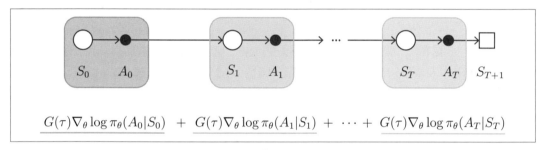

圖 9-1　使用策略梯度法進行計算

接著思考**圖 9-1** 進行計算的「意義」。首先根據 log 的微分，以下公式成立。

$$\nabla_\theta \log \pi_\theta(A_t|S_t) = \frac{\nabla_\theta \pi_\theta(A_t|S_t)}{\pi_\theta(A_t|S_t)}$$

如上述公式所示，$\nabla_\theta \log \pi_\theta(A_t|S_t)$ 是 $\frac{1}{\pi_\theta(A_t|S_t)}$ 倍的梯度 $\nabla_\theta \pi_\theta(A_t|S_t)$（向量）。因此可以瞭解 $\nabla_\theta \log \pi_\theta(A_t|S_t)$ 與 $\nabla_\theta \pi_\theta(A_t|S_t)$ 指向相同的方向。$\nabla_\theta \pi_\theta(A_t|S_t)$ 是指狀態 S_t 取得行動 A_t 的機率增加最多的方向。對該方向乘以權重 $G(\tau)$，成為 $G(\tau)\nabla_\theta \log \pi_\theta(A_t|S_t)$。

假設代理人得到 100 當作收益 $G(\tau)$。此時，要計算比較容易選擇該期間內行動的梯度，並以權重 100 加強。換句話說，順利的話，可以強化之前採取的行動。不順利的話，該期間內採取的行動會被減弱。

9.1.3 建置策略梯度法

接著要建置最單純的策略梯度法。首先是 import 陳述式及代表策略的類神經網路程式碼。

ch09/simple_pg.py

```python
import numpy as np
import gym
from dezero import Model
from dezero import optimizers
import dezero.functions as F
import dezero.layers as L


class Policy(Model):
    def __init__(self, action_size):
        super().__init__()
        self.l1 = L.Linear(128)
        self.l2 = L.Linear(action_size)

    def forward(self, x):
        x = F.relu(self.l1(x))
        x = F.softmax(self.l2(x))
        return x
```

這次要建置由兩層全連接層形成的模型,當作類神經網路。在行動數量(`action_size`)設定最終輸出的元素數,最終輸出是指 Softmax 函數的輸出,可以得到每個行動的「機率」。

在 Softmax 函數輸入有 n 個元素的向量,會輸出同樣有 n 個元素的向量。此時,可以用以下公式表示第 i 個輸出 y_i。

$$y_i = \frac{e^{x_i}}{\sum_{k=1}^{n} e^{x_k}}$$

這裡的 e 是自然常數(連續實數 $2.71828\cdots$),而且 Softmax 函數的輸出值全都是 0 以上 1 以下的實數,總和為 1($\sum_{i=1}^{n} y_i = 1$)。因此,Softmax 函數的輸出可以當作「機率」使用。

以下是 Agent 類別的程式碼，首先是初始化與 get_action 的方法。

ch09/simple_pg.py

```python
class Agent:
    def __init__(self):
        self.gamma = 0.98
        self.lr = 0.0002
        self.action_size = 2

        self.memory = []
        self.pi = Policy(self.action_size)
        self.optimizer = optimizers.Adam(self.lr)
        self.optimizer.setup(self.pi)

    def get_action(self, state):
        state = state[np.newaxis, :]  # 增加批次軸
        probs = self.pi(state)
        probs = probs[0]
        action = np.random.choice(len(probs), p=probs.data)
        return action, probs[action]
```

在 get_action 方法決定 state 的行動，利用 self.pi(state) 進行類神經網路的正向傳播，得到機率分布 probs。再按照機率分布，取樣一個行動。此時，也會傳回選擇的行動機率（上述程式碼中的 probs[action]）。

接下來要使用 get_action 方法，程式碼如下。

```python
env = gym.make('CartPole-v0')
state = env.reset()
agent = Agent()

action, prob = agent.get_action(state)
print('action:', action)
print('prob:', prob)

G = 100.0  # 虛擬權重
J = G * F.log(prob)
print('J:', J)

# 計算梯度
J.backward()
```

執行結果

```
action: 1
prob: variable(0.49956715)
J: variable(69.4013237953186)
```

在上述程式碼中，取出預設狀態的行動與機率。接著使用虛擬權重，計算以下公式表示的梯度，程式碼也一併顯示在下方（這是取出與公式（9.2）$t = 0$ 相關項目的公式）。

$$G(\tau)\nabla_\theta \log \pi_\theta(A_0|S_0)$$

上述程式碼中的變數與公式對照的結果如下。

- prob（Dezero.Variable）：$\pi_\theta(A_0|S_0)$

- G（float）：$G(\tau)$

- J（Dezero.Variable）：$G(\tau) \log \pi_\theta(A_0|S_0)$

一旦取得 J，就可以透過 J.backward() 計算 $G(\tau)\nabla_\theta \log \pi_\theta(A_0|S_0)$。以下是 Agent 類別剩下的程式碼。

ch09/simple_pg.py

```python
class Agent:
    ...

    def add(self, reward, prob):
        data = (reward, prob)
        self.memory.append(data)

    def update(self):
        self.pi.cleargrads()

        G, loss = 0, 0
        for reward, prob in reversed(self.memory):
            G = reward + self.gamma * G

        for reward, prob in self.memory:
            loss += -F.log(prob) * G

        loss.backward()
        self.optimizer.update()
        self.memory = []  # 重置記憶
```

每次代理人採取行動，獲得獎勵時，就會呼叫 add 方法。獎勵（reward）與代理人採取行動的機率（prob）將儲存在記憶體（self.memory）。代理人抵達終點時，呼叫 update 方法。這裡先計算收益 G，由獲得的獎勵反推，可以有效率地計算出收益（這個原理已經在「5.2.3 快速建置蒙地卡羅法」中說明過）。接著計算損失函數，先計算每個時間的 -F.log(prob)，乘以權重 G 之後再加總。最後進行一般的類神經網路學習。

 在類神經網路的學習中，通常會設定損失函數。此時，將目標函數 $J(\theta)$ 乘以負值，變成 $-J(\theta)$。如果把 $-J(\theta)$ 當作損失函數，可以利用梯度下降法的最佳化方法（SGD 或 Adam 等）更新參數。

最後在「CartPole」環境中，移動代理人，程式碼如下。

```python
episodes = 3000
env = gym.make('CartPole-v0')
agent = Agent()
reward_history = []

for episode in range(episodes):
    state = env.reset()
    done = False
    total_reward = 0

    while not done:
        action, prob = agent.get_action(state)
        next_state, reward, done, info = env.step(action)

        agent.add(reward, prob)
        state = next_state
        total_reward += reward

    agent.update()
    reward_history.append(total_reward)
```

這是常見的程式碼。在 while 陳述式中，增加代理人獲得獎勵（reward）與行動的機率（prob）。當跳出 while 陳述式時（結束回合時），利用 agent.update() 更新策略。

執行此程式碼，隨著回合數增加，得到的獎勵也會增加，結果如下圖所示。

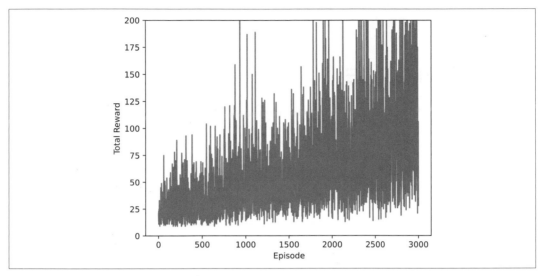

圖 9-2　每回合的獎勵總和變化

如圖 9-2 所示，雖然有大幅變動，但是隨著回合數增加，慢慢得到比較良好的結果。不過圖 9-2 是只執行一次的實驗結果，有可靠性問題。因此，執行 100 次實驗，取平均值的結果如圖 9-3 所示。

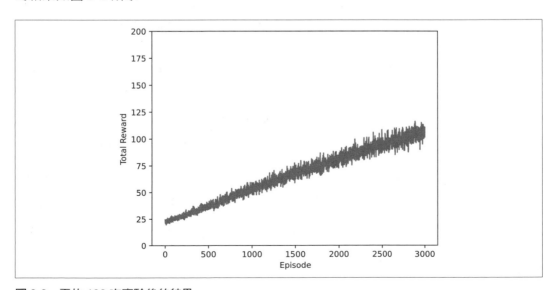

圖 9-3　平均 100 次實驗後的結果

檢視**圖 9-3**，可以瞭解隨著回合數增加，獎勵總和往上提高。可是，即使經過 3000 回合，也無法到達這次任務的上限 200，似乎仍有改善的空間。接著要改善這裡導出的最單純策略梯度法。改善後的演算法稱作 REINFORCE，是很知名的演算法。

9.2 REINFORCE

REINFORCE [16] 是把上一節的策略梯度法改善後的方法。這裡以公式為基礎，導出 REINFORCE 演算法，並以局部修改前面程式碼的方式來建置 REINFORCE。

 REINFORCE 是 取「**RE**ward **I**ncrement = **N**onnegative **F**actor × **O**ffset **R**einforcement × **C**haracteristic **E**ligibility」的第一個字母來命名。

9.2.1 REINFORCE 演算法

首先，複習上一節的內容。最單純的策略梯度法是根據公式（9.1）建置而成。

$$\nabla_\theta J(\theta) = \mathbb{E}_{\tau \sim \pi_\theta} \left[\sum_{t=0}^{T} G(\tau) \nabla_\theta \log \pi_\theta(A_t|S_t) \right] \tag{9.1}$$

公式（9.1）的 $G(\tau)$ 是到目前為止獲得的所有獎勵總和（正確來說是「含折扣率」的獎勵總和）。這裡要思考的問題是，不論任何時間 t，是否都和 $G(\tau)\nabla_\theta \log \pi_\theta(A_t|S_t)$ 一樣，使用固定的權重 $G(\tau)$，增加（或減少）採取行動 A_t 的機率，

代理人的行動好壞是由採取行動**後**得到的獎勵總和來評估（請回想一下價值函數的定義）。相對來說，採取某個行動之**前**得到的獎勵，與該行動的好壞無關。假設要評估時間 t 採取的行動 A_t，之前採取何種行動，獲得多少獎勵都無所謂。採取行動 A_t 之後，根據產生的結果，亦即時間 t 之後得到的獎勵總和來評估 A_t 的好壞。

檢視公式（9.1）可以瞭解，行動 A_t 的權重是 $G(\tau)$。權重 $G(\tau)$ 也包含時間 t 之前的獎勵。換句話說，本來沒有關係的獎勵會當作雜訊包含在內。如果要改善這一點（去除雜訊），可以按照以下方式更改權重 $G(\tau)$。

$$\nabla_\theta J(\theta) = \mathbb{E}_{\tau \sim \pi_\theta} \left[\sum_{t=0}^{T} G_t \nabla_\theta \log \pi_\theta(A_t|S_t) \right] \tag{9.3}$$
$$G_t = R_t + \gamma R_{t+1} + \cdots \gamma^{T-t} R_T$$

如上所示，將權重改成 G_t。權重 G_t 是時間 $t \sim T$ 之間獲得的獎勵總和，如此一來，選擇行動 A_t 的機率就會隨著權重 G_t（不含時間 t 之前的獎勵）而增加，這就是改善上一節策略梯度法的方法。大家熟知的 REINFORCE 是根據公式（9.3）導出的演算法，本書並未驗證公式（9.3）是否成立，想瞭解如何驗證這個公式的讀者，請參考文獻 [17]、[18]。

以公式（9.3）為基礎的演算法 REINFORCE 比最單純的策略梯度法（以公式（9.1）為基礎的演算法）優秀。公式（9.1）與公式（9.3）透過無限增加樣本數，收斂為正確的 $\nabla_\theta J(\theta)$（這可以稱作「無偏差」）。可是，公式（9.1）的樣本分散，「變異數」比較大，因為公式（9.1）的權重包含了無關的資料（雜訊）。

9.2.2　建置 REINFORCE

REINFORCE 的變異數小，即使樣本數少，也能獲得良好的準確度。接下來將建置 REINFORCE，驗證其準確度。REINFORCE 的程式碼和上一節幾乎一樣，不同之處只有 Agent 類別的 update 方法而已，這裡只顯示差異部分。

ch09/reinforce.py

```python
class Agent:
    ...

    def update(self):
        self.pi.cleargrads()

        G, loss = 0, 0
        for reward, prob in reversed(self.memory):
            G = reward + self.gamma * G
            loss += -F.log(prob) * G

        loss.backward()
        self.optimizer.update()
        self.memory = []
```

self.memory 是清單，會依序儲存代理人得到的獎勵（reward）與行動的機率（prob）。這裡從後面開始，按照 self.memory 的元素順序，計算每個時間的 G。

接下來要執行 REINFORCE。**圖 9-4** 顯示了只執行一次程式碼時，產生的圖表，以及取 100 次的平均值所得到的圖表。

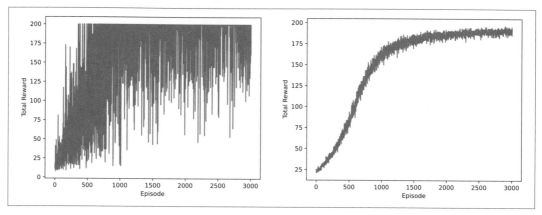

圖 9-4　每回合的獎勵總和變化（左圖是執行一次程式碼的結果，右圖是執行 100 次的平均值）

如**圖 9-4** 所示，隨著回合數增加，獎勵總和往上升。此外，**圖 9-4** 的右圖（平均結果）趨近上限 200。由此可知，與上次的結果相比，不僅學習穩定而且學習速度也提高。

9.3　基準線

接下來要介紹改善 REINFORCE 的**基準線（Baseline）**技術。一開始先以簡單的例子說明這個概念，之後在 REINFORCE 使用基準線。

9.3.1　基準線的概念

首先舉個簡單的例子說明基準線的概念。假設有三個人（A、B、C）參加測驗，成績分別是 90 分、40 分、50 分。

A	90
B	40
C	50

圖 9-5　三個人的測驗結果

使用 NumPy 計算此結果的變異數如下。

```
import numpy as np

x = np.array([90, 40, 50])
print(np.var(x))
```

執行結果

```
466.6666666666667
```

如上所示,測驗結果的變異數是 466.6666666666667,數值很大。變異數代表「資料的分散程度」,由此可知測驗結果很分散。以下將思考如何減少變異數。

假設可以使用過去三個人的測驗結果。例如,到目前為止的測驗結果如**圖 9-6** 所示。

	第一次測驗	第二次測驗	...	第十次測驗
A	92	80	...	74
B	32	51	...	56
C	45	53	...	49

圖 9-6　三個人到目前為止的測驗結果

如果知道到目前為止的測驗結果,如**圖 9-6**,就可以預測下一次測驗的分數。其中一種方法是計算過去測驗的平均值,從過去平均分數的「差分」,預測下一次的測驗結果。

假設**圖 9-6** 的結果平均之後,A 是 82 分,B 是 46 分,C 是 49 分。我們將其當作「預測值」,思考與測試結果的差分。

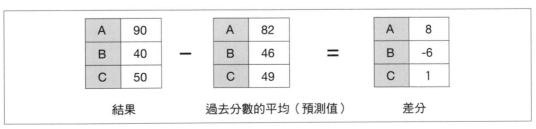

圖 9-7　實際結果與預測值的差分

接下來將針對**圖 9-7** 的差分計算變異數。利用以下程式碼可以進行計算。

```python
x = np.array([90, 40, 50])

avg = np.array([82, 46, 49])
diff = x - avg  # [8, -6, 1]

print(np.var(diff))
```

執行結果

32.66666666666664

結果變異數為 32.66666666666664。與最初的結果相比，大幅縮小了變異數。如這個例子所示，將某個結果減去預測值，可以減少變異數。預測值的準確度愈高，變異數愈小，這就是基準線的概念。接著要在 REINFORCE 套用基準線。

9.3.2　含基準線的策略梯度法

以公式（9.3）表示 REINFORCE，在 REINFORCE 套用基準線，就成為公式（9.4）。

$$\nabla_\theta J(\theta) = \mathbb{E}_{\tau \sim \pi_\theta} \left[\sum_{t=0}^{T} G_t \nabla_\theta \log \pi_\theta(A_t|S_t) \right] \tag{9.3}$$

$$= \mathbb{E}_{\tau \sim \pi_\theta} \left[\sum_{t=0}^{T} \left(G_t - b(S_t) \right) \nabla_\theta \log \pi_\theta(A_t|S_t) \right] \tag{9.4}$$

如公式（9.4）所示，我們可以使用 $G_t - b(S_t)$ 取代 G_t。這裡的 $b(S_t)$ 是任意函數，換句話說，$b(S_t)$ 函數只要輸入為 S_t，任何函數都可以，$b(S_t)$ 就是基準線。

「D.2 導出基準線」驗證了公式（9.3）變形成公式（9.4）成立（等式成立），有興趣的讀者請參考該內容。

公式（9.4）的 $b(S_t)$ 可以使用任何函數。例如，在狀態 S_t，把到目前為止的獎勵平均當作 $b(S_t)$。實際上常用的是價值函數，寫成公式為 $b(S_t)=V_{\pi_\theta}(S_t)$。如果可以使用基準線縮小變異數，就能進行樣本效率良好的學習。此外，把價值函數當作基準線使用時，無法知道真實的價值函數 $v_{\pi_\theta}(S_t)$。此時，必須學習價值函數。

最後要補充說明為什麼使用基準線可以獲得比較好的結果。這裡以 CartPole 為例，思考**圖** 9-8 的狀態。

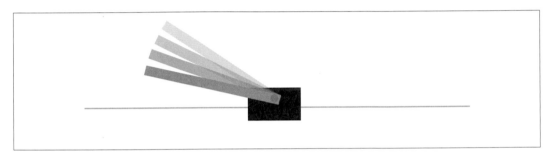

圖 9-8 　CartPole 失去平衡的狀態

圖 9-8 顯示木棒失去平衡，遊戲結束前的狀態[1]。在此狀態下，不論選擇何種行動，幾步之後都會結束遊戲。

假設**圖** 9-8 的狀態為 s，行動為 a，在狀態 s 的幾步之後，例如三步之後，一定會結束遊戲。此時，狀態 s 的收益 G 為 3（假設折扣率 γ 為 1）。如果是沒有基準線的 REINFORCE，狀態 s 的行動 a 以權重 3 增加機率（狀態 s 選擇行動 a 的機率提高）。可是，不論採取何種行動，三步之後一定會結束遊戲，因此提高行動 a 的機率操作毫無意義。

此時，基準線就可以派上用場。這裡使用價值函數當作基準線，在**圖** 9-8 的例子中，假設我們已經知道 $V_{\pi_\theta}(s)=3$（實際上，必須利用蒙地卡羅法或 TD 法進行學習、推測）。此時的權重是「$G-V_{\pi_\theta}$」，結果為 0。由於權重為 0，不論選擇哪個行動，選擇該行動的機率都不會增加或減少。使用基準線可以省去無謂的學習。

1　在 OpenAI Gym 的 CartPole 遊戲中，當木棒超過垂直線 15 度時，就會結束遊戲，但是這裡為了方便說明，假設木棒變成平行線時，遊戲才結束。

9.4　Actor-Critic

強化學習的演算法大致分成價值基礎法與策略基礎法。到目前為止,本章說明的全都是策略基礎法,而 DQN 與 SARSA 是價值基礎法。此外,還有同時使用兩者的方法(「價值基礎且策略基礎」法)。

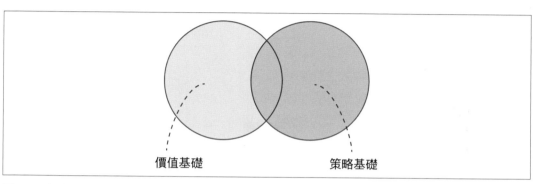

圖 9-9　價值基礎法與策略基礎法

上一節說明了含基準線的 REINFORCE,如果在基準線使用價值函數,就會變成「價值基礎且策略基礎」法。這裡將進一步發展含基準線的 REINFORCE,導出 Actor-Critic 演算法。Actor-Critic 也是「價值基礎且策略基礎」法。

9.4.1　導出 Actor-Critic

首先從複習「含基準線的 REINFORCE」開始說明。「含基準線的 REINFORCE」使用以下公式表示目標函數的梯度。

$$\nabla_\theta J(\theta) = \mathbb{E}_{\tau \sim \pi_\theta} \left[\sum_{t=0}^{T} (G_t - b(S_t)) \nabla_\theta \log \pi_\theta(A_t|S_t) \right] \tag{9.4}$$

公式(9.4)的 G_t 代表收益,$b(S_t)$ 代表基準線。基準線可以使用任何函數,這裡以類神經網路模型化的價值函數當作基準線。此時,會使用以下新的符號。

- w:代表價值函數的類神經網路中的所有權重參數
- $V_w(S_t)$:將價值函數模型化的類神經網路

此時，可以用以下公式表示目標函數的梯度。

$$\nabla_\theta J(\theta) = \mathbb{E}_{\tau \sim \pi_\theta} \left[\sum_{t=0}^{T} (G_t - V_w(S_t)) \nabla_\theta \log \pi_\theta(A_t|S_t) \right] \tag{9.5}$$

公式（9.5）有一個問題，就是收益 G_t 在抵達終點前，收益值不固定。換句話說，在抵達終點之前，無法更新策略及價值函數，以蒙地卡羅法為基礎的方法都有這種缺點，第 6 章說明的 TD 法可以解決這個缺點。使用 TD 法學習價值函數時，如**圖 9-10** 所示，可以使用一步後（或 n 步後）的結果進行更新。

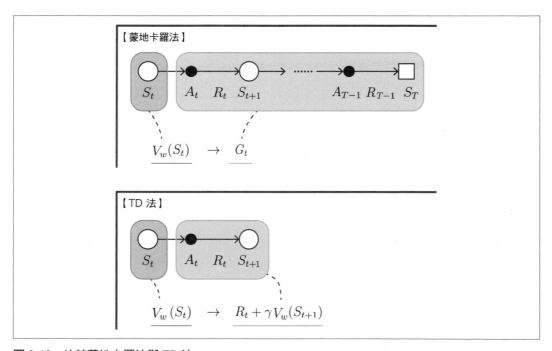

圖 9-10　比較蒙地卡羅法與 TD 法

如**圖 9-10** 所示，蒙地卡羅法是使用收益 G_t 學習價值函數 $V_w(S_t)$，而 TD 法是使用 $R_t + \gamma V_w(S_{t+1})$。

 以類神經網路將價值函數模型化時，$V_w(S_t)$ 的值會學習趨近 $R_t + \gamma V_w(S_{t+1})$。具體而言，把 $V_w(S_t)$ 與 $R_t + \gamma V_w(S_{t+1})$ 的均方誤差當作損失函數，利用梯度下降法更新類神經網路的權重。

接下來，把以蒙地卡羅法為基礎的公式（9.5）切換成 TD 法，使用 $R_t + \gamma V_w(S_{t+1})$ 代替 G_t，可以得到以下公式。

$$\nabla_\theta J(\theta) = \mathbb{E}_{\tau \sim \pi_\theta} \left[\sum_{t=0}^{T} (R_t + \gamma V_w(S_{t+1}) - V_w(S_t)) \nabla_\theta \log \pi_\theta(A_t|S_t) \right] \tag{9.6}$$

Actor-Critic 是以公式（9.6）為基礎，策略 π_θ 與價值函數 V_w 為類神經網路，這兩個類神經網路會同時學習。具體而言，策略 π_θ 是以公式（9.6）為基礎進行學習。價值函數 V_w 是透過 TD 法進行學習，讓 $V_w(S_t)$ 的值趨近 $R_t + \gamma V_w(S_{t+1})$。

Actor-Critic 的 Actor 是指「行為者」，意思是採取行動的人，相當於策略 π_θ。而 Critic 是指「評論者」，相當於價值函數 V_w。換句話說，策略 π_θ 決定行動（行為），使用 V_w 評論該行為的好壞。

9.4.2　建置 Actor-Critic

接下來要建置 Actor-Critic。以下是策略與價值函數這兩個類神經網路的程式碼。

ch09/actor_critic.py

```python
import numpy as np
import gym
from dezero import Model
from dezero import optimizers
import dezero.functions as F
import dezero.layers as L

class PolicyNet(Model):
    def __init__(self, action_size=2):
        super().__init__()
        self.l1 = L.Linear(128)
        self.l2 = L.Linear(action_size)

    def forward(self, x):
        x = F.relu(self.l1(x))
        x = self.l2(x)
        x = F.softmax(x)
        return x

class ValueNet(Model):
    def __init__(self):
        super().__init__()
```

```
        self.l1 = L.Linear(128)
        self.l2 = L.Linear(1)

    def forward(self, x):
        x = F.relu(self.l1(x))
        x = self.l2(x)
        return x
```

這裡要建置策略用的 PolicyNet 類別，以及價值函數用的 ValueNet 類別。策略的最終輸出為 Softmax 函數的輸出，因此會輸出「機率」，接下來是 Agent 類別。

ch09/actor_critic.py

```
class Agent:
    def __init__(self):
        self.gamma = 0.98
        self.lr_pi = 0.0002
        self.lr_v = 0.0005
        self.action_size = 2

        self.pi = PolicyNet()
        self.v = ValueNet()
        self.optimizer_pi = optimizers.Adam(self.lr_pi).setup(self.pi)
        self.optimizer_v = optimizers.Adam(self.lr_v).setup(self.v)

    def get_action(self, state):
        state = state[np.newaxis, :]    # 增加批次軸
        probs = self.pi(state)
        probs = probs[0]
        action = np.random.choice(len(probs), p=probs.data)
        return action, probs[action]

    def update(self, state, action_prob, reward, next_state, done):
        # 增加批次軸
        state = state[np.newaxis, :]
        next_state = next_state[np.newaxis, :]

        # ① self.v 的損失
        target = reward + self.gamma * self.v(next_state) * (1 - done)
        target.unchain()
        v = self.v(state)
        loss_v = F.mean_squared_error(v, target)

        # ② self.pi 的損失
        delta = target - v
        delta.unchain()
        loss_pi = -F.log(action_prob) * delta
```

```
        self.v.cleargrads()
        self.pi.cleargrads()
        loss_v.backward()
        loss_pi.backward()
        self.optimizer_v.update()
        self.optimizer_pi.update()
```

在 get_action 方法中，按照策略取出行動。這裡要注意，類神經網路的輸入資料是以小批次進行處理，所以處理一個資料（狀態）時，需要增加批次軸。此外，get_action 方法會傳回選擇的行動與機率，後面計算損失函數時，會用到選擇行動的機率。

在 update 方法中，進行價值函數與策略的學習。程式碼的①要計算價值函數（self.v）的損失，所以必須計算 TD 目標（target）與目前狀態的價值函數（v）之均方誤差。接著在程式碼②計算策略（self.pi）的損失。把公式（9.6）乘以負值當作損失，最後是一般類神經網路的學習程式碼。

移動代理人的程式碼和前面一樣，這裡省略說明，最後得到圖 9-11 的結果。

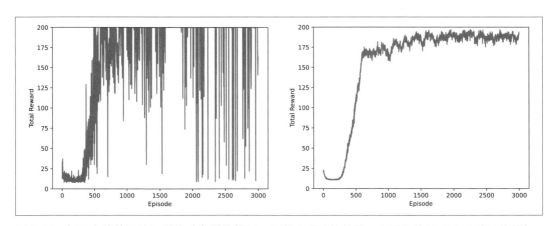

圖 9-11　每回合的獎勵總和變化（左圖是執行一次程式碼時的結果，右圖是執行 100 次的平均值）

由上圖可以得知，順利進行學習。以上就完成 Actor-Critic 的建置。

9.5 策略基礎法的優點

到目前為止，我們介紹了策略基礎法。最後，要說明這些策略基礎法的優點。這裡列出三個優點，並分別解說。

1. 直接將策略模組化比較有效率

我們最終想得到的是最佳策略。價值基礎法是根據推測的價值函數來決定策略。然而，策略基礎法是「直接」推測策略。有些問題的價值函數形狀複雜，但是最佳策略卻很簡單。在這種情況下，策略基礎法能以較快的速度進行學習。

2. 可用於連續的行動空間

到目前為止，我們介紹過的強化學習問題都是離散行動空間。例如，CartPole 是選擇向右或向左其中一個行動。在這種離散行動空間，會從幾個選項中選擇一個行動（不連續）。另外，也有連續行動空間的問題。例如，OpenAI Gym 的「Pendulum」是在木棒的中心施加力矩，舉起木棒的任務（圖 9-12）。此時，施加多大力矩（例如 2.05 或 -0.24 等）的連續值，就是行動空間。

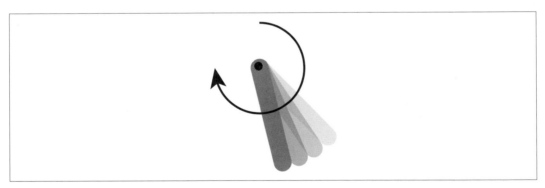

圖 9-12 OpenAI Gym 的「Pendulum」

價值基礎法很難套用在連續行動空間。有幾種解決方法，其中一種是將連續行動空間離散化。但是如何離散化？（也稱作「量子化（Quantize）」），是一大難題。而且適合每個任務的方法也不同。通常需要嘗試錯誤，才能找到適合的離散化方法。

然而，策略基礎法可以輕易處理連續行動空間的問題。假設類神經網路的輸出為常態分布，類神經網路能輸出常態分布的平均與變異數。根據平均與變異數取樣，可以得到連續值（**圖 9-13**）。

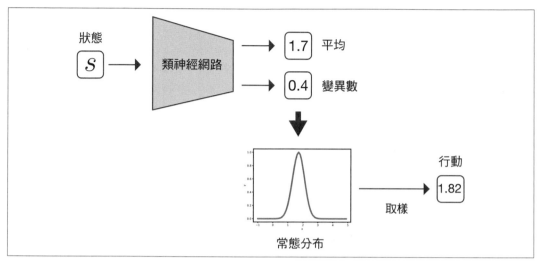

圖 9-13　輸出連續值的類神經網路範例

3. 行動的選擇機率能平滑變化

在價值基礎法中，代理人通常利用 ε-貪婪法選擇行動。基本上會選擇 Q 函數為最大值的行動。此時，若因 Q 函數的更新而導致最大值的行動改變時，選擇行動的方法會突然變化。然而，策略基礎法是利用 Softmax 函數決定每個行動的機率，在更新策略參數的過程中，每個行動的機率會平滑變化，策略梯度法的學習也比較穩定。

以上是策略基礎法的優點。這裡必須注意，並非在任何情況下，策略基礎法都勝過價值基礎法，這兩種方法會隨著任務而各有優劣。不論策略基礎法或價值基礎法，建置這兩者的演算法都需要各種技巧，必須視狀況選擇演算法。

9.6 重點整理

這一章介紹了策略基礎法中的策略梯度法。具體而言，共說明四個策略梯度法的演算法，以下用公式（統一）顯示這些演算法。

$$\nabla_\theta J(\theta) = \mathbb{E}_{\tau \sim \pi_\theta} \left[\sum_{t=0}^{T} \Phi_t \nabla_\theta \log \pi_\theta(A_t|S_t) \right]$$

1. $\Phi_t = G(\tau)$ （最單純的策略梯度法）

2. $\Phi_t = G_t$ （REINFORCE）

3. $\Phi_t = G_t - b(S_t)$ （含基準線的 REINFORCE）

4. $\Phi_t = R_t + \gamma V(S_{t+1}) - V(S_t)$ （Actor-Critic）

以上四種方法的權重 Φ_t 不同。最單純的策略梯度法是所有時間的權重為 $G(\tau)$，REINFORCE 可以改善這個部分，利用收益 G_t 評估時間 t 的權重。含基準線的 REINFORCE 是透過加上基準線的方式來減少分散程度。第四種方法 Actor-Critic 除了策略之外，也會使用類神經網路將價值函數模組化。隨著編號 $1 \rightarrow 2 \rightarrow 3 \rightarrow 4$ 前進，可以轉變成高準確度的方法，獲得更好的結果。

除了以上四個選項之外，也能使用 Q 函數（使用 Q 函數但等號仍成立的驗證過程請參考文獻 [19]）。

$$\Phi_t = Q(S_t, A_t)$$

此外，在基準線使用價值函數，Φ_t 的設定如下。

$$\Phi_t = Q(S_t, A_t) - V(S_t)$$
$$= A(S_t, A_t)$$

如上述公式所示，我們可以使用 Q 函數減去價值函數的值，這稱作 Advantage 函數，可以顯示為 $A(s, a)$。

第 10 章
進階內容

到目前為止,我們介紹了許多強化學習的知識。本書的前半部分說明強化學習的基礎內容,後半部分介紹使用深度學習的重要方法。這裡將介紹與現代深度強化學習有關的進階演算法。首先,檢視深度強化學習的分類圖,再說明策略梯度法系列的演算法,接著介紹 DQN 系列的演算法。

此外,本章也會解說深度強化學習的重要例子當作案例研究,包括圍棋、日本將棋等棋盤遊戲、機器人控制、半導體設計等在社會上有重大成果的案例。最後將探討深度強化學習的可能性和挑戰,作為本書的總結。

10.1　深度強化學習演算法的分類

這裡將依照類型來分類深度強化學習的演算法,這種分類方法參考了文獻 [20],請見圖 10-1。

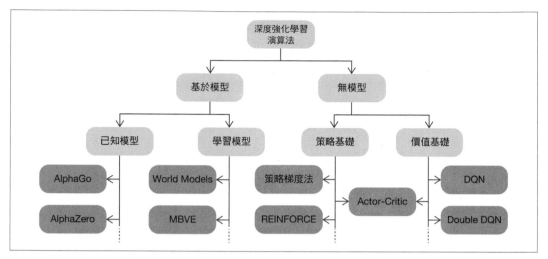

圖 10-1　深度強化學習演算法的分類圖

接下來將根據**圖 10-1**，說明深度強化學習演算法的分類方法。首先，大致分類成是否使用環境模型，包括狀態轉移函數 $p(s'|s, a)$ 與獎勵函數 $r(s, a, s')$。沒有使用環境模型的方法，稱作**無模型（Model-free）**方法，使用環境模型的方法，稱作**基於模型（Model-based）**方法。

基於模型的方法分成給予環境模型與學習環境模型兩種。給予環境模型時，代理人不會採取行動，可以利用規劃（Planning）解決問題。我們在「第 4 章 動態規劃法」透過存取環境模型的方式，使用動態規劃法解決了問題。此外，圍棋、日本將棋等棋盤遊戲可以當作已知環境模型的問題來處理。此時，也能採取使用了環境模型的方法。知名的演算法包括 **AlphaGo** 及 **AlphaZero** 等（詳細說明請見「10.4.1 棋盤遊戲」）。

沒有給予環境模型時，可以從環境得到的經驗來學習環境模型。學習完畢的環境模型除了使用於規劃之外，也能運用在策略評估與改善上。屬於這個領域的方法包括 World Models [21]、MBVE（Model-Based Value Estimation）[22] 等。目前正積極地研究這個領域，未來或許能在實現類似人類擁有的通用智慧上發揮作用。

學習環境模型的方法有幾個問題，最大的問題是代理人只能取得部分生成環境模型的樣本資料。因此，學習的環境模型與實際環境之間會產生落差（偏差）。即使在學習後的模型中，代理人採取了良好的行動，在實際環境下，仍可能出現不適當的行動。

學習環境模型的方法隱藏著極大的可能性，但是就目前而言，無模型的方法比較有成果，本書也以無模型方法為主。無模型的方法可以分類成策略基礎法、價值基礎法，以及併用兩者的方法。

策略基礎法包括策略梯度法與 REINFORCE。Actor-Critic 屬於「策略基礎且價值基礎」法（在「第 9 章 策略梯度法」已經說明過）。「10.2 策略梯度法系列的進階演算法」將介紹進一步發展策略梯度法後的演算法。價值基礎法是把價值函數模型化再學習的方法。其中，最重要的方法是 DQN。「10.3 DQN 系列的進階演算法」將介紹進一步發展 DQN 後的演算法。

10.2　策略梯度法系列的進階演算法

「第 9 章 策略梯度法」說明了 REINFORCE、Actor-Critic 等策略梯度法的演算法。這裡將介紹進化後的進階演算法，如下所示。

- A3C、A2C（進行分散學習的演算法）
- DDPG（含確定性策略的演算法）
- TRPO、PPO（在目標函數加上限制的演算法）

這裡依照演算法的特色，分成上述三個群組。首先要介紹的是 A3C 與 A2C。

10.2.1　A3C、A2C

A3C [23] 是「Asynchronous Advantage Actor-Critic」的縮寫。因為名稱裡有三個「A」與一個「C」，所以稱作 A3C。A3C 的特色是 Asynchronous，也就是「非同步」。這裡所謂的非同步是指，多個代理人平行採取行動，並以非同步的方式更新參數。

在電腦科學領域，「並行（Concurrent）」與「平行（Parallel）」的意思不同。並行是指某個時間只進行（處理）一個工作，但是透過快速切換，可以同時進行多個工作的技術。然而，平行是在（物理性）其他場所，同時進行多個工作。

A3C 是使用以類神經網路模組化的 Actor-Critic 學習策略。如**圖 10-2** 所示，包括一個全域網路與多個區域網路。

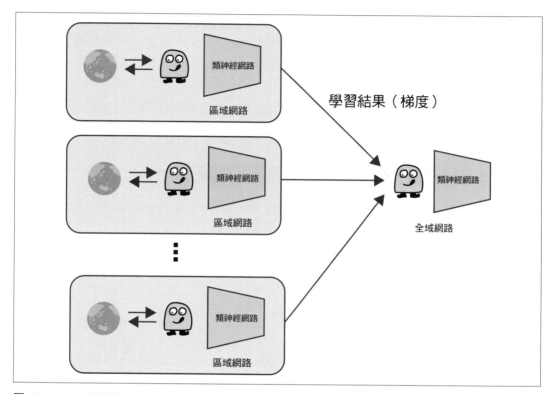

圖 10-2　A3C 的結構

區域網路在各個環境獨立進行學習，再把梯度當作學習結果傳送給全域網路。全域網路使用來自多個區域網路的梯度，以非同步的方式更新權重參數，同時定期同步全域網路與區域網路的權重參數。

A3C 的優點是，讓多個代理人平行採取行動，可以快速進行學習。由於代理人平行且獨立行動（探索），能得到多樣化的資料，減少整體學習資料的相關性，讓學習更穩定。

DQN 使用了減少學習資料相關性的經驗重播（Experience Replay）技巧。這是把經驗資料暫存在緩衝區，再從中隨機選取多個經驗資料的方法，藉此減少學習資料之間的相關性。可是線上策略無法使用經驗重播，而且經驗重播還有記憶體的用量及計算量龐大的缺點。

平行處理是線上策略也可以使用的通用技巧。透過讓代理人平行採取行動，（不靠經驗重播）減少資料的相關性。自 A3C 的論文發表之後，平行處理已經運用在許多研究上，成為一種趨勢。

此外，A3C 的 Actor-Critic 會共用類神經網路的權重。如圖 10-3 所示，以一個類神經網路共用權重，輸出策略與價值函數。策略與價值函數接近輸入層，可能有類似的權重，因此這種參數共用型的網路結構可以有效發揮作用。

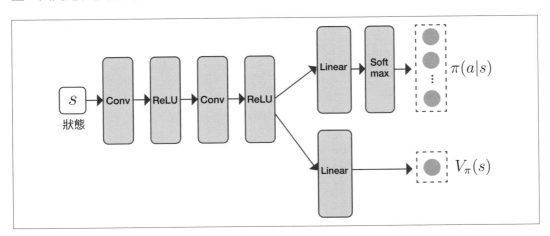

圖 10-3　A3C 的網路結構

接著是 A2C [23]。A2C 是同步更新參數的方法，以刪除 A3C 第一個 A（Asynchronous）來命名。A2C 的結構如**圖 10-4**。

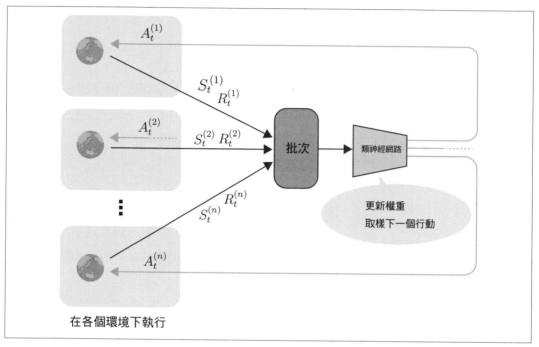

圖 10-4　A2C 的結構

如**圖 10-4** 所示，每個環境中的代理人獨立採取動作，因此每個環境在時間 t 的狀態都不同。於是將時間 t 每個環境的狀態（同步）整合成批次，進行類神經網路的學習。此時，從類神經網路的輸出（策略的機率分布）取樣下一次行動，將取樣的行動傳給每個環境。

根據實驗結果可以得知，透過 A2C 同步更新的效能不會比 A3C 差。此外，A2C 的建置方法簡單，能有效運用 GPU 等計算資源。基於這一點，實務上比較常用 A2C。

A3C 必須在每個環境中執行類神經網路，如果要準備 N 個環境，理想上必須準備 N 個 GPU。然而，A2C 可以將執行類神經網路的地方整合成一個，只有一個 GPU 也可以進行計算。

10.2.2 DDPG

直接將策略模型化的策略梯度法也可以處理連續行動空間的問題。如**圖 10-5** 所示，代表策略的類神經網路能設計成輸出「常態分布的平均值」，從常態分布中取樣，可以獲得實際的行動。

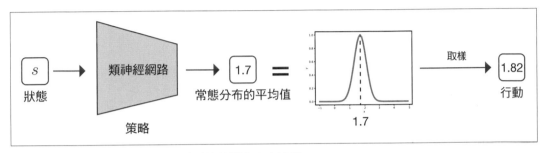

圖 10-5 策略的類神經網路輸出連續值的機率分布範例

DDPG [24] 是「Deep Deterministic Policy Gradient method（深度確定性策略梯度法）」的縮寫。顧名思義，這是為連續行動空間的問題而設定的演算法。類神經網路如**圖 10-6** 所示，直接輸出行動當作連續值。

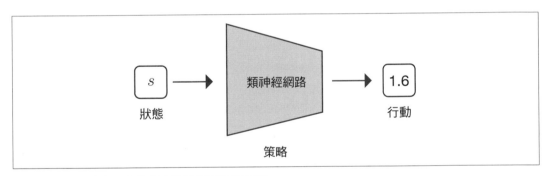

圖 10-6 直接輸出行動當作連續值的類神經網路

DDPG 的策略是輸入某個狀態 s，就會確定唯一的動作 a，所以是確定性策略。DDPG 把這個確定性策略加入 DQN（Deep Q-Network），以 $\mu_\theta(s)$ 表示策略的類神經網路，$Q_\phi(s, a)$ 表示 DQN Q 函數的類神經網路，θ 與 ϕ 分別為類神經網路的參數。此時，DDPG 利用以下兩個流程更新參數。

1. 更新策略 $\mu_\theta(s)$ 的參數 θ，讓 Q 函數的輸出變成最大值。

2. 透過在 DQN 進行的 Q 學習，更新 Q 函數 $Q_\phi(s, a)$ 的參數 ϕ。

首先從第一個學習開始說明。組合兩個類神經網路，如圖 **10-7** 所示，更新確定性策略 $\mu_\theta(s)$ 的參數 θ，讓 Q 函數的輸出變成最大值。

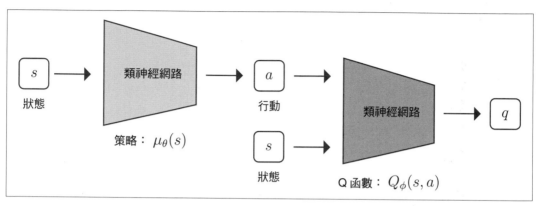

圖 10-7　利用兩個類神經網路進行計算的流程

圖 **10-7** 的重點是，$\mu_\theta(s)$ 輸出的行動 a 是連續值，且輸出 a 直接成為 $Q_\phi(s, a)$ 的輸入。因此，透過兩個類神經網路進行反向傳播。利用反向傳播計算梯度 $\nabla_\theta q$（q 是 Q 函數的輸出），就可以用梯度 $\nabla_\theta q$ 更新參數 θ。

 圖 **10-7** 假設利用機率性策略取樣動作，反向傳播會在進行取樣的地方停止（在此之前，只傳遞梯度 0）。此時，無法更新策略的參數。

第二個學習是在 DQN 進行的 Q 學習。這個方法已經在「第 8 章 DQN」說明過，但是這次使用確定性策略 $\mu_\theta(s)$，可以提高計算效率。

DQN 進行的 Q 函數更新是，$Q_\phi(S_t, A_t)$ 的值等於（或趨近）$R_t + \gamma \max_a Q_\phi(S_{t+1}, a)$。透過第一個學習，策略 $\mu_\theta(s)$ 會輸出讓 Q 函數變成最大值的行動，因而可以使用以下的近似值。

$$\max_a Q_\phi(s, a) \simeq Q_\phi(s, \mu_\theta(s))$$

計算最大值 $\max_a$ 通常都需要大量運算，尤其行動空間為連續時，必須解決複雜的最佳化問題。DDPG 將 $\max_a Q_\phi(s, a)$ 轉換成兩個類神經網路的正向傳播 $Q_\phi(s, \mu_\theta(s))$（**圖 10-7**），這樣可以簡化計算，提高學習效率。

　　DDPG 加入了「軟目標」與「探索雜訊」的技巧。軟目標是讓 DQN 的「目標網路」「放緩」的方法。目標網路的參數不會定期與學習中的參數同步，而是每次逐漸往學習中的參數方向趨近。探索雜訊是在確定性策略加入雜訊，讓行動增加隨機性的方法，詳細說明請參考論文 [24]。

10.2.3　TRPO、PPO

策略梯度演算法使用類神經網路將策略模型化，並以梯度法更新參數。策略梯度演算法的問題在於，雖然由梯度知道更新參數的「方向」，卻不知道前進多少「步長」。如果步長過大，策略會變差；反之，若步長過小，幾乎無法展開學習，TRPO（Trust Region Policy Optimization）[25] 可以解決這個問題。TRPO 的中文翻譯為「信任領域策略最佳化」。顧名思義，在可信任的領域中，亦即適當的步長下，可以將策略最佳化。

KL 散度（Kullback-Leibler Divergence）是測量兩個機率分布相似度的指標。TRPO 把策略更新前後的 KL 散度當作指標，並加上該值不超過臨界值的限制。換句話說，這是在有 KL 散度的限制下，將目標函數最大化的問題。透過加上限制的方式，而能產生適當的步長。

　　TRPO 的詳細內容（尤其是數學上的推論）非常複雜，因此這裡省略更進一步的技術性內容。重點是，為了有適當的步長以更新梯度，而加上避免讓每次更新時，策略變化太大的限制（在此限制下進行學習）。最後是有限制的最佳化問題，利用數學方法可以解決這個問題。

如果要用 TRPO 解決有限制的最佳化問題，必須計算海森矩陣的二階微分。海森矩陣的計算量龐大，計算量多寡會成為瓶頸，PPO（Proximal Policy Optimization）[26] 可以改善這個問題。PPO 比 TRPO 簡單，能減少計算量，而且效能與 TRPO 相同，實務上常使用這種方法。

10.3　DQN 系列的進階演算法

DQN 是深度強化學習中最重要的演算法。現在仍有許多以 DQN 為基礎的擴充方法。這裡要介紹在 DQN 的進階演算法中，最重要的演算法，如圖 10-8 所示。

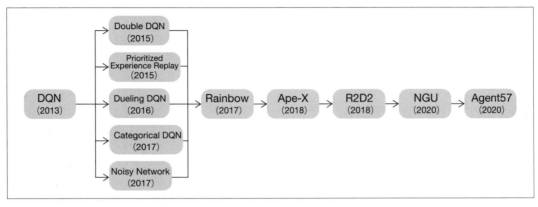

圖 10-8　源自 DQN 的進階演算法

如圖 10-8 所示，把源自 DQN 的演算法改良之後，發展出現代的深度強化學習，而且「8.4 擴充 DQN」已經說明過以下三種方法。

- Double DQN
- 優先經驗重播（Prioritized Experience Replay）
- Dueling DQN

以下將依序說明上述三種方法以外的其他方法。

10.3.1　Categorical DQN

首先要說明 Categorical DQN[27] 方法。這裡先複習 Q 函數，代表 Q 函數的公式如下。

$$Q_\pi(s, a) = \mathbb{E}_\pi[G_t | S_t = s, A_t = a]$$

Q 函數的特色是以一個期望值表示收益 G_t 的隨機現象（圖 10-9）。

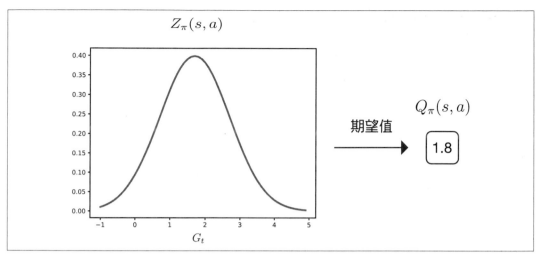

圖 10-9　收益的機率分布與 Q 函數的關係（這裡以 $Z_\pi(s, a)$ 表示收益的機率分布）

在 DQN（正確來說是 Q 學習）學習的是以期望值 Q 函數表示的值。將這個概念進一步發展成學習「分布」，而不是學習期望值 Q 函數的概念稱作**分散式強化學習**（**Distributional Reinforcement Learning**）。在分散式強化學習中，要學習收益的機率分布 $Z_\pi(s, a)$。

Categorical DQN 以分散式強化學習為基礎。「Categorical」是指以分類分布進行模型化，如圖 **10-10** 所示。

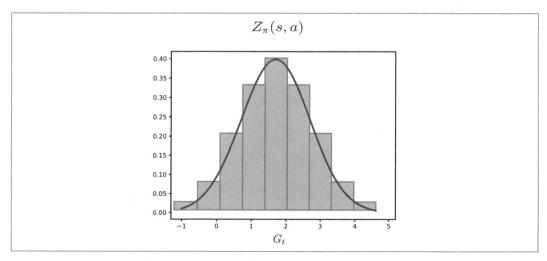

圖 10-10　利用分類分布模型化（曲線是「真實分布」）

分類分布是指在多個分類（離散值）中，屬於哪個類別的機率分布。如**圖 10-10** 所示，收益值分成幾個區域（這些區域稱為「bin」），把放入每個 bin 的機率以分類分布模型化。

Categorical DQN 以分類分布將收益模型化，並學習該分布的形狀。因此我們導出分類分布版的貝爾曼方程式，並根據該方程式，更新分類分布。附帶一提，當分類分布的 bin 數量為 51 時，在「Atari」的任務中，可以獲得最好的效果，因此這種手法也稱作「C51」。

10.3.2　Noisy Network

DQN 利用 ε-貪婪法選擇行動，亦即以 ε 的機率隨機選擇行動，以 $1-\varepsilon$ 的機率選擇貪婪行動（Q 函數為最大值的行動）。實務上常會進行「排程設定」，隨著回合數增加，逐漸降低 ε 的值。這裡的問題在於 ε 的值，ε 是超參數，設定方法會對最終的準確度產生極大的影響，可是 ε 的值有很多選擇。

為了解決 ε 的設定問題，而提出了 Noisy Network [28]。Noisy Network 在類神經網路中，加入隨機性，這樣可以按照貪婪法而不是 ε-貪婪法選擇行動。具體而言，在輸出端的全連接層，使用「加入雜訊的全連接層」。在「加入雜訊的全連接層」，權重以常態分布的平均值和變異數模型化，（每次正向傳播時）以常態分布取樣權重，就能增加每次正向傳播時的隨機性，改變最終的輸出結果。

10.3.3　Rainbow

前面介紹了擴充 DQN 的各種演算法，而 Rainbow [29] 把這些演算法全都整合在一起。Rainbow 是在原本的 DQN 使用以下所有方法。

- Double DQN
- 優先經驗重播
- Dueling DQN
- Categorical DQN
- Noisy Network

使用「Atari」的實驗結果如**圖 10-11** 所示。

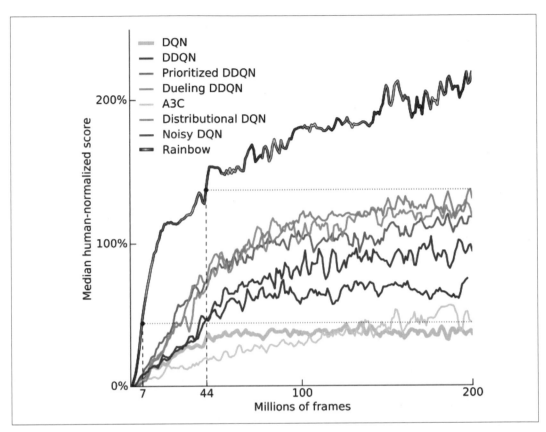

圖 10-11 比較 Rainbow 與其他方法的準確度（圖引用自 [29]）

圖 10-11 的水平軸是學習時使用的圖像張數（但是實際使用的張數是水平軸的數值乘以 100 萬倍）。垂直軸是與一般人相比，經過常態化後的分數，分數愈高，效果愈好。從圖 10-11 可以得知，Rainbow 的效能明顯高過其他方法。

10.3.4 Rainbow 之後發展的演算法

自 Rainbow 出現之後，使用多個 CPU/GPU 的分散式平行學習獲得了顯著的成果。這也稱作分散式強化學習，可以在多個執行環境中進行學習。Ape-X [30] 是分散式強化學習中，最知名的方法。Ape-X 以 Rainbow 為基礎，讓多個代理人在各個 CPU 上獨立行動，收集經驗資料並進行學習。在每個分散平行化的代理人設定不同的探索率 ε，藉此收集各式各樣的經驗資料。利用分散平行化快速學習，同時透過多樣化的經驗資料，達到提高效能的目的。

R2D2 [31] 方法進一步改善了 Ape-X。除了 Ape-X 之外，R2D2 還使用了處理時間序列資料的 RNN（Recurrent Neural Network）（實際上使用了 LSTM）。這是一個簡單的概念，卻可以看到許多用 RNN 進行學習需要的技巧，並進一步提高了 Ape-X 的效能。附帶一提，R2D2 的名稱源自於 Recurrent 與 Replay（經驗重播）的兩個「R」，以及 Distributed 與 Deep Q-Network 的兩個「D」（當然，也因為星際大戰的關係而命名為「R2D2」）。

接下來要介紹的是進一步提升 R2D2 的 NGU [32]。NGU 是「Never Give Up（永不放棄）」的縮寫。顧名思義，即使是很困難的任務，尤其是獎勵稀疏的任務，仍可以鍥而不捨地進行探索。NGU 以 R2D2 為基礎，加入**內在獎勵（intrinsic reward）**的機制。內在獎勵是指，狀態轉移與預期愈不相同，亦即愈「驚訝」，愈會自我獎勵。在獎勵幾乎為零的任務中，可以利用內在獎勵，讓代理人基於「好奇心」而採取行動。在這個過程中，（順利的話）一般可以找到讓獎勵最大化的策略。

小孩（尤其是嬰兒）常藉由玩耍，從中獲得新奇且驚喜的體驗。與其說他們是為了特定目的而學習，倒不如說他們是出於好奇心而行動。內在獎勵是為了把這種好奇心引起的行動加入代理人之中。

最後要介紹 Agent57 [33] 方法。Agent57 將 NGU 加以改良，主要改善了內在獎勵機制，使用稱作「Meta Controller」的方式，彈性分配代理人的策略。Atari（正確來說是「Atari 2600」）共有 57 個遊戲，Agent57 在所有遊戲中，都成功贏過人類，這是強化學習演算法第一次出現這種情況。

10.4 案例研究

深度強化學習的知名案例包括電玩遊戲、圍棋等棋盤遊戲，除此之外，在機器人技術、自動駕駛、醫療、金融、生物等各個領域都獲得了成果。以下將介紹幾個著名的例子，說明深度強化學習運用在哪些用途。

10.4.1　棋盤遊戲

圍棋、日本將棋、黑白棋等棋盤遊戲有以下特性。

- 可以知道盤面上的所有資訊（知道所有資訊稱作「完美資訊」）

- 如果一方獲勝，另一方就輸了（兩者的利益總和為 0，所以稱作「零和性」）

- 狀態轉移沒有隨機元素（一定是確定性）

在具有這些特性的遊戲中，最重要的是「解讀」，透過思考未來各種可能性，找到最好的方法。例如，我下這一步棋，對方會下那一步，這樣我就下這一步……等。棋盤遊戲中的「解讀」可以顯示成樹狀結構，如圖 10-12 所示。

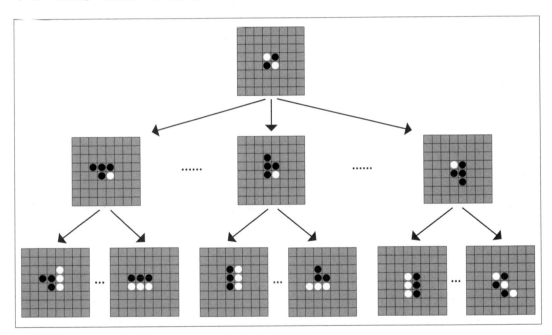

圖 10-12　以黑白棋為例的競賽樹

如圖 10-12 所示，圖上的節點代表盤面，箭頭表示下棋的手，這種圖稱作**競賽樹**（**Game Tree**）。完整展開競賽樹，可以得知全部的結果，從中找出最佳下法。可是圍棋或日本將棋要取得的狀態（落子組合）是天文數字，基本上不可能將競賽樹完全展開，必須有效率地探索競賽樹。

> 競賽樹的所有狀態（節點）依棋盤遊戲而異。黑白棋的狀態是 10 的 58 次方，西洋棋是 10 的 123 次方，日本將棋是 10 的 226 次方，圍棋是 10 的 400 次方。

蒙地卡羅樹搜尋法（**Monte Carlo Tree Search：MCTS**）是一種透過蒙地卡羅法趨近展開競賽樹的方法。評估盤面好壞時，讓兩個玩家隨機下棋，直到分出勝負。重複這種測試（從特定盤面開始的遊戲），統計勝負結果，檢視贏了幾場，這就是棋盤大致的「好壞」。另外，在決定勝負之前，讓玩家隨機玩遊戲稱作「Playout」或「Rollout」。

使用蒙地卡羅樹搜尋法的遊戲流程是，分別評估目前盤面上所有可能的下法，從結果決定下一步，這就是蒙地卡羅樹搜尋法的基本概念。一般而言，蒙地卡羅樹搜尋法除了上述概念之外，也會使用展開可能獲勝的盤面，進行評估，再回饋結果的技巧。關於蒙地卡羅樹搜尋法的詳細說明請參考論文 [34] 等。

AlphaGo

AlphaGo [35] 結合了蒙地卡羅樹搜尋法與深度強化學習的方法，它在 2016 年擊敗圍棋界第一名棋士，震撼全世界。

AlphaGo 使用了兩個類神經網路。一個是 Value 網路，評估從目前盤面開始的獲勝機率，另一個是代表策略的 Policy 網路。Policy 網路會輸出下一步棋的機率（例如，下在 (1, 1) 的機率為 2.4%，下在 (1, 2) 的機率為 0.2%……，以此類推）。利用這兩個類神經網路，讓蒙地卡羅樹搜尋法變得更加準確。

AlphaGo 使用人類的棋譜資料訓練這兩個網路，之後以**自我對弈**（**Self Play**）的方式重複對弈，利用從中收集到的經驗資料進一步學習。

> 自我對弈可以用強化學習的框架來說明。假設有一個下圍棋的「代理人」，對弈者是代理人的分身，其行動視為「環境」，兩者彼此對弈，最後得到勝利或失敗的獎勵。在自我對弈的環境中互動並收集資料，就這一點而言，可以說 AlphaGo 使用的方法就是強化學習。

AlphaGo Zero

AlphaGo 使用了人類的棋譜資料當作訓練資料，但是 AlphaGo Zero[36] 沒有使用這種訓練資料，只靠自我對弈的強化學習來進行訓練。AlphaGo Zero 還有一個特色，它並未使用 AlphaGo 用過的「領域知識（＝目標領域的專業知識）」，而且 AlphaGo Zero 還進行了以下改良。

- 用一個類神經網路表示 Policy 網路與 Value 網路

- 沒有以蒙地卡羅樹搜尋法進行 Playout，只使用類神經網路的輸出評估每個節點（狀態）

相對於舊版的 AlphaGo，改良後的 AlphaGo Zero 變得更簡單、通用。而且 AlphaGo Zero 沒有使用人類的知識，只進行強化學習。令人驚訝的是，沒有使用人類知識的 AlphaGo Zero 變得比舊版 AlphaGo 更強大。兩者實際比賽時，AlphaGo Zero 以 100 比 0 贏過 AlphaGo，獲得壓倒性的勝利。

 使用人類資料的監督式學習，頂多只能發揮包含在訓練資料內的人類實力，而透過強化學習，由自我經驗中學習的方法沒有這種限制，理論上可能超越人類。實際上，AlphaGo Zero 已經強大到遠超過人類，這是證明強化學習具有發展性的重要研究。

AlphaZero

AlphaGo Zero 只以圍棋為主，但是 AlphaZero [37] 進一步支援西洋棋與日本將棋。AlphaZero 僅微調了 AlphaGo Zero 的演算法，兩者的演算法大致相同，代表 AlphaZero 是能通用於各種棋盤遊戲的演算法。

10.4.2　機器人控制

深度強化學習也運用在機器人控制等現實世界的系統中。Google AI 的研究 [38] 成功學習了可以抓取多種物體的機器人操作。具體而言，如**圖 10-13** 所示，在機器人的上方加裝攝影機，機器人根據攝影機拍攝的影像採取行動，並按照行動的結果給予獎勵，如果機器人抓取了物體代表成功，沒有抓取就代表失敗，在強化學習的框架中進行學習。

圖 10-13　透過七台機器人收集經驗資料（影像引用自論文 [38]）

讓七台機器人實際操作幾個月，藉此收集資料，如**圖 10-13** 所示。這裡使用的強化學習演算法是以 Q 學習為基礎的 QT-Opt 方法。由於 QT-Opt 以 Q 學習為基礎，所以屬於一種離線策略的方法。換句話說，可以使用過去獲得的經驗資料。在現實世界裡，使用機器人收集資料的成本很高，因此能否使用過去的資料是重要的關鍵。

根據實驗結果，QT-Opt 抓取未看過物體的成功率是 96％，與 Google AI 過去開發的監督式學習方法相比，失敗率降至 1/5 以下。

10.4.3　NAS（Neural Architecture Search）

深度學習的架構（網路結構）通常由人類決定。要設計出良好的架構，需要有一定的經驗，並且經過多次嘗試。近年來，自動設計最佳架構的研究非常熱門 [39]，這個領域稱作 **NAS（Neural Architecture Search）**。

執行 NAS 的方法包括貝氏最佳化、遺傳程式碼設計等各種手法，其中最強大的選項就是強化學習。「Neural Architecture Search with Reinforcement Learning」[40] 這篇論文帶動了這股熱潮。論文中，透過強化學習自動將網路結構最佳化，成功找出與人類設計相同，甚至更好的架構，以下簡單說明這篇論文的方法。

核心概念是著重在可以用「文字」設定類神經網路的架構。假設有一個虛擬的格式,能把以下範例當作文字資料設定類神經網路的架構。

```
graph {
  node {
    input: "Input1"
    output: "Result ReLU"
    op_type: "Relu"
  }
  node {
    input: "Result ReLU"
    input: "Input2"
    output: "Output"
    op_type: "Add"
  }
...}
```

使用 RNN(Recurrent Neural Network)能生成可變長度的文字。理論上,也可以考慮輸出上述文字的 RNN。如**圖 10-14** 所示,把 RNN 當作代理人使用,在強化學習的框架中,找出最佳架構。

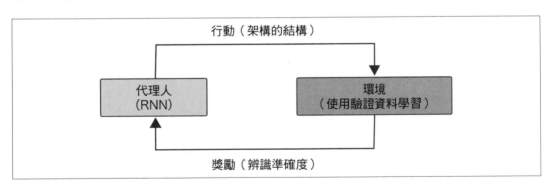

圖 10-14　尋找類神經網路架構的框架

如**圖 10-14** 所示,RNN 以文字生成類神經網路的架構,這就是代理人的行動。生成的架構(類神經網路)使用驗證資料進行學習,最後檢測辨識準確度,該辨識準確度成為獎勵。論文 [40] 中使用 REINFORCE 演算法更新 RNN 的參數,因此 RNN 可以輸出辨識精準度高的架構。

論文 [40] 使用了限制搜尋架構範圍的技巧。其中一個例子是,限制卷積層的篩選器大小與步幅等參數,RNN 會依序輸出這些參數。

10.4.4　其他案例

還有許多強化學習的應用案例，以下介紹三個例子。

自動駕駛

現在全世界都在研發自駕車，大部分是使用深度學習的「監督式學習」，其中也有使用強化學習的例子 [41]。自動駕駛的問題是，必須不斷做出一連串決定，包括觀察環境，選擇最佳行動（踩煞車、轉方向盤等），很適合強化學習的框架。

此外，還有用來學習自動駕駛與強化學習的環境「AWS DeepRacer [42]」。DeepRacer 是能夠自主行駛的賽車，透過以深度強化學習為基礎的方法來控制。使用者可以建置獨家演算法，也能設定獨家的獎勵函數等，再使用模擬器，於 AWS 進行學習。最後完成的模型可以用於虛擬比賽或實體比賽。現在會定期舉行「冠軍杯」等比賽，參賽者有機會贏得獎金。

建築物的能源管理

建築物內部會消耗大量電力。儘管減少電力消耗是很重要的課題，但是建築物的環境複雜，通常很難有效運用。最近提出許多深度強化學習的方法來解決這個問題，而且已經有顯著的成果 [43]。

例如，針對辦公大樓的空調設備運作，提出以 DQN 為基礎的方法。這項研究報告指出，在維持員工舒適性的同時，也成功減少 30％以上的成本 [44]。此外，Google 的資料中心利用以機器學習為基礎的方法控制冷卻系統，成功減少 40％的耗電量，裡面也使用了部分強化學習的方法 [45]。

半導體晶片設計

半導體晶片設計是在小型基板上置入超過數十億個電晶體，這是非常複雜的問題，而且十分困難。過去，需要經驗豐富的技術人員花費大量時間來設計半導體晶片，但是 Google 提出了利用深度強化學習設計半導體晶片的新方法 [46]。

在 Google 的研究中，把半導體晶片設計當作強化學習問題，代理人必須找出最佳設計，一邊嘗試，一邊測試各種半導體的 Layout。成果非常不錯，不到六個小時就完成設計，而且所有主要指標都比專家設計的還優秀，也達到相同效能。這項技術已經應用在 Google 開發的「TPU（Tensor Processing Unit）」設計中。

10.5　深度強化學習的課題與未來性

以下將介紹在現實世界的系統中，運用深度強化學習時，必須面臨的課題與解決方法。此外，還要探討把強化學習的問題描述為 MDP 時，需要考慮的重點。最後將說明強化學習的未來性，當作本書的總結。

10.5.1　實際系統上的應用

深度強化學習已經運用在機器人控制等現實世界的系統中。可是，現實世界與虛擬世界不同，有許多限制。例如，機器人的造價昂貴，很難準備大量機器人，導致經驗資料收集不易。此外，強化學習是邊嘗試錯誤，邊收集經驗資料，但是過程中必須避免機器人故障或危及周遭環境的行動。以下將介紹幾個解決這種問題的有效方法。

使用模擬器

現實世界裡的多數限制都可以透過模擬器來解決，使用模擬器能快速重複進行代理人與環境的互動。即使代理人出現危險的行動，在模擬器上也不會發生任何問題。可是，現實世界與模擬器之間仍有差異。模擬器無法完全模擬現實世界的環境，因此在模擬器上學習的模型（代理人），通常無法按照預期在現實世界中執行操作。研究如何解決這個問題的領域稱作 **Sim2Real**。

Sim2Real 有幾種有效的方法，這裡要介紹的是稱作「Domain Randomization」的方法。此方法可以在模擬器加入隨機元素，建立多元環境，讓代理人在多元環境中行動、學習，這樣可以提高一般化的能力，在現實世界的任務中，也能採取適當的行動。例如，OpenAI 發表在以五指機器人手臂破解魔術方塊的任務中，使用了 Domain Randomization 的研究（圖 10-15）。

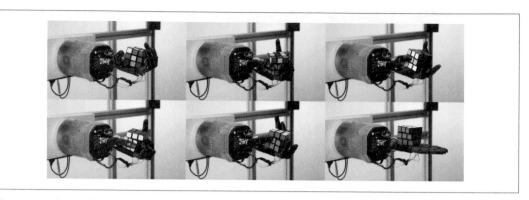

圖 10-15　使用強化學習與 Domain Randomization，以五指機器人手臂破解魔術方塊（影像引用自論文 [47]）

這個研究在光源、紋理等成像圖的參數，以及摩擦等力學參數加入隨機值，創造出多元化環境，進行代理人的學習。結果在現實世界中，沒有增加學習，也成功解決任務。

離線強化學習

還有一種方法是善用過去收集到的經驗資料。例如，自動駕駛或機器人控制可能已經積累了許多人類操作的經驗資料。對話系統或許可以輕易收集過去人類之間的對話紀錄（有許多以強化學習建置聊天機器人等對話系統的研究）。利用過去取得的經驗資料或稱作「離線資料」，可以進行代理人的學習。此外，還有只使用這些離線資料，完全不與環境互動，就能推測出最佳策略的**離線強化學習（Offline Reinforcement Learning）**（圖 10-16）。

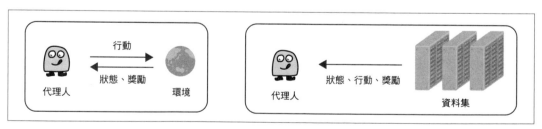

圖 10-16　一般的強化學習（左圖）與離線強化學習（右圖）

如**圖 10-16** 左圖所示，一般的強化學習會發生代理人與環境互動的情況（也可以稱為「線上」強化學習）。另一方面，**圖 10-16** 右圖的離線強化學習是只使用以前收集的經驗資料（離線資料集）進行學習。離線強化學習的特色是，不會發生與實際環境互動的情況。

> 離線強化學習與離線策略有關。離線策略透過「行為策略」收集經驗資料，使用該經驗資料更新「目標策略」。因此，可以使用離線策略進行離線強化學習。但是一般的離線策略要根據目標策略建立行為策略，在上面與環境互動，進行代理人學習（請回想起 Q 學習）。然而，離線強化學習完全沒有與環境互動，只使用離線經驗資料進行學習。

離線強化學習有幾個技術性問題。例如，只使用離線資料集如何進行策略評估？以及只使用離線資料集如何改善策略等。這些問題可以使用以離線策略描述的方法（例如重點取樣）解決。此外，現在還有許多方法正在積極地研究中 [48]。

模仿學習

我們常會向技術純熟者（專家）學習。例如，年輕的棒球員會模仿職業棒球選手的揮棒方式。同樣地，模仿專家的動作也可以學習策略，這就是**模仿學習（Imitation Learning）**。模仿學習是參考專家的示範，以模仿其動作為目標，進行策略學習。

模仿學習有許多方法。例如，論文「Deep Q-Learning from Demonstrations」[49] 使用「Atari」的專家模式進行 DQN。具體而言，把專家玩遊戲得到的「狀態、行動、獎勵」等時間序列資料（以下稱作「專家資料」），增加到 DQN 的經驗重播緩衝區，利用 DQN 進行學習。此時，會調整 DQN 的更新公式，讓經驗重播緩衝區中的專家資料比較容易被選擇，使其更趨近專家資料，這樣就能建置出重視專家資料的 DQN。

10.5.2　公式化為 MDP 時的提示

大部分的強化學習理論都是以「馬可夫決策過程（Markov Decision Process：MDP）」為前提。本書的強化學習問題也是以 MDP 為前提，從中探索各種演算法。可是當我們想用強化學習解決現實問題時，必須先把問題公式化為 MDP。此時，如何公式化為 MDP 對最後的結果有很大的影響。以下將說明將強化學習問題公式化為 MDP 時，必須考慮的問題。

MDP 具有彈性

現實生活中的問題無法全部套用 MDP 的問題形式，不過讓人驚訝的是，多數問題都可以公式化為 MDP。MDP 中的環境與代理人彼此傳遞「狀態、行動、獎勵」三種資料。此時，可以依照問題彈性決定要使用何種感測器、如何控制行動、如何設定獎勵等詳細資料。因為有彈性，所以 MDP 的應用範圍比想像中廣泛。

此外，我們可以考慮高階到低階的代理人行動。例如，控制機器人時，可以思考高階意識決策，如「丟垃圾」、「充電」等，也能思考低階意識決策，如「傳送 x 伏特的電流給馬達」的行動。狀態也一樣，可以考慮高階到低階。

時間（時步）的單位可以根據代理人做決策的時機來決定。例如，一步可能是一毫秒，也可能是一分鐘、一天或一個月。MDP 可以根據問題彈性調整狀態、行動、時間單位等，應用範圍廣泛。

MDP 必要的設定事項

想解決現實問題，如何公式化為 MDP 就成為重要關鍵。若要將新問題公式化為MDP，必須決定以下事項。

- 處理的問題是回合制任務？或連續性任務？
- 獎勵的值？（獎勵函數的設定）
- 代理人採取的行動？
- 環境的狀態為何？
- 收益的折扣率 γ？
- 哪些部分是環境？哪些部分是代理人？

這些問題有時可以自然決定，有時卻很難設定。例如，圍棋這種棋盤遊戲的設定很簡單，是回合制任務，可以設定為最終勝利的獎勵為 1，失敗的獎勵為 -1（其他的獎勵為 0）。此外，代理人採取的行動是「下哪一步棋」。環境狀態可以當成棋子在棋盤上的配置。

把問題公式化為 MDP 時，決定哪些部分是代理人，哪些部分是環境，可能比想像中困難。一般的規則是，可以按照想法自由控制的部分視為代理人。例如，操作機械手臂的情況。機械手臂的每個關節都有馬達，能自由控制通過馬達的電流（或電壓）。可是手臂、手部等物理性的物體（硬體）很難自由控制。因此，與硬體有關，亦即代理人的外部可以當作環境。如上所示，哪些部分應該視為代理人？原則上把能完全控制的部分當作代理人比較適合。

現實世界中的問題若要當作強化學習問題解決，通常關鍵會是如何設計獎勵函數。因此，實務上會確認獎勵函數的設計方式與學習後的策略結果，重複調整獎勵函數的設定。

良好公式化的提示

公式化為 MDP 的好方法比較偏向藝術而非科學，與理論相比，經驗和直覺比較有用。若要學習公式化為 MDP 的良好方法，可以檢視強化學習領域的知名研究。此時，要注意上述如何公式化為 MDP 的重點，裡面隱藏著公式化的提示。

10.5.3　通用人工智慧系統

現在，AI 領域急速發展，不斷開發出各種系統，並且獲得了顯著的成果。但是，大部分都只在特定任務的系統上。例如影像辨識、下棋、駕駛汽車等系統都是專門針對該任務而開發的。然而，我們人類擁有各式各樣的技能，可以辨識周遭環境、理解語言、駕駛汽車、下棋等。為了達到擁有人類多元技能的目標，而使用了**通用人工智慧（Artificial General Intelligence：AGI）**這個名詞。

有些研究人員認為，強化學習是達成（或至少是趨近）通用人工智慧的關鍵領域。例如，DeepMind 的研究人員以「獎勵足夠（Reward is Enough）」為題，發表了論文 [50]。該論文討論了「智慧及其相關能力可以利用獎勵總和最大化來充分理解」的假說。論述以獎勵總和最大化為目標的強化學習技術，可以創造通用人工智慧的可能性。

我們透過本書學習了強化學習的知識。強化學習透過代理人與環境互動，從中學習策略來達到獎勵總和最大化的目標。有了獎勵總和最大化的目標，或許可以發揮與智慧有關的能力。未來強化學習的方法也許能實現通用人工智慧，但是這些都只是假說，目前還無法確定。不過，知道這些觀點應該可以豐富我們檢視事物的角度。

10.6　重點整理

本章從如何分類深度強化學習的演算法開始說明，接著介紹幾個深度強化學習的進階演算法，包括策略梯度法系列與 DQN 系列的知名演算法。之後講解幾個重要的例子，當作深度強化學習的案例研究，光從這些案例就能感受到深度強化學習帶來的衝擊性。

到目前為止，我們學過許多與強化學習有關的知識。本書的前半部分介紹了強化學習的基本知識，後半部分說明了現代深度強化學習的技術。透過本書你應該可以瞭解，即使是最先進的深度強化學習，也都是建立在強化學習的基礎上。只要你學會本書說明的知識，就能紮實地邁入深度強化學習的世界。

強化學習的核心技術變化不大。在日新月異的 AI 世界，如果你能學到這種「不變的知識」，身為作者的我將感到非常榮幸，感謝你看完這本書。

附錄 A
離線策略蒙地卡羅法

這裡要介紹離線策略蒙地卡羅法。首先,說明離線策略蒙地卡羅法理論。接著建置離線策略蒙地卡羅法,解決「3×4 網格世界」的任務。這個附錄的內容是第 5 章的延續。

A.1　離線策略蒙地卡羅法理論

以下將利用重點取樣解決強化學習的問題,這裡先複習離線策略蒙地卡羅法。我們的目標是使用蒙地卡羅法趨近由以下公式定義的 Q 函數。

$$q_\pi(s, a) = \mathbb{E}_\pi[G|s, a]$$

$q_\pi(s, a)$ 代表從狀態 s、行動 a 開始,之後按照策略 π 行動,獲得收益 G 的期望值。使用蒙地卡羅法趨近 Q 函數時,會根據策略 π 採取行動,將獲得的收益平均。例如,得到 n 個收益樣本資料時,可以趨近 Q 函數如下。

$$\text{sampling} : G^{(i)} \sim \pi \quad (i = 1, 2, \cdots, n)$$
$$Q_\pi(s, a) = \frac{G^{(1)} + G^{(2)} + \cdots + G^{(n)}}{n}$$

接下來要說明「離線策略」蒙地卡羅法。使用重點取樣,可以用以下公式表示 Q 函數。

$$q_\pi(s, a) = \mathbb{E}_b[\rho G|s, a] \tag{A.1}$$

這裡有以下兩個重點。

- 策略 b 的期望值顯示為($\mathbb{E}_b[\cdots]$)
- 加上「權重」ρ 以填補兩個策略(機率分布)差異

權重 ρ 是「假設為策略 π 時，獲得收益 G 的機率」與「假設為策略 b 時，獲得收益 G 的機率」之比例。接下來要使用蒙地卡羅法趨近公式（A.1），結果如下所示。

$$\text{sampling}: G^{(i)} \sim b \quad (i = 1, 2, \cdots, n)$$

$$Q_\pi(s, a) = \frac{\rho^{(1)} G^{(1)} + \rho^{(2)} G^{(2)} + \cdots + \rho^{(n)} G^{(n)}}{n}$$

這裡以 $\rho^{(i)}$ 表示第 i 個收益 $G^{(i)}$ 的權重。如上述公式所示，代理人根據行為策略 b 採取行動，使用從中取得的樣本資料，計算含權重 ρ 的平均值。

接著要具體說明計算權重 ρ 的方法。假設由策略 b 可以得到以下的時間序列資料。

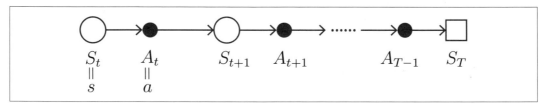

圖 A-1 以狀態 $S_t = s$、行動 $A_t = a$ 為起點，由策略 b 獲得的時間序列資料範例

這裡將**圖 A-1** 的時間序列資料稱作 trajectory，結果如下。

$$\text{trajectory} = S_t, A_t, S_{t+1}, A_{t+1}, \cdots, A_{T-1}, S_T$$

此時，可以用以下公式表示權重 ρ。

$$\rho = \frac{\Pr(\text{trajectory}|\pi)}{\Pr(\text{trajectory}|b)}$$

這裡的 $\Pr$ 代表機率。$\Pr(\text{trajectory}|\pi)$ 是策略為 π 時，得到 trajectory 的機率，$\Pr(\text{trajectory}|b)$ 是策略為 b 時，得到 trajectory 的機率。若以馬可夫過程思考 $\Pr(\text{trajectory}|b)$，可以顯示得更簡單。馬可夫過程只靠下一個狀態（與行動）決定環境的狀態轉移與代理人的行動，以圖表顯示該過程，結果如下。

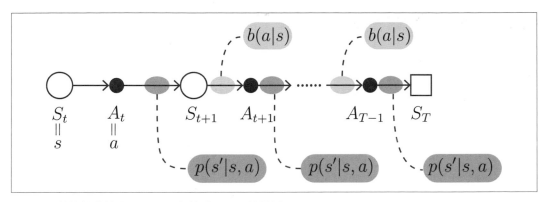

圖 A-2 狀態轉移機率 $p(s'|s, a)$ 與策略 $b(a|s)$ 的關係

如**圖 A-2** 所示，給予狀態 s 與行動 a 時，根據環境的狀態轉移機率 $p(s'|s, a)$ 決定下一個狀態。給予狀態 s 之後，根據代理人的策略 $b(a|s)$，決定下一個行動 a。因此，可以用以下公式表示 $\mathrm{Pr}(\text{trajectory}|b)$。

$$\mathrm{Pr}(\text{trajectory}|b) = p(S_{t+1}|S_t, A_t)b(A_{t+1}|S_{t+1})\cdots p(S_T|S_{T-1}, A_{T-1}) \tag{A.2}$$

上述公式是策略為 b 時，取得樣本資料 trajectory 的機率。按照相同技巧，假設策略為 π，可以得到以下公式。

$$\mathrm{Pr}(\text{trajectory}|\pi) = p(S_{t+1}|S_t, A_t)\pi(A_{t+1}|S_{t+1})\cdots p(S_T|S_{T-1}, A_{T-1}) \tag{A.3}$$

權重 ρ 是公式（A.2）與公式（A.3）的比例。這裡要注意的重點是，環境的狀態轉移機率 $p(s'|s, a)$ 是共用的。因此，分母與分子相消，可以用以下公式表示。

$$\rho = \frac{\mathrm{Pr}(\text{trajectory}|\pi)}{\mathrm{Pr}(\text{trajectory}|b)} = \frac{\pi(A_{t+1}|S_{t+1})\cdots}{b(A_{t+1}|S_{t+1})\cdots}\frac{\pi(A_{T-1}|S_{T-1})}{b(A_{T-1}|S_{T-1})} \tag{A.4}$$

如公式（A.4）所示，從策略的比例可以計算出權重 ρ。以上是離線策略蒙地卡羅法的說明，演算法的步驟可以整理如下。

1. 以行為策略 b 進行取樣（得到時間序列 trajectory）

2. 從得到的 trajectory 計算收益 G

3. 利用公式（A.4）計算權重 ρ

4. 重複執行 $1 \sim 3$ 次，計算 ρG 的平均值

A.2 　建置離線策略蒙地卡羅法

接下來要進入建置階段。在此之前，先介紹如何有效率地建置權重 ρ。這與「5.2.3 快速建置蒙地卡羅法」說明的方法一樣，請見下圖。

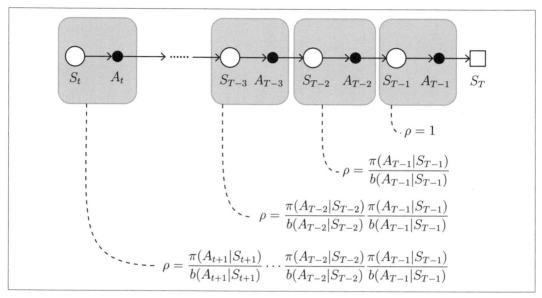

圖 A-3　把所有「狀態與行動的組合」都當作開始位置

圖 A-3 是把狀態與行動組合 S_t, A_t 當作開始位置時，得到的結果。中途的狀態與行動組合資料也可以視為以其為開始位置得到的樣本資料。此時，由終點反向更新權重 ρ 比較有效率。具體而言，先以 1 將 ρ 初始化，$Q_\pi(S_{T-1}, A_{T-1})$ 的權重 ρ 變成 1，接著按照以下方式更新 $Q_\pi(S_{T-2}, A_{T-2})$ 的權重 ρ。

$$\rho \leftarrow \frac{\pi(A_{T-1}|S_{T-1})}{b(A_{T-1}|S_{T-1})} \times \rho$$

按照相同技巧，用以下方式更新 $Q_\pi(S_{T-3}, A_{T-3})$ 的權重。

$$\rho \leftarrow \frac{\pi(A_{T-2}|S_{T-2})}{b(A_{T-2}|S_{T-2})} \times \rho$$

如此一來，由終點反向更新權重，可以快速完成計算。接下來將建置以離線策略蒙地卡羅法進行策略控制的代理人，程式碼如下。

ch05/mc_control_offpolicy.py

```python
import numpy as np
from common.gridworld import GridWorld
from common.utils import greedy_probs

class McOffPolicyAgent:
    def __init__(self):
        self.gamma = 0.9
        self.epsilon = 0.1
        self.alpha = 0.2
        self.action_size = 4

        random_actions = {0: 0.25, 1: 0.25, 2: 0.25, 3: 0.25}
        self.pi = defaultdict(lambda: random_actions)
        self.b = defaultdict(lambda: random_actions)  # ①行為策略
        self.Q = defaultdict(lambda: 0)
        self.memory = []

    def get_action(self, state):
        action_probs = self.b[state]  # ②依行為策略行動
        actions = list(action_probs.keys())
        probs = list(action_probs.values())
        return np.random.choice(actions, p=probs)

    def add(self, state, action, reward):
        data = (state, action, reward)
        self.memory.append(data)

    def reset(self):
        self.memory.clear()

    def update(self):
        G = 0
        rho = 1

        for data in reversed(self.memory):
            state, action, reward = data
            key = (state, action)

            # ③使用取樣資料更新 Q 函數
            G = self.gamma * rho * G + reward
            self.Q[key] += (G - self.Q[key]) * self.alpha
            rho *= self.pi[state][action] / self.b[state][action]

            # ④ pi 是貪婪法，b 是 ε-貪婪法
            self.pi[state] = greedy_probs(self.Q, state, epsilon=0)
            self.b[state] = greedy_probs(self.Q, state, self.epsilon)
```

程式碼與「5.4 蒙地卡羅法的策略控制」建置的 McAgent 類別大致相同，這裡只說明不同之處。首先在程式碼的①，以名稱 b 將行為策略初始化，該行為策略會初始化為隨機策略。接著在程式碼的②，利用 get_action 方法中的策略 b 取得行動。

程式碼的③是使用重點取樣的權重 rho 進行更新。你可能覺得這個程式碼有些複雜，其實與「5.4 蒙地卡羅法的策略控制」建置的 McAgent 類別做比較，只有更改以下一小部分。

```
# 離線策略（上次）
G = self.gamma * G + reward
self.Q[key] += (G - self.Q[key]) * self.alpha

#  離線策略（這次）
G = self.gamma * rho * G + reward
self.Q[key] += (G - self.Q[key]) * self.alpha
rho *= self.pi[state][action] / self.b[state][action]
```

當作樣本資料取得的收益必須利用權重 rho 調整。因此，使用 rho 更新收益 G，如上所示。最後，在程式碼的④改善策略。具體而言，使用 ε-貪婪法（$\varepsilon = 0.1$）更新行為策略，以 ε-貪婪法（$\varepsilon = 0$）更新目標策略 pi。目標策略 pi 為 $\varepsilon = 0$，所以是完全貪婪化。

> 行為策略以「探索」為目的，就算是平均選擇所有行動的策略（＝隨機策略）也沒關係。可是這裡為了縮小收益的變異數，利用 ε-貪婪法更新行為策略 b。透過 ε-貪婪法，讓行為策略 b 趨近目標策略 pi 的機率分布，同時仍可進行探索。此外，趨近兩個機率分布可以縮小變異數，這一點已經在「5.5.3 縮小變異數」說明過。

接著將使用 McOffPolicyAgent 類別解決問題，結果如下。

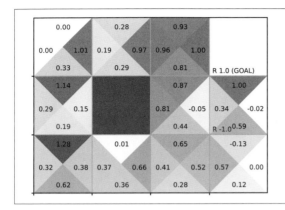
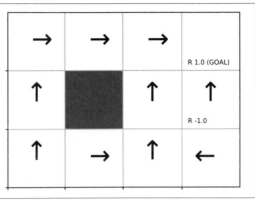

圖 A-4　使用離線策略的代理人得到的結果

每次執行結果都不同，但是大致上可以獲得良好的結果。附帶一提，**圖 A-4** 的策略與最佳策略一致。

離線策略蒙地卡羅法完美地解決了這次的小型問題，但是當問題的規模變大時，就很難得到良好的結果，這是因為樣本資料的變異數變大的關係。隨著問題的規模變大，抵達終點之前，必須經歷許多狀態與行動，這樣透過重點取樣取得的「權重」變異數也會變大。因此，離線策略蒙地卡羅法的缺點是，必須藉由大量回合數來進行策略改善，而且計算時間較長。

附錄 B
n 步 TD 法

「第 6 章 TD 法」說明的 TD 法只使用一步之後的資料當作 TD 目標。TD 目標也可以擴大使用 2 步、3 步……，甚至更多步的資料，這就是「n 步 TD 法」的概念。我們可以用以下公式表示價值函數的更新公式。

$$V'_\pi(S_t) = V_\pi(S_t) + \alpha \left\{ G_t^{(n)} - V_\pi(S_t) \right\}$$

此時，$G_t^{(n)}$ 會根據 n 的值取得以下的值。

$$n = 1 \text{ 時} \quad G_t^{(1)} = R_t + \gamma V_\pi(S_{t+1})$$
$$n = 2 \text{ 時} \quad G_t^{(2)} = R_t + \gamma R_{t+1} + \gamma^2 V_\pi(S_{t+2})$$
$$\cdots$$
$$n = \infty \text{ 時} \quad G_t^{(\infty)} = R_t + \gamma R_{t+1} + \gamma^2 R_{t+2} + \cdots$$

如上所示，TD 目標 $G^{(n)}$ 會隨著 n 的值而改變。$n = 1$ 時是 TD 法，$n = \infty$ 時，代表抵達終點，對應 MC 法。在 n 步 TD 法中，$n = 1$ 與 $n = \infty$ 分別對應 TD 法與 MC 法，可以解釋成兩者之間包含漸進式變化。

該如何選擇 n 的值？當然，最佳 n 值會隨著任務而改變。最聰明的作法不是選擇一個最佳 n 值，而是使用**所有** n 個 TD 目標。此時，可以顯示每個 TD 目標的「權重總和」，這種方法稱作 **TD(λ)**（TD lambda）。以下公式可以表示 TD(λ) 的 TD 目標。

$$G_t^\lambda = (1 - \lambda)G_t^{(1)} + (1 - \lambda)\lambda G_t^{(2)} + \cdots + (1 - \lambda)\lambda^{n-1} G_t^{(n)}$$

如上所示，使用 $G_t^{(1)}$ 到 $G_t^{(n)}$ 的 n 個 TD 目標，將各項權重設定為隨著 n 值增加而變成 λ 倍（以 0 到 1 之間的實數設定 λ）。附帶一提，當 $n = \infty$ 時，所有權重相加會變成 1（請參考以下公式）。

$$
\begin{aligned}
(1 - \lambda) + (1 - \lambda)\lambda + (1 - \lambda)\lambda^2 + \cdots &= (1 - \lambda)(1 + \lambda + \lambda^2 + \cdots) \\
&= (1 - \lambda)\frac{1}{1 - \lambda} \\
&= 1
\end{aligned}
$$

以上是 n 步 TD 法及 TD(λ) 的說明。

附錄 C
理解 Double DQN

在「8.4.1 Double DQN」指出 DQN 的 TD 目標有問題（仍有改善空間）。具體而言，TD 目標「$R_t + \gamma \max_a Q_\theta(S_{t+1}, a)$」的 $\max_a Q_\theta(S_{t+1}, a)$ 計算出現「高估」問題。以下將說明何謂「高估」，以及 Double DQN 如何改善這個問題（這裡的說明參考了部落格 [51]）。

C.1　何謂高估

假設這裡取得的行動選項有四個任務，狀態 s 的 Q 函數值皆相同。換句話說，$q(s,\ a_0)=q(s,\ a_1)=q(s,\ a_2)=q(s,\ a_3) = 0$。此時，以下公式成立。

$$\mathbb{E}[\max_a q(s,a)] = 0$$

如上所示，Q 函數的值皆為 0，所以期望值中的 max 運算子之計算結果也為 0。

接著要使用推測中的 Q 函數。這裡以 Q 表示推測中的 Q 函數，假設該值包含由常態分布生成的亂數當作誤差。此時，以下公式成立。

$$\mathbb{E}[\max_a Q(s,a)] > 0$$

換句話說，評估結果大於真實值（0），這就是所謂的高估。

我們用實際的程式碼確認這個高估的現象。

```python
import numpy as np
import matplotlib.pyplot as plt

samples = 1000
action_size = 4
Qs = []

for _ in range(samples):
    Q = np.random.randn(action_size)
    Qs.append(Q.max())

plt.hist(Qs, bins=16)
plt.axvline(x=0, color="red")
plt.axvline(x=np.array(Qs).mean(), color="cyan")
plt.show()
```

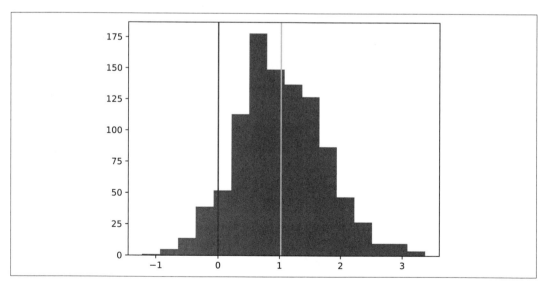

圖 C-1 Q.max() 的資料分布（黑線是真實的期望值，白線是使用 Q 得到的期望值）

Q 函數的真實值是 0。這次是估計值，所以在 Q 加入常態分布（平均為 0，標準差為 1）生成的亂數當作雜訊。這裡執行了 1000 次以 Q.max() 選出最大值的操作，並將其分布繪製成直方圖。由**圖 C-1** 可以得知，向右偏離真實值 (0)，代表結果被高估。

C.2　高估的解決方法

以下將說明避免高估問題的「Double DQN」。Double 這個字代表我們可以利用兩個 Q 函數來解決這個問題。首先，程式碼如下所示。

```python
import numpy as np
import matplotlib.pyplot as plt

samples = 1000
action_size = 4
Qs = []

for _ in range(samples):
    Q = np.random.randn(action_size)
    Q_prime = np.random.randn(action_size)  # 另外一個 Q 函數
    idx = np.argmax(Q)
    Qs.append(Q_prime[idx])

plt.hist(Qs, bins=16)
plt.axvline(x=0, color="red")
plt.axvline(x=np.array(Qs).mean(), color="cyan")
plt.show()
```

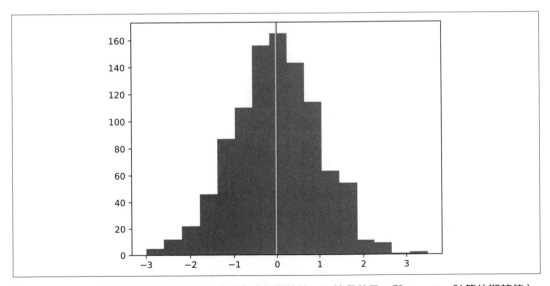

圖 C-2　Double DQN 的資料分布（黑線是真實的期望值，白線是使用 Q 與 Q_prime 計算的期望值）

檢視**圖 C-2**，可以得知直方圖以 0 為中心分布，**圖 C-2** 的黑線與白線重疊，解決了高估問題。與上次不同的是，這次的程式碼使用了兩個 Q 函數。兩個 Q 函數皆為估計值，含有誤差，但是誤差彼此獨立，計算 Q 函數的 max 時，分別使用兩個 Q 函數。具體而言，流程如下所示。

- 選擇 max 的行動時，使用 Q
- 由其他 Q 函數 Q_prime 取得選擇行動的值

像這樣，利用不同 Q 函數進行「行動選擇」與「取值」，可以避免高估問題。以上說明了 DQN 的高估問題與利用 Double DQN 解決該問題的方法。

附錄 D
驗證策略梯度法

以下將驗證「第 9 章 策略梯度法」使用的公式。

D.1　導出策略梯度法

我們在「9.1 最單純的策略梯度法」說明過，當 $J(\theta) = \mathbb{E}_{\tau \sim \pi_\theta}[G(\tau)]$ 時，可以用以下公式（9.1）表示梯度。

$$\nabla_\theta J(\theta) = \mathbb{E}_{\tau \sim \pi_\theta}\left[\sum_{t=0}^{T} G(\tau)\nabla_\theta \log \pi_\theta(A_t|S_t)\right] \tag{9.1}$$

以下要導出公式（9.1）。

首先要確認符號。假設策略為 π_θ，以 $\Pr(\tau|\theta)$ 表示得到軌道 τ 的機率，接著使用公式依序展開 $\nabla_\theta J(\theta)$。

$$
\begin{aligned}
\nabla_\theta J(\theta) &= \nabla_\theta \mathbb{E}_{\tau \sim \pi_\theta}[G(\tau)] \\
&= \nabla_\theta \sum_\tau \Pr(\tau|\theta)G(\tau) \qquad （展開期望值）\\
&= \sum_\tau \nabla_\theta\left(\Pr(\tau|\theta)G(\tau)\right) \qquad （\nabla_\theta 移動到 \sum）\\
&= \sum_\tau \left\{G(\tau)\nabla_\theta \Pr(\tau|\theta) + \Pr(\tau|\theta)\nabla_\theta G(\tau)\right\} \qquad （積的微分）\\
&= \sum_\tau G(\tau)\nabla_\theta \Pr(\tau|\theta) \qquad （\nabla_\theta G(\tau) 始終為 0）
\end{aligned}
$$

$$
\begin{aligned}
&= \sum_{\tau} G(\tau) \Pr(\tau|\theta) \frac{\nabla_\theta \Pr(\tau|\theta)}{\Pr(\tau|\theta)} \quad \left(\frac{\Pr(\tau|\theta)}{\Pr(\tau|\theta)} \text{相乘} \right) \\
&= \sum_{\tau} G(\tau) \Pr(\tau|\theta) \nabla_\theta \log \Pr(\tau|\theta) \quad （\log \text{ 梯度技巧}） \\
&= \mathbb{E}_{\tau \sim \pi_\theta}[G(\tau) \nabla_\theta \log \Pr(\tau|\theta)]
\end{aligned} \tag{D.1}
$$

請參考公式右邊的註解，逐一檢視。如果你已經具備微分的知識，應該沒有特別困難的地方。以下將補充說明「log 梯度技巧」，這個部分利用了以下關係。

$$
\nabla_\theta \log \Pr(\tau|\theta) = \frac{\nabla_\theta \Pr(\tau|\theta)}{\Pr(\tau|\theta)}
$$

上述公式只計算了 log 的梯度，透過這個公式可以「交換」$\nabla_\theta \Pr(\tau|\theta)$ 與 $\Pr(\tau|\theta) \nabla_\theta \log \Pr(\tau|\theta)$，這稱作 **log 梯度技巧（Log-Derivative Trick）**，是機器學習領域常用的變形公式。

接著要利用以下關係進一步展開公式（D.1）。

$$
\begin{aligned}
\Pr(\tau|\theta) &= p(S_0) \pi_\theta(A_0|S_0) p(S_1|S_0, A_0) \cdots \pi_\theta(A_T|S_T) p(S_{T+1}|S_T, A_T) \\
&= p(S_0) \prod_{t=0}^{T} \pi_\theta(A_t|S_t) p(S_{t+1}|S_t, A_t)
\end{aligned}
$$

這裡以 $p(S_0)$ 表示初始狀態 S_0 的機率。如上所示，得到軌道 τ 的機率可以表示為初始狀態的機率、策略、及下一個狀態的轉移機率之乘積（分解）。此外，我們能用以下公式表示 $\log \Pr(\tau|\theta)$。

$$
\log \Pr(\tau|\theta) = \log p(S_0) + \sum_{t=0}^{T} \log p(S_{t+1}|S_t, A_t) + \sum_{t=0}^{T} \log \pi_\theta(A_t|S_t)
$$

由於 $\log xy = \log x + \log y$，因此可以和上述公式一樣代表總和。按照以下公式能計算 $\nabla_\theta \log \Pr(\tau|\theta)$。

$$
\begin{aligned}
\nabla_\theta \log \Pr(\tau|\theta) &= \nabla_\theta \left\{ \log p(S_0) + \sum_{t=0}^{T} \log p(S_{t+1}|S_t, A_t) + \sum_{t=0}^{T} \log \pi_\theta(A_t|S_t) \right\} \\
&= \nabla_\theta \sum_{t=0}^{T} \log \pi_\theta(A_t|S_t)
\end{aligned}
$$

∇_θ 是與 θ 有關的梯度。與 θ 無關的元素梯度 $\nabla_\theta \log p(S_0)$ 與 $\nabla_\theta \sum_{t=0}^{T} \log p(S_{t+1}|S_t, A_t)$ 為 0，因此可以得到以下公式。

$$\nabla_\theta J(\theta) = \mathbb{E}_{\tau \sim \pi_\theta}[G(\tau)\nabla_\theta \log \Pr(\tau|\theta)] \tag{D.1}$$

$$= \mathbb{E}_{\tau \sim \pi_\theta}\left[\sum_{t=0}^{T} G(\tau)\nabla_\theta \log \pi_\theta(A_t|S_t)\right] \tag{9.1}$$

這樣就導出 $\nabla_\theta J(\theta)$。

D.2　導出基準線

在「9.3 基準線」顯示了以下的變形公式。

$$\nabla_\theta J(\theta) = \mathbb{E}_{\tau \sim \pi_\theta}\left[\sum_{t=0}^{T} G_t \nabla_\theta \log \pi_\theta(A_t|S_t)\right] \tag{9.2}$$

$$= \mathbb{E}_{\tau \sim \pi_\theta}\left[\sum_{t=0}^{T}\left(G_t - b(S_t)\right)\nabla_\theta \log \pi_\theta(A_t|S_t)\right] \tag{9.3}$$

如公式（9.3）所示，我們可以使用 $G_t - b(S_t)$ 取代 G_t。$b(S_t)$ 是任意函數，稱作「基準線」，以下將導出公式（9.3）。

首先要驗證以下公式成立。

$$\mathbb{E}_{x \sim P_\theta}\left[\nabla_\theta \log P_\theta(x)\right] = 0 \tag{D.2}$$

假設由機率分布 $P_\theta(x)$ 生成機率變數 x，$P_\theta(x)$ 利用參數 θ 改變機率分布的形狀。此時，以下公式成立。

$$\sum_x P_\theta(x) = 1$$

$P_\theta(x)$ 是機率分布，所以與 x 有關的總和為 1，接著計算以下公式的梯度。

$$\nabla_\theta \sum_x P_\theta(x) = \nabla_\theta 1 = 0$$

利用「log 梯度的技巧」展開以下公式。

$$0 = \nabla_\theta \sum_x P_\theta(x)$$
$$= \sum_x \nabla_\theta P_\theta(x)$$
$$= \sum_x P_\theta(x) \nabla_\theta \log P_\theta(x)$$
$$= \mathbb{E}_{x \sim P_\theta} [\nabla_\theta \log P_\theta(x)]$$

這樣就證明了公式（D.2）。

接著在我們的問題代入公式（D.2）。具體而言，使用 A_t 取代公式（D.2）的 x，使用 $\pi_\theta(\cdot|S_t)$ 取代 $P_\theta(\cdot)$，可以得到以下公式。

$$\mathbb{E}_{A_t \sim \pi_\theta} [\nabla_\theta \log \pi_\theta(A_t|S_t)] = 0 \tag{D.3}$$

公式（D.3）是與 A_t 有關的期望值，因此可以如以下公式所示，在期望值中加入任意函數 $b(S_t)$。

$$\mathbb{E}_{A_t \sim \pi_\theta} [b(S_t) \nabla_\theta \log \pi_\theta(A_t|S_t)] = 0 \tag{D.4}$$

$b(S_t)$ 是把 S_t 變成引數的函數，即使 A_t 改變，仍維持同一個值。公式（D.4）是與 A_t 有關的期望值，就算在期望值中加入函數 $b(S_t)$，等式仍成立。

 收益 G_t 會隨著行動 A_t 而改變，因此以下公式不成立。

$$\mathbb{E}_{A_t \sim \pi_\theta} [G_t \nabla_\theta \log \pi_\theta(A_t|S_t)] = 0$$

$t = 0 \sim T$ 時，公式（D.4）成立，可以得到以下公式。

$$\mathbb{E}_{\tau \sim \pi_\theta} \left[\sum_{t=0}^{T} b(S_t) \nabla_\theta \log \pi_\theta(A_t|S_t) \right] = 0$$

由以上公式可以得知公式（9.4）成立。

結語

願原力與你同在——電影《星際大戰》

我在 2016 年完成《Deep Learning》系列的第一本書時,已經想好下一本書(如果有機會出書的話)要以「強化學習」為主題。當時,會玩電玩遊戲的 DQN 以及打敗世界圍棋冠軍的 AlphaGo 吸引了全球的目光,而我也為這些技術(深度強化學習)著迷。我第一次認真研究強化學習,就是從那時開始,當時的我感受到強化學習的強大可能性。因為我發現,強化學習的框架可以透過與環境的「互動」,邊嘗試錯誤邊學習,是極具通用性的技術。

當我真正開始研究強化學習之後,意識到自己仍需要學習一段時間,才能達到寫書等級。經過多方思考之後,決定下一本書要進一步說明上一本書的內容,以處理時間序列資料為主。具體而言,我把理解 RNN、LSTM、以及當時開始受到矚目的 Attention 當作目標,撰寫了這個系列的第二本書(❷)。附帶一提,當初❷並不是以自然語言處理為主題,而是有天❷寫到一半時,我突然想到,如果這本書以自然語言處理為主題,內容結構比較完整,可以連貫學習重要的技術。當天晚上,我興奮地寫了一封電子郵件給編輯宮川:「接下來我想寫一本與深度學習的自然語言處理有關的書」,這件事至今仍讓我印象深刻。

順利完成❷之後,過了 2018 年,我打算下一本書一定要以「強化學習」為主題而繼續做準備。可是人生總有意外,因緣際會下(與 Chainer 的開發者得居及 Preferred Networks 的成員談過之後),我覺得下一本書以建立更正式的深度學習框架為主題也不錯,於是撰寫了❸「框架篇」。附帶一提,Chainer 曾是時代的先驅,核心程式碼簡單、優美且功能性優秀。從教育的觀點來看,可以當作學習演算法、資料結構、測試程式碼設計等題材。可惜的是,Chainer 已經中止開發,不過能以書籍形式留下 Chainer 的概念,我引以為傲。

從決定以強化學習為題來寫書開始，已經過了很長一段時間。與當時相比，我也增長了一些知識，可以用自己的話來談論強化學習（雖然仍有許多知識要學習，我會繼續努力）。強化學習的理論並不簡單，一開始有很多無法理解的地方。為了瞭解這些知識（現在回想起來），走了很多冤枉路，花了很多時間，但是這些也都是難能可貴的經驗。最重要的是，這幾年我可以親身體驗強化學習的有趣之處，實在很幸運。我希望能與更多讀者分享這種樂趣。

這個系列至今已經出版到第四本書。可以把工具書變成一個系列持續出版，無疑是許多人在背後支持的成果。如果沒有開拓這個領域的研究人員和開發人員，這本書無法出版。因為有協助製作本書的人員，以及閱讀本書的讀者，才有這本書的存在。

感謝你看完這個系列的第四本書（4th），願原力（Force）與你同在。

2022 年 1 月 1 日

斎藤康毅

同儕審查

望月 佳彦	豊吉 隆一郎	田中 基貴	水谷 林太郎	曾根 周作
川俣 利久	黒岩 勇心	桒原 伸明	沖山 智	山口 諒介
上地 泰彰	林田 卓也	藤波 靖	渡部 和宏	福地 清康
平田 敦	安藤 朋昭	水橋 大瑶	原口 尚樹	潘 秋実
稲村 泰男	大下 範晃	山嵜 聖也	大石 伸之	原田 和博
武田 圭司	田淵 大将	田邊 拓実	渥美 雅斗	奥西 遊士
軽部 俊和	和田 信也	新谷 大樹	丹羽 開紀	大河原 康公
是方 諒介	寺崎 美佳	村井 リョウマ	施志 東	鈴木 ひろみち
春田 隆佑	木村 豪一	小林 啓輔	植月 健太	岩永 昇二
下重 充典	奥戸 嵩登	藤井 祐行	森崎 幹也	岡田 治樹
吉原 育広	原口 慎太郎	坂之上 大輝	川島 貴司	金沢 隆史
渡邊 優貴	金澤 純一朗	轟原 正義	藤井 絢斗	大野 智裕
栗原 健	瀬長 孝久	澤井 蘭太郎	老沼 志朗	鈴木 淳哉
一ノ宮 義夫	落合 亮吉	斎藤 優	西田 直人	有吉 修平
磯口 周一	松永 夏真	森 乙彦	田村 佑太	後藤 健太
植木 彰夫	森下 豪太	山崎 毅文	生駒 和希	上田 亮介
広兼 浩二朗	命苫 昭平	吉岡 健太郎	渡辺 哲朗	富来 創信
杉浦 一瑳	林 洸希	原田 和也	吉田 光志	西 紘平
福島 拓也	都築 俊介	武田 翔成	佐藤 雄太	秋穂 正斗
松村 優	渡部 雅也	北村 蘭丸	木村 友彰	山田 展子
矢野 伸一	冨永 貴弘	古賀 一徳	高橋 優大	佐伯 佳則
井ケ田 一貴	三浦 康幸	齋藤 陽介	釜田 康平	後藤 裕二
魚住 拓摩	廣井 聡一郎	國吉 啓介	横川 忠	山下 隆久
藤原 直樹	河野 亮	望月 佳彦	後藤 晃郁	嵐 一樹
黒沼 美樹	藤本 陸也	平原 大助	友安 昌幸	嶋 凌大
清水 雄佑	中島 広貴	西平 政隆	からあげ	稲田 高明
奥谷 大介	渡邊 紀文	中川 雄太	中向 保徳	鈴木 克治
酒部 佑介	小池 祐二	都野守 智裕	小豆 真瑛	前川 拓也
辰巳 公太	池田 琢真	羽田 充宏	森田 純一郎	松坂 修吾
森長 誠	熊谷 直也	鈴木 肖太	松嶋 達也	松木 俊貴
森 哲也	芝崎 一郎	齋藤 廉	糸川 倫太朗	後藤 邦夫

田中 亨	糸田 孝太	大久保 達夫	太田 一毅	濱野 莞月
比留川 雄介	小林 祐	雨森 千周	髙鳥 光	奥野 健太郎
高屋 英知	森 公平	遠藤 嵩良	砂田 直樹	彌永 浩太郎
三羽 俊介	山内 健太	清水 俊樹	秋田 悠里	

製作

武藤 健志

増子 萌

勝野 久美子

編輯

宮川 直樹

岩佐 未央

小柳 彩良

參考文獻

第 1 章 吃角子老虎機問題

[1] Van der Maaten, Laurens, and Geoffrey Hinton. "Visualizing data using t-SNE." *Journal of machine learning research* 9.11 (2008).

[2] Auer, Peter, Nicolo Cesa-Bianchi, and Paul Fischer. "Finite-time analysis of the multiarmed bandit problem." *Machine learning* 47.2 (2002): 235-256.

[3] Williams, Ronald J. "Simple statistical gradient-following algorithms for connectionist reinforcement learning." *Machine learning* 8.3 (1992): 229-256.

第 2 章 馬可夫決策過程

[4] Csaba Szepesvari《Algorithms for Reinforcement Learning》（Morgan and Claypool Publishers）

第 4 章 動態規劃法

[5] Sutton, Richard S., and Andrew G. Barto. "Reinforcement learning: An introduction." MIT press, 2018.

第 7 章 類神經網路與 Q 學習

[6] Duchi, John, Elad Hazan, and Yoram Singer. "Adaptive subgradient methods for online learning and stochastic optimization." *Journal of machine learning research* 12.7 (2011).

[7] Zeiler, Matthew D. "Adadelta: an adaptive learning rate method." *arXiv preprint arXiv:1212.5701* (2012).

[8] Kingma, Diederik P., and Jimmy Ba. "Adam: A method for stochastic optimization." *arXiv preprint arXiv:1412.6980* (2014).

第 8 章 DQN

[9] OpenAI Gym http://gym.openai.com/

[10] Tesauro, Gerald. "Practical issues in temporal difference learning." *Machine learning* 8.3 (1992): 257-277.

[11] Mnih, Volodymyr, et al. "Playing atari with deep reinforcement learning." *arXiv preprint arXiv:1312.5602* (2013).

[12] Mnih, Volodymyr, et al. "Human-level control through deep reinforcement learning." *nature* 518.7540 (2015): 529-533.

[13] Van Hasselt, Hado, Arthur Guez, and David Silver. "Deep reinforcement learning with double q-learning." *Proceedings of the AAAI conference on artificial intelligence.* Vol. 30. No. 1. 2016.

[14] Schaul, Tom, et al. "Prioritized experience replay." *arXiv preprint arXiv:1511.05952* (2015).

[15] Wang, Ziyu, et al. "Dueling network architectures for deep reinforcement learning." *International conference on machine learning.* PMLR, 2016.

第 9 章 策略梯度法

[16] Williams, Ronald J. "Simple statistical gradient-following algorithms for connectionist reinforcement learning." *Machine learning* 8.3 (1992): 229-256.

[17] OpenAI Spining Up "Part 3: Intro to Policy Optimization" https://spinningup. openai.com/en/latest/spinningup/rl_intro3.html

[18] OpenAI Spining Up "Extra Material: Proof for Don't Let the Past Distract You" https://spinningup.openai.com/en/latest/spinningup/extra_pg_proof1.html

[19] OpenAI Spining Up "Extra Material: Proof for Using Q-Function in Policy Gradient Formula" https://spinningup.openai.com/en/latest/spinningup/extra_pg_proof2.html

第 10 章 進階內容

[20] OpenAI Spining Up "Part 2: Kinds of RL Algorithms" https://spinningup.openai.com/en/latest/spinningup/rl_intro2.html

[21] Ha, David, and Jürgen Schmidhuber. "World models." *arXiv preprint arXiv:1803.10122* (2018).

[22] Feinberg, Vladimir, et al. "Model-based value estimation for efficient model-free reinforcement learning." *arXiv preprint arXiv:1803.00101* (2018).

[23] Mnih, Volodymyr, et al. "Asynchronous methods for deep reinforcement learning." *International conference on machine learning.* PMLR, 2016.

[24] Lillicrap, Timothy P., et al. "Continuous control with deep reinforcement learning." *arXiv preprint arXiv:1509.02971* (2015).

[25] Schulman, John, et al. "Trust region policy optimization." *International conference on machine learning.* PMLR, 2015.

[26] Schulman, John, et al. "Proximal policy optimization algorithms." *arXiv preprint arXiv:1707.06347* (2017).

[27] Bellemare, Marc G., Will Dabney, and Rémi Munos. "A distributional perspective on reinforcement learning." *International Conference on Machine Learning.* PMLR, 2017.

[28] Fortunato, Meire, et al. "Noisy networks for exploration." *arXiv preprint arXiv:1706.10295* (2017).

[29] Hessel, Matteo, et al. "Rainbow: Combining improvements in deep reinforcement learning." *Thirty-second AAAI conference on artificial intelligence.* 2018.

[30] Horgan, Dan, et al. "Distributed prioritized experience replay." *arXiv preprint arXiv:1803.00933* (2018).

[31] Kapturowski, Steven, et al. "Recurrent experience replay in distributed reinforcement learning." *International conference on learning representations.* 2018.

[32] Badia, Adrià Puigdomènech, et al. "Never give up: Learning directed exploration strategies." *arXiv preprint arXiv:2002.06038* (2020).

[33] Badia, Adrià Puigdomènech, et al. "Agent57: Outperforming the atari human benchmark." International Conference on Machine Learning. PMLR, 2020.

[34] Coulom, Rémi. "Efficient selectivity and backup operators in Monte-Carlo tree search." *International conference on computers and games.* Springer, Berlin, Heidelberg, 2006.

[35] Silver, David, et al. "Mastering the game of Go with deep neural networks and tree search." *nature* 529.7587 (2016): 484-489.

[36] Silver, David, et al. "Mastering the game of go without human knowledge." *nature* 550.7676 (2017): 354-359.

[37] Silver, David, et al. "Mastering chess and shogi by self-play with a general reinforcement learning algorithm." *arXiv preprint arXiv:1712.01815* (2017).

[38] Kalashnikov, Dmitry, et al. "Qt-opt: Scalable deep reinforcement learning for vision-based robotic manipulation." *arXiv preprint arXiv:1806.10293* (2018).

[39] Elsken, Thomas, Jan Hendrik Metzen, and Frank Hutter. "Neural architecture search: A survey." *The Journal of Machine Learning Research* 20.1 (2019): 1997-2017.

[40] Zoph, Barret, and Quoc V. Le. "Neural architecture search with reinforcement learning." *arXiv preprint arXiv:1611.01578* (2016).

[41] Kiran, B. Ravi, et al. "Deep reinforcement learning for autonomous driving: A survey." *IEEE Transactions on Intelligent Transportation Systems* (2021).

[42] 「AWS DeepRacer」 https://aws.amazon.com/deepracer/

[43] Xu, Xu, et al. "A multi-agent reinforcement learning-based data-driven method for home energy management." *IEEE Transactions on Smart Grid* 11.4 (2020): 3201-3211.

[44] Wei, Tianshu, Yanzhi Wang, and Qi Zhu. "Deep reinforcement learning for building HVAC control." *Proceedings of the 54th annual design automation conference 2017.* 2017.

[45] DeepMind blog "DeepMind AI Reduces Google Data Centre Cooling Bill by 40%" https://deepmind.com/blog/article/deepmind-ai-reduces-google-data-centre-cooling-bill-40

[46] Mirhoseini, Azalia, et al. "Chip placement with deep reinforcement learning." *arXiv preprint arXiv:2004.10746* (2020).

[47] Akkaya, Ilge, et al. "Solving rubik's cube with a robot hand." *arXiv preprint arXiv:1910.07113* (2019).

[48] Levine, Sergey, et al. "Offline reinforcement learning: Tutorial, review, and perspectives on open problems." *arXiv preprint arXiv:2005.01643* (2020).

[49] Hester, Todd, et al. "Deep q-learning from demonstrations." *Proceedings of the AAAI Conference on Artificial Intelligence.* Vol. 32. No. 1. 2018.

[50] Silver, David, et al. "Reward is enough." *Artificial Intelligence* 299 (2021): 103535.

附錄

[51] horomary「DQN の進化史 ② Double-DQN, Dueling-network, Noisy-network」
https://horomary.hatenablog.com/entry/2021/02/06/013412

索引

※ 提醒您：由於翻譯書排版的關係，部分索引名詞的對應頁碼會和實際頁碼有一頁之差。

符號、數字

@property 裝飾器 91
3×4 網格世界...87

A

A2C...270
A3C...266
Action 6
Action Value 8
Action-Value Function 67
Actor-Critic 256
AdaDelta...206
AdaGrad 206
Adam 206
Advantage function 237
Affine Transformation..........................198
Agent57...278
AGI 289
AlphaAgent 類別 31
AlphaGo...280
AlphaGo Zero..280
AlphaZero 281
Ape-X..276
argmax 75
Artificial General Intelligence..............289
Asynchronous 266
Atari 231
AWS DeepRacer 284

B

Backpropagation 185
bandit 4
Bandit Problem..4
Bandit 類別 16
Baseline...252
Behaviour Policy...................................148
Bellman Equation 63
Bellman Optimality Equation 70
Bias..31, 160, 198
Bootstrapping 81

C

C51 276
CartPole..217
CartPole-v0 216
Categorical DQN...................................274
cleargrad 方法 189
CNN..233
collections.deque...................................165
Concurrent 267
Convolutional Neural Network.............233
copy.copy 227
copy.deepcopy 227

D

DDPG..270
Deep Q Network 215

Deep Reinforcement Learning iv

defaultdict 95

deque 165

deterministic 39

DeZero 183

dezero.functions 套件 186

dezero.layers 套件 201

Discount Rate 44

Distribution Model 120

Distributional Reinforcement Learning .. 275

Domain Randomization 285

Double DQN 235

DP 80

DQN 215

DQNAgent 類別 226

Dueling DQN 237

Dynamic Programming 79

E

Environment 6

ε-greedy 15

ε-貪婪法 15

eval_onestep 函數 96

Expectation Value 7

Experience Replay 220

Exploitation 15

Exploration 15

Exponential Moving Average 30

Exponential Weighted Moving Average ... 30

F

F.matmul 函數 187

F.relu 函數 199

F.sigmoid 函數 199

forward 方法ﾒ 202

G

Game Tree 280

Generalized Policy Iteration 108

GPU 234

Gradient 188

Gradient Descent 188

greedy 15

greedy_probs 函數 143

GridWorld 類別 88

I

Imitation Learning 286

Importance Sampling 149

intrinsic reward 278

Iterative Policy Evaluation 81

K

KL 散度 273

Kullback-Leibler Divergence 273

L

learning rate 189

Linear Transformation 198

Linear 類別 201

Log-Derivative Trick 306

log 梯度技巧 306

Loss Function 192

M

Markov Decision Process 35, 287

Markov Property 41

max 運算子 72

MBVE 266

McAgent 類別.. 140

McOffPolicyAgent 類別 294

MCTS 280

MDP 35, 287

Mean Squared Error............................... 192

Model-based 266

Model-free 266

Model 類別 202

Momentum 206

Monte Carlo Method............................... 119

Monte Carlo Tree Search 280

Multi-armed Bandit Problem 5

N

NAS 282

Neural Architecture Search 282

NGU 278

Noisy Network 276

Non-Stationary Problem 27

NonStatBandit 類別 27

np.random.choice 134

np.random.rand ( ) 17

n 步 TD 法.. 299

O

observation.. 219

off-policy 148

Offline Reinforcement Learning.............. 286

on-policy 148

one-hot 向量.. 206

OpenAI Gym.. 215

Optimal Action-Value Function 72

Optimal Policy 43

Optimal State-Value Function 48

optimizers 套件.. 205

Overfitting 220

P

Parallel... 267

Partially Observable Markov Decision
    Process... 232

Planning... 266

Planning 問題 102

Playout 280

Policy...42

Policy Control 80

Policy Evaluation 80

Policy Gradient Method.......................... 241

Policy Improvement Theorem 101

Policy Iteration 102

Policy-based Method 241

policy_eval 函數..97

PolicyNet 類別 258

POMDP 232

Pong... 231

PPO 273

Prioritized Experience Replay 236

PyTorch 184

Q

Q-function..67

Q-learning 171

QLearningAgent 類別 210

QNet 類別 226

QT-Opt 281

Quantize... 261

Q 學習 171

Q 函數...67

R

R2D2 278
Rainbow 276
Random Variable 8
RandomAgent 類別 134
Recurrent Neural Network 233
regression 191
REINFORCE 249
Reinforcement Learning 3
ReLU 函數 198
ReplayBuffer 類別 223
Residual 192
Return 44
Reward 6
Reward Clipping 235
Reward Function 41
RNN 233
Rollout 280
Rosenbrock 函數 188

S

Sample Model 120
SARSA 162
SarsaAgent 類別 164
Self Play 280
SGD 205
sigmoid 函數 198
Sim2Real 285
Softmax 函數 245
state 6, 36
State Transition Function 39
State Transition Probability 40
State-Value Function 45
Stationary Problem 27
stochastic 39

Stochastic Gradient Descent 205
Supervised Learning 1

T

Target Network 224
Target Policy 148
TD(λ) 299
TdAgent 類別 160
TD 目標 158
TD 法 155
Temporal Difference 155
TensorFlow 184
Toy Dataset 190
TPU 284
Trajectory 242
TRPO 272

U

UCB 33
unchain 211
Unsupervised Learning 1

V

Value 8
Value Iteration 109
Value-based Method 241
value_iter_onestep 函數 114
value_iter 函數 115
ValueNet 類別 258
Variable 類別 184

W

Weight 198
World Models 266

Y

yield 91

三劃

大數法則 11

小批次 221

四劃

內在獎勵 278

分布模型 120

分散式強化學習 275

分類分布 275

分類資料 206

五劃

半導體晶片設計 284

平行 267

平穩問題 27

正確答案標籤 1

由上至下方式 81

由下至上方式 81

目標函數 242

目標策略 148

目標網路 224

六劃

仿射轉換 198

全域網路 267

全連接層 198

吃角子老虎機 4

吃角子老虎機問題 4

向量 185

回合制任務 43

多維陣列 185

多臂吃角子老虎機問題 5

收益 44

有方向性的圖表 49

自我對弈 280

自然常數 245

自駕車 283

行為策略 148

行動 6

行動價值 8

行動價值函數 67

行動價值的估計值 9

七劃

利用 15

利用與探索 15

均方誤差 192

完美資訊 278

折扣率 44

決策過程 35

貝爾曼方程式 63

貝爾曼最佳方程式 70

八劃

並行 267

兩個網格的網格世界 48

初始狀態 43

卷積神經網路 233

拔靴法 81

狀態 6, 36

狀態價值函數 45

狀態轉移 39

狀態轉移函數 39

狀態轉移機率 40

玩具資料集 190

表格.................................183
非平穩問題..........................27
非同步.............................267
非監督式學習.........................1

九劃

指數加重移動平均....................30
指數移動平均...................30, 144
活化函數...........................199
軌道...............................242
迭代策略評估........................81
重點取樣...........................149

十劃

時間步長............................36
海森矩陣...........................273
真實的行動價值.......................9
矩陣...............................185
純量...............................185
記憶化.............................81
迴歸...............................191
馬可夫決策過程................35, 287
馬可夫性質..........................41
高估...............................301

十一劃

偏差...............................160
動態規劃法..........................79
區域網路...........................267
基於模型...........................266
基準線.............................252
專家...............................286
張量...............................185
強化學習.............................3
探索...............................15

探索雜訊...........................272
條件機率...........................59
梯度...............................188
梯度上升法.........................242
梯度下降法.........................188
梯度吃角子老虎機演算法..............33
深度學習...........................183
深拷貝.............................227
深層強化學習........................iv
淺拷貝.............................227
規劃...............................266
規劃問題...........................102
貪婪化.............................100
貪婪對策............................76
軟目標.............................272
通用人工智慧.......................289
連續性任務..........................43
連續的行動空間.....................260
連續型..............................7
部分觀測馬可夫決策過程..............232

十二劃

備份圖.............................49
最佳化.............................188
最佳化方法.........................204
最佳行動價值函數....................72
最佳狀態價值函數....................48
最佳策略............................43
最單純的策略梯度法.................241
期待值..............................7
棋盤遊戲...........................278
殘差...............................192
無模型.............................266
策略...............................42
策略改善定理.......................101
策略迭代法.........................102

策略基礎法 241
策略控制 80
策略梯度法 241
策略評估 80
註解 3
貼上標籤 3
超參數 231
軸 185
量子化 261

十三劃

損失函數 192
經驗重播 220
過度學習 220
零和性 278

十四劃

漸進式建置 15
監督式學習 1
維度 185
網格世界 36
蒙地卡羅法 119
蒙地卡羅樹搜尋法 280
誤差反向傳播法 185
領域知識 280

十五劃

價值 8
價值迭代法 109
價值基礎法 241
層 201
廣義策略迭代法 108
標本 11
標本平均 11, 144
模仿學習 286

模擬器 285
樣本 11
樣本模型 120
獎勵 6
獎勵函數 41
獎勵剪裁 235
確定性 39
線上策略 148
線上策略 SARSA 162
線性迴歸 191
線性轉換 198

十六劃

學習率 189
機率分布表 7
機率變數 8
機器人控制 281
機器學習 1
隨機性 39
隨機梯度下降法 205

十七劃

優先經驗重播 236
優勢函數 237
環境 6
環境模型 102
聯立方程式求解 79
聯合機率 59

十八劃

覆寫方式 86

十九劃

離散行動空間 260

離散型 7
離線強化學習 286
離線策略...148
離線策略 SARSA 166
離線策略蒙地卡羅法 291
類神經網路 196

廿劃

競賽樹 280

廿二劃

權重..198
權重的預設值 200

廿三劃

變異數.......................................150, 159

廿五劃

觀測..219

關於作者

斎藤 康毅（さいとう こうき）

1984 年生於長崎縣對馬，畢業於東京工業大學工學系，東京大學研究所學際情報學府碩士課程修畢，現於企業內從事人工智慧相關研發工作。著作有《Deep Learning：用 Python 進行深度學習的基礎理論實作》、《Deep Learning ❷：用 Python 進行自然語言處理的基礎理論實作》、《Deep Learning ❸：用 Python 進行深度學習框架的開發實作》。翻譯作品包括《実践 Python 3》、《コンピュータシステムの理論と実装》、《実践 機械学習システム》（以上為 O'Reilly Japan 出版）等。

Deep Learning 4｜用 Python 進行強化學習的開發實作

作　　者：斎藤康毅
譯　　者：吳嘉芳
企劃編輯：蔡彤孟
文字編輯：江雅鈴
設計裝幀：陶相騰
發 行 人：廖文良

發 行 所：碁峰資訊股份有限公司
地　　址：台北市南港區三重路 66 號 7 樓之 6
電　　話：(02)2788-2408
傳　　真：(02)8192-4433
網　　站：www.gotop.com.tw
書　　號：A720
版　　次：2023 年 09 月初版
建議售價：NT$680

國家圖書館出版品預行編目資料

Deep Learning 4：用 Python 進行強化學習的開發實作 / 斎藤康毅原著；吳嘉芳譯. -- 初版. -- 臺北市：碁峰資訊, 2023.09
　　面；　公分
　　ISBN 978-626-324-611-9(平裝)
　　1.CST：Python(電腦程式語言)
312.32P97　　　　　　　　　　　　　112013460

讀者服務

● 感謝您購買碁峰圖書，如果您對本書的內容或表達上有不清楚的地方或其他建議，請至碁峰網站：「聯絡我們」\「圖書問題」留下您所購買之書籍及問題。(請註明購買書籍之書號及書名，以及問題頁數，以便能儘快為您處理)

http://www.gotop.com.tw

● 售後服務僅限書籍本身內容，若是軟、硬體問題，請您直接與軟體廠商聯絡。

● 若於購買書籍後發現有破損、缺頁、裝訂錯誤之問題，請直接將書寄回更換，並註明您的姓名、連絡電話及地址，將有專人與您連絡補寄商品。